科学出版社“十四五”普通高等教育本科规划教材
普通高等教育智能制造系列教材

人工智能与智能制造概论

姚锡凡　张存吉　葛动元　编著

科学出版社
北京

内 容 简 介

本书对应课程属于一门概论性课程。本书将传统的和新一代的人工智能/智能制造融于一体，从传承与发展视角出发概述人工智能与智能制造的发展现状及其相互关系，重点阐述人工智能与智能制造共性基础技术、知识驱动的符号智能、数据驱动的机器学习、智能制造理论与技术体系、智能制造的物理系统和信息系统，并指出人工智能与智能制造的未来发展方向，包括强人工智能、融合智能+混合制造、工业 5.0 和社会 5.0、以人为中心的人工智能和智能制造、（工业）元宇宙等。

本书适合用于机械工程、机械电子工程、机器人工程、智能制造工程等工科专业的概论性课程，也可作为相关企业的工程技术及管理人员的参考书。

图书在版编目(CIP)数据

人工智能与智能制造概论 / 姚锡凡，张存吉，葛动元编著. —北京：科学出版社，2023.11

科学出版社“十四五”普通高等教育本科规划教材·普通高等教育智能制造系列教材

ISBN 978-7-03-076953-4

Ⅰ. ①人… Ⅱ. ①姚… ②张… ③葛… Ⅲ. ①人工智能－关系－智能制造系统－高等学校－教材 Ⅳ. ①TP18②TH166

中国国家版本馆 CIP 数据核字（2023）第 207614 号

责任编辑：邓 静 / 责任校对：王 瑞

责任印制：师艳茹 / 封面设计：马晓敏

科学出版社 出版

北京东黄城根北街 16 号

邮政编码：100717

http://www.sciencep.com

北京天宇星印刷厂印刷

科学出版社发行 各地新华书店经销

*

2023 年 11 月第 一 版 开本：787×1092 1/16

2024 年 9 月第二次印刷 印张：13 1/4

字数：340 000

定价：59.00 元

（如有印装质量问题，我社负责调换）

前　言

人工智能是引领未来的战略性技术，世界主要发达国家把发展人工智能作为提升国家竞争力、维护国家安全的重大战略，加紧出台规划和政策，围绕核心技术、顶尖人才、标准规范等强化部署，力求在新一轮国际科技竞争中掌握主导权。与此同时，智能制造是制造业发展的必然趋势，世界制造业大国纷纷部署智能制造发展战略，以期占领新一轮产业革命的制高点。

发展人工智能和智能制造已成为我国的一项重要国家战略，为此我国政府和相关部门先后发布了包括以智能制造为主攻方向的《中国制造2025》和《新一代人工智能发展规划》在内的一系列国家战略，同时对人工智能/智能制造的人才培养和教育给予了高度重视，明确提出了设立人工智能专业和形成“人工智能+X”复合专业培养新模式等要求。自2017年以来，教育部积极推进新工科建设，先后形成了“复旦共识”、“天大行动”和“北京指南”，并发布了《关于开展新工科研究与实践的通知》和《关于推荐新工科研究与实践项目的通知》。

2022年，党的二十大报告指出：“建设现代化产业体系。坚持把发展经济的着力点放在实体经济上，推进新型工业化，加快建设制造强国、质量强国、航天强国、交通强国、网络强国、数字中国。实施产业基础再造工程和重大技术装备攻关工程，支持专精特新企业发展，推动制造业高端化、智能化、绿色化发展。”作为制造业大国的中国要加快建设制造强国，在走向以智能制造为代表的新一轮产业革命进程中，迫切需要既懂得人工智能，又懂得智能制造的复合型人才。因此，人工智能和智能制造教育也被赋予迎接与应对这一挑战的重要职责并被视为一种可行途径。人工智能是引领新一轮科技革命和产业变革的战略性技术，智能制造则是人工智能技术与制造技术深度融合的结果。智能制造工程专业是顺应《中国制造2025》、“工业化与信息化融合发展”及“新工科”建设，由教育部审批而设立的新专业，以培养“跨专业、高融合、强创造”的高素质智能制造工程技术人才；而人工智能专业则是为落实《新一代人工智能发展规划》国家战略而设立的新专业，并特此专门制订了《高等学校人工智能创新行动计划》，提出构建高校人工智能领域人才培养体系和科技创新体系的指导思想与基本原则。不管是人工智能还是智能制造，各自本身就是多学科交叉融合的产物。

尽管我国高等院校已设立人工智能和智能制造专业，并且建立各自的课程体系，但还缺少“人工智能+智能制造”的融合教材。当前，国内各工科专业课程体系已经满负荷运转，而新工科更是有过之而无不及，因此不管是原工科还是新工科，同时增设“人工智能”和“智能制造”两门概论性课程比较困难，况且这两门课程又是相互关联和相互促进的，同时也是当今工科专业教育必须了解和掌握的。为此，作者开设了“人工智能与智能制造概论”课程（编写了同名的讲义，后经评审入选了科学出版社“十四五”普通高等教育本科规划教材），并作为华南理工大学、桂林电子科技大学相关专业的必修课或选修课。

本书是在作者团队从事人工智能/智能制造相关科研工作的基础上，特别是在总结所承担国家自然科学基金项目（51175187，51675186，52265063）、国家自然科学基金委员会与英国爱丁堡皇家学会合作交流项目（51911530245）、广东省基础与应用基础研究基金项目（2021A1515010506，2022A1515010095）所取得的成果，尤其是在《人工智能技术及应用》、

《制造物联网技术》和《智慧制造理论与技术》等论著的基础上，加以归纳、总结、融合与提升而成的，其特点在于人工智能与智能制造相融合、理论与实践相结合、课程内容体系化、传承与发展相结合。

首先，本书作为“人工智能”与“智能制造”融合于一体的概论性教材，不仅有利于读者在融合视角上更好地认识这两个专业的概貌，而且比同时开设两门概论性课程减少约四分之一的课时。其次，本书作为团队前期研究成果总结与提升的结果，其理论经过了相关试验的验证。最后，本书不是“人工智能”与“智能制造”的简单叠加，而是形成了彼此交融的体系，既传承了传统的“人工智能/智能制造”概论性课程的内容，又包含了新一代的“人工智能/智能制造”概论性课程的内容，并且指出人工智能/智能制造的未来发展方向。

本书主体内容包括人工智能与智能制造共性基础技术、知识驱动的符号智能、数据驱动的机器学习、智能制造系统理论及其物理系统和信息系统：既包含以符号推理、专家系统、神经网络和模糊逻辑等为代表的传统人工智能技术，又包含以深度学习、大数据智能和自主智能等为代表的新一代人工智能技术；既讲授知识驱动的传统符号智能和智能制造，又讲授以物联网、云计算、信息物理系统、大数据和深度学习等新一代信息技术为代表的数据驱动的机器智能和新一代智能制造。

全书共 8 章。第 1 章概述人工智能与智能制造的演化发展和应用概况及两者的关联关系，以及理工科对人工智能与智能制造的融合教育需求，以便读者对人工智能和智能制造以及它们的关联有一个概括性的总体认知，同时认识到“人工智能”与“智能制造”课程融合教学的必要性。第 2 章阐述人工智能/智能制造的共性基础技术，包括人工智能/智能制造的知识、数据、信息等表示，以及知识搜索、逻辑推理和机器学习以及新一代信息技术等共性基础技术。第 3 章介绍知识驱动的符号智能，包括知识工程、专家系统、智能控制、机器人路径规划、知识图谱构建及其应用。第 4 章介绍数据驱动的机器学习，尤其是深度学习方法及其应用。第 5 章介绍智能制造理论与技术体系，着重阐述新一代智能制造随着新一代信息技术的发展演化，并以智慧制造为例，阐述新一代智能制造系统理论与参考体系架构和技术体系。第 6 章介绍智能制造物理系统，包括工业机器人和 3D 打印装备、智能生产线、智能车间以及物联智能工厂。第 7 章介绍智能制造信息系统，着重阐述工业软件及其服务平台、工业人工智能、智能调度、数字孪生车间、（大）数据驱动的智能制造等技术。第 8 章介绍面向未来的人工智能与智能制造，包括强人工智能、融合智能+混合制造、工业 5.0 和社会 5.0、以人为中心的人工智能和智能制造、（工业）元宇宙等内容。其中，葛动元、张存吉、姚锡凡合写第 4 章，张存吉撰写第 6 章和第 7 章，姚锡凡撰写其余部分。

在本书的撰写过程中参考和引用了作者课题组周佳军、张剑铭、刘敏、景轩、王柯赛、马南峰等博士研究生以及刘二辉、杨屹、许湘敏、陶韬、雷毅、姜俊杰、黄宇、张俊铭、黄岩松、江镇洪等硕士研究生的成果，同时参考和引用了其他相关作者的著作与论文，在此对这些著作和论文的作者深表感谢；同时感谢华南理工大学教务处资助本书作为校级本科精品教材建设项目。

人工智能和智能制造都是迅速发展的交叉学科，其应用还处于开拓和不断完善之中；本书将“人工智能”和“智能制造”两门概论性课程加以集成撰写，然而目前市场上缺乏如此融合的参考模式；加之作者对“人工智能+智能制造”的理解与认识有限，书中不妥之处在所难免，盼请读者不吝批评指正。

作　者

2022 年 12 月

目　　录

第1章　绪　　论

本章阐述人工智能与智能制造概况、定义、研究途径，以及它们的演化发展和应用现状，同时面向理工科教育对人工智能与智能制造的需求以及本书主要内容做简要说明，以便读者对人工智能和智能制造以及它们的关联有一个概括性认识，并且阐明在工科专业将两者进行融合教学的必要性。

1.1　人工智能概述

人工智能（Artificial Intelligence，AI）作为一门学科，于1956年问世，是由“人工智能之父”麦卡锡（J. McCarthy）及一批数学家、信息学家、心理学家、神经生理学家、计算机科学家在美国达特茅斯学院召开的会议上首次提出的。自问世以来AI经过波波折折，终于作为一门边缘新学科得到世界的承认并且日益引起人们的兴趣和关注。它主要研究如何用机器（计算机）来模拟和实现人类与其他生物的智能行为。

1.1.1　人工智能的概念

目前人工智能尚无统一的定义。从字面上看，人工智能就是用人工的方法和技术模拟、延伸和扩展人的智能，研究与开发各种机器智能和智能机器的理论、方法与技术的综合性学科。但要给人工智能这个科学名词下一个准确的定义却很困难，至今人工智能尚无统一的定义。不同科学或学科背景的学者对人工智能有不同的理解，所以提出了不同的观点或定义。

要研究人工智能，首先涉及什么是智能的问题，但关于智能，至今还没有一个确切的公认的定义。这是由于智能是脑特别是人脑的属性或者产物，但人脑的奥秘至今还未完全揭开。所以，这就导致了对于智能有多种说法。例如，有人说智能的基础是知识，有人说智能的关键是思维，还有人说智能取决于感知和行为，认为智能是在系统与周围环境不断“刺激-反应”的交互中发展和进化的。从内涵来讲，智能应该是知识+思维；从外延来讲，智能就是发现规律、运用规律的能力（或者说获取知识、运用知识的能力）和分析问题、解决问题的能力。

斯坦福大学人工智能研究中心的尼尔逊教授认为人工智能是关于知识的科学，即怎样表示知识、怎样获取知识和怎样使用知识的科学。麻省理工学院的温斯顿教授则认为“人工智能就是研究如何使计算机去做过去只有人才能做的富有智能的工作”。斯坦福大学的费根鲍姆教授认为“人工智能是一个知识信息处理系统”。

从实用观点来看，人工智能是一门知识工程学：以知识为对象，研究知识的获取、知识的表示方法和知识的使用。

广义的人工智能学科是模拟、延伸和扩展人的智能，研究与开发各种机器智能和智能机器的理论、方法与技术的综合性学科。

尽管学术界有各种各样的说法和定义，但人工智能是研究使计算机来模拟人的某些思维过程和智能行为（如学习、推理、思考、规划等）的学科，主要包括计算机实现智能的原理、制造类似于人脑智能的计算机，使计算机能实现更高层次的应用。

1.1.2 人工智能的研究学派

1. 人工智能研究的主要学派

人们对人工智能研究形成了三个主要学派。

（1）符号主义（Symbolicism），又称逻辑主义（Logicism）、心理学派（Psychologism）或计算机学派（Computerism）。其特点是以知识为基础，侧重逻辑推理。其原理主要为物理符号系统（即符号操作系统）假设和有限合理性原理，认为人的认知基元是符号，而且认知过程即符号操作过程。

（2）连接主义（Connectionism），又称仿生学派（Bionicsism）或生理学派（Physiologism）。其原理主要为神经网络及神经网络间的连接机制与学习算法，认为人的思维基元是神经元，而不是符号处理过程。它对物理符号系统假设持反对意见，认为人脑不同于计算机，并提出连接主义的大脑工作模式，用于取代符号操作的计算机工作模式。

（3）行为主义（Actionism），又称进化主义（Evolutionism）或控制论学派（Cyberneticsism）。其原理为控制论及感知-动作型控制系统，认为智能不需要知识、不需要表示、不需要推理；人工智能可以像人类智能一样逐步进化；智能行为只能在现实世界中与周围环境交互作用而表现出来。

2. 人工智能研究的方法

由于各学派对人工智能研究的基本理论框架不同，因此所采用的研究方法也不相同。其中，符号主义采用功能模拟方法，连接主义采用结构模拟方法，而行为主义则采用行为模拟方法。

1）功能模拟方法

由于人脑的奥秘至今还未彻底揭开，所以人们就在当前的数字计算机上，对人脑从功能上进行模拟，来实现人工智能，这种途径称为功能模拟方法。具体来讲，功能模拟方法就是以人脑的心理模型，将问题或知识表示成某种逻辑网络，采用符号推演的方法，实现搜索、推理、学习等功能，从宏观上来模拟人脑的思维，实现机器智能。

基于功能模拟的符号推演，是人工智能研究中最早使用且直至目前还主要使用的方法。人工智能的许多重要成果也都是用该方法取得的，如自动推理、定理证明、专家系统、机器博弈等。这种方法一般是利用显式的知识（库）和推理（机）来解决问题的，所以，它擅长模拟人脑的逻辑思维，便于实现人脑的高级认知功能，如推理、决策等。

2）结构模拟方法

所谓结构模拟，就是根据人脑的生理结构和工作机理，实现计算机的智能，即人工智能。人脑的生理结构是由大量神经细胞组成的神经网络。由于这个网络太庞大、太复杂——研究表明，人脑是由大约 10^{11} 个神经细胞组成的一个动态的、开放的、高度复杂的巨系统，以至于人们至今对它的生理结构和工作机理还未完全弄清楚。因此，对人脑的真正和完全模拟，一时还难以办到。所以，目前的结构模拟只是对人脑的局部或近似模拟。具体来讲，就是用人工神经元（神经细胞）组成的人工神经网络来作为信息和知识的载体，用所谓神经计算的方法实现学习、联想、识别和推理等功能，从而来模拟人脑的智能行为，使计算机表现出某种智能。

神经网络基于人脑的生理模型，采用数值计算的方法，从微观上来模拟人脑，实现机器智能，侧重于模拟和实现人的认知过程中的感觉、知觉过程、形象思维、分布式记忆和自学习、自组织过程，具有很强的鲁棒性和容错性。它擅长模拟人脑的形象思维，便于实现人脑的低级感知功能，如图像、声音信息的识别和处理。

以上两种方法是当前人工智能研究的两条主要途径。它们各有所长，也各有所短。从这两种方法所擅长处理的问题来看，它们都有一定的局限性，而且刚好互为补充。因此，至少从目前来看，这两种研究途径并不是互相取代，而是并存和互补的关系。事实上，功能模拟虽然仅是对大脑的功能模拟，但它对揭示大脑生理奥秘仍有许多借鉴之处；结构模拟虽然主观上是要对大脑实现仿真，但由于至今人们对大脑的工作原理还没有完全搞清楚，因而也带有一定程度的功能模拟性。因此，将功能模拟与结构模拟相结合是当前人工智能研究的发展方向。

3）行为模拟方法

除了上述两种研究途径和方法外，还有一种基于感知-行为模型的研究途径和方法。这种方法是通过模拟人在控制过程中的智能活动和行为特性，如自寻优、自适应、自学习、自组织等，来研究和实现人工智能。基于这一方法研究人工智能的典型代表是麻省理工学院的R.Brooks教授，他研制的六足行走机器人（也称为人造昆虫或机器虫），曾引起人工智能界的轰动。这个机器虫可以看成新一代的“控制论动物”，它具有一定的适应能力，是一个运用行为模拟即控制进化方法研究人工智能的代表作。

行为主义强调智能系统与环境的交互，认为智能取决于感知和行动，智能行为可以不需要知识，提出“没有表示的智能”“没有推理的智能”的观点，主张智能行为的“感知-动作”模式，认为智能只能在现实世界与周围环境的交互中体现出来，智能的高低主要表现在对环境的适应性上。

由于行为主义与连接主义间的差距小，特别是以强化学习为代表的行为主义走向深度强化学习，可将它们归并到同一个类中，因此人工智能大体上分为两大类：符号智能和计算智能（亚符号智能）。

1.1.3 符号智能与计算智能

人工智能及其分类如表1-1所示，表中罗列出了符号智能与计算智能的研究内容及方法。

1. 符号智能

符号智能的主要目标是应用符号逻辑的方法模拟人的问题求解、推理、学习等方面的能力。计算智能（Computational Intelligence，CI）是以数据为基础，以生物进化的观点认识和模拟智能，其主要方法有人工神经网络、进化计算、模拟退火等。

符号智能主要研究基于知识的智能，从原理来说它包括3个方面：知识表示、知识利用和知识获取，从应用角度可分为专家系统、模式识别、自然语言处理和智能机器人等。符号智能的特点是以知识为基础，侧重于逻辑推理，而计算智能则是以数据为基础，侧重于数值计算。

表 1-1　人工智能及其分类

AI	研究内容	研究方法	内容描述
符号智能	知识模型化及表示	谓词逻辑	以逻辑表示知识，利用逻辑进行推理
		产生式表示	通过产生式规则表示知识
		语义网络	通过概念和语义关系网络化表示知识
		框架	采用语义网络的结点、槽和值结构化表示知识
		本体	从语义上描述领域知识的通用概念模型
	搜索理论	盲目搜索	不采用启发信息的穷举式搜索
		启发式搜索	采用领域相关的启发性知识进行搜索
	自动推理	归结推理	通过消解从父辈子句中推导出新的子句
		规则演绎推理	从规则的 IF 部分向 THEN 部分推理，或反之
	确定性推理	确定性推理方法	前提证据和结论的确定性，决定推理结果
	不确定性推理	主观 Bayes 方法	依据概率统计理论，结合 Bayes 公式和主观经验进行推理
		证据理论	经典概率论扩充，将证据的信任函数与概率上下值联系
	知识组织和管理	专家系统	专家知识存入知识库，通过推理问题求解
	符号学习	决策树、ID3	以符号运算为基础，获取概念及规则
计算智能	进化计算	遗传算法、进化算法	获取优良后代，对种群进行随机搜索
	模糊逻辑	模糊推理	基于不确定性知识模糊规则的推理方法
	神经计算	神经网络学习	通过学习调节网络内的权值，使知识蕴含在权值内
	统计学习	支持向量机	通过类别相邻处的支持向量产生判别函数

传统的人工智能是符号主义（符号智能），它以 Newell 和 Simon 提出的物理符号系统假设为基础。物理符号系统假设认为物理符号系统是智能行为的充分和必要条件，其主要工作是“通用问题求解程序”：通过抽象，将一个现实系统变成一个符号系统，基于此符号系统，使用动态搜索方法求解问题。而计算智能则以生物进化观点认识和模拟智能，以数据为基础，通过训练建立联系而进行问题求解。

2. 计算智能

计算智能是在神经网络、模糊系统、进化计算三个分支发展相对成熟的基础上，通过相互之间的有机融合而形成的新的科学方法。这些不同的成员方法从表面上看各不相同，但实际上它们是紧密相关、互为补充和促进的。神经网络反映大脑思维的高层次结构；模糊系统模仿低层次的大脑结构；进化计算则与一个生物体种群的进化过程有着许多相似的特征。这些研究方法各自可以在某些特定方面起到特殊的作用，但是也存在一些固有的局限。因此，将它们结合起来研究已经成为一种发展趋势。

需要指出的是，模糊系统还能实现不确定性的知识推理，往往又归到符号智能之列；符号智能除了谓词逻辑、产生式表示、语义网络、框架、本体等表示方法外，还有新兴知识表示方法——知识图谱，详见第 2 章介绍。与此同时，连接主义已向深度学习方向发展，促进了数据驱动的机器学习发展新高潮，也形成了数据驱动的深度学习。因此，AI 大体上又可分为知识驱动的符号智能和数据驱动的机器智能。

1.1.4　人工智能理论体系

近年来，全球智能技术的发展突飞猛进，发展智能科学与技术已经提升到各国的战略高度。我国的《新一代人工智能发展规划》，明确将人工智能作为未来国家重要的发展战略，对完善中国人工智能领域研究布局、部署构筑我国人工智能发展先发优势等目标和任务提出了指导意见，其中新一代人工智能基础理论体系包括以下方面。

（1）大数据智能理论：研究数据驱动与知识引导相结合的人工智能新方法、以自然语言理解和图像图形为核心的认知计算理论与方法、综合深度推理和创意人工智能理论与方法、非完全信息下智能决策基础理论与框架、数据驱动的通用人工智能数学模型与理论等。

（2）跨媒体感知计算理论：研究超越人类视觉能力的感知获取、面向真实世界的主动视觉感知及计算、自然声学场景的听知觉感知及计算、自然交互环境的言语感知及计算、面向异步序列的类人感知及计算、面向媒体智能感知的自主学习、城市全维度智能感知推理引擎等。

（3）混合增强智能理论：研究“人在回路”的混合增强智能、人机智能共生的行为增强与脑机协同、机器直觉推理与因果模型、联想记忆模型与知识演化方法、复杂数据和任务的混合增强智能学习方法、云机器人协同计算方法、真实世界环境下的情境理解及人机群组协同。

（4）群体智能理论：研究群体智能结构理论与组织方法、群体智能激励机制与涌现机理、群体智能学习理论与方法、群体智能通用计算范式与模型。

（5）自主协同控制与优化决策理论：研究面向自主无人系统的协同感知与交互、面向自主无人系统的协同控制与优化决策、知识驱动的人机物三元协同与互操作等理论。

（6）高级机器学习理论：研究统计学习基础理论、不确定性推理与决策、分布式学习与交互、隐私保护学习、小样本学习、深度强化学习、无监督学习、半监督学习、主动学习等学习理论和高效模型。

（7）类脑智能计算理论：研究类脑感知、类脑学习、类脑记忆机制与计算融合、类脑复杂系统、类脑控制等理论与方法。

（8）量子智能计算理论：探索脑认知的量子模式与内在机制，研究高效的量子智能模型和算法、高性能和高比特的量子人工智能处理器、可与外界环境交互信息的实时量子人工智能系统等。

人工智能已经或正在颠覆性地改变着许多行业和领域，并且悄然渗透进大众生活：从语音助手到指纹解锁、人脸识别，从在线翻译助手到智能机器人、无人驾驶汽车等。机器学习和机器人技术的进步也为制造智能化开辟了新的途径。在制造业中, 机器学习为生产过程自动化、开发个性化产品或启用预测维护提供更高效的手段。

智能制造是居于我国《新一代人工智能发展规划》中六大应用领域之首。德国提出的工业4.0、美国通用公司提出的工业互联网，本质上来说都是利用物联网和大数据智能等新一代信息/人工智能技术来实现的。

1.2　智能制造概述

1.2.1　智能制造的概念

智能制造（Intelligent Manufacturing，IM）是 20 世纪 80 年代后期开始发展起来的一门新兴学科，关于智能制造的含义，有众多说法。

美国纽约大学的 P. K. Wright 教授和卡内基梅隆大学（Carnegie Mellon University）的 D. A. Bourne 教授于 1988 年出版了智能制造领域的第一部专著 *Manufacturing Intelligence*，提出智能制造的目的是通过集成知识工程、制造软件系统、机器人视觉和机器人控制来对制造技工的技能与专家知识进行建模，以使智能机器在没有人工干预的情况下进行小批量生产。

日本通产省机械信息产业局元岛直树先生认为：在具有国际可互换性的基础上，使订货、销售、开发、设计、生产、物流、经营等部门分别智能化，并按照能灵活对应制造环境变化等原则，使整个企业网络集成化。智能制造主要研究开发的目标是：①企业整个制造工作的全面智能化，取代部分人的脑力劳动，强调整个企业生产经营过程大范围的自组织能力；②信息制造智能的集成和共享。

美国艾奥瓦大学工业工程系的 A. Kusiak 教授在他所撰写的《智能制造系统》一书中写道：制造技术和计算技术的迅速发展带来了很多新问题。要解决这些问题，需要用现代的工具和方法。人工智能为解决复杂的工业问题提供了一套最适宜的工具。

上述对智能制造的定义或描述是基于当时的人工智能和制造业发展水平而给出的。随着德国工业 4.0、美国工业互联网、《中国制造 2025》等的相继提出和实施，智能制造逐渐成为世界大国争夺制造业制高点的热点问题，对智能制造定义或描述有很大变化。我国工业和信息化部、国家标准化管理委员会共同组织制定的《国家智能制造标准体系建设指南（2021 版）》中指出“智能制造是基于先进制造技术与新一代信息技术深度融合，贯穿于设计、生产、管理、服务等产品全生命周期，具有自感知、自决策、自执行、自适应、自学习等特征，旨在提高制造业质量、效率效益和柔性的先进生产方式”。

1.2.2　新工业革命下的智能制造

尽管新工业革命已成为各国讨论和关注的热点，但由于学者的背景和视角不同，对历史上出现过多少次工业革命众说纷纭。虽然如此，人们普遍认可（第一次）工业革命起源于 18 世纪的蒸汽机技术，也普遍认可正在或即将发生新一轮的工业革命，同时对未来工业生产走向个性化制造也有比较统一的认识，但是对历史上工业革命次数以及将要发生什么样内涵的工业革命却有不同看法，如图 1-1 所示。

图 1-1（a）归纳了几种典型的新工业革命提法，从发生频次来看，由最高的 5 次到最低的 2 次。由已发表的论文和文献可知，Berman 认为 3D 打印（增材制造）引起新一轮的工业革命，取代以往工业革命所依赖的减材制造方式。Brynjolfsson 等认为目前所进行的产业革命是第二次机器革命——以增强人类思维能力为特征（暂且称智力革命），强调生产的智能化，与以往克服肌肉力量限制的工业革命（体力革命）形成了鲜明对照。而认为新一轮工业革命

属于第三次的学者最多，其中通用公司（GE）认为新一轮工业革命是第三次，即“工业互联网（第三次工业浪潮）＝工业革命（第一次工业浪潮）+互联网革命（第二次工业浪潮）”，强调网络化和虚实结合的大数据智能制造；美国的 Anderson 认为新材料和 3D 打印技术等数字化制造、创客运动和个性化定制等技术融合而引起新一轮工业革命，此前发生了以蒸汽机发明为代表的机械化生产的第一次革命和以“福特制”为代表的流水线生产的第二次工业革命；英国的 Rifkin 从能源动力的视角出发，认为新工业革命是由互联网和可再生能源结合引起的，强调的是能源网络化和生产绿色化，此前已发生的两次工业革命分别是由印刷术和煤炭蒸汽机结合、电信与燃油内燃机的结合而引起的。

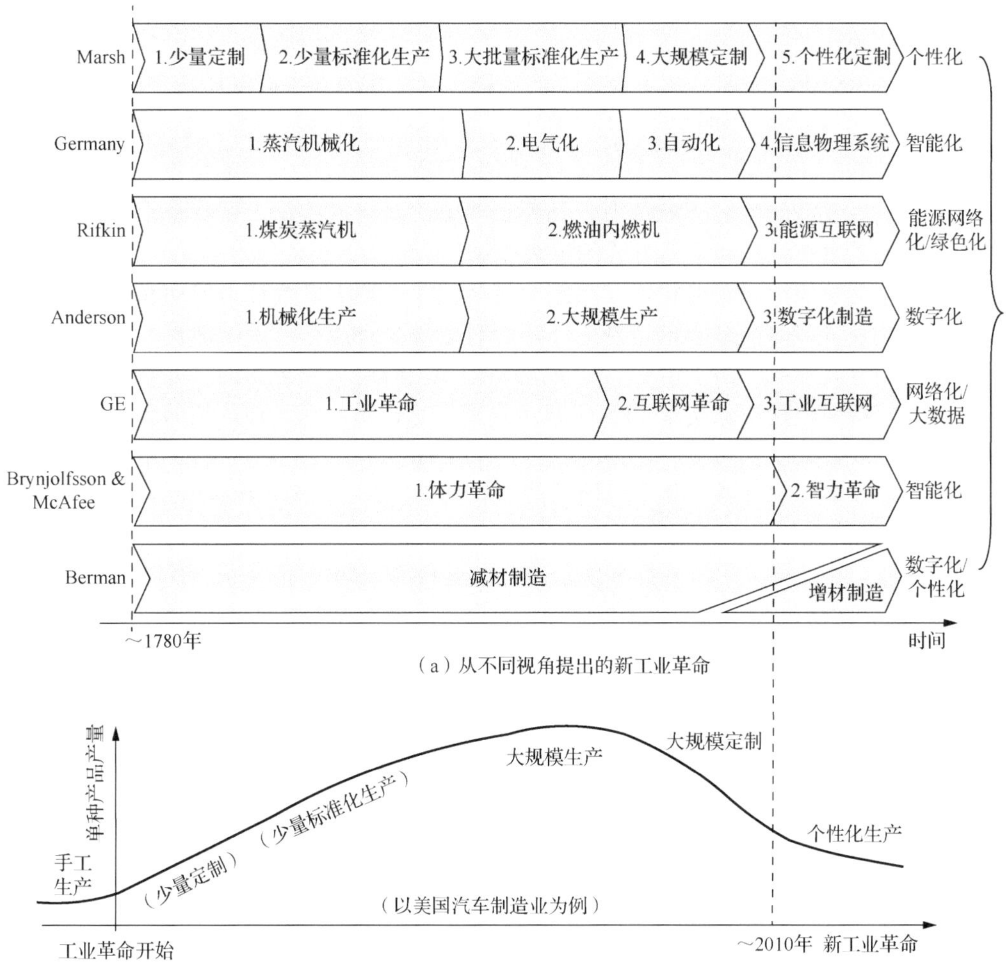

（b）与工业革命相适应的制造模式

图 1-1　工业革命与制造模式的演化

德国将新工业革命称为工业 4.0，即基于信息物理系统（Cyber-Physical System, CPS）的第四次工业革命，强调工业的智能化，而前三次分别是工业 1.0 的蒸汽机械化、工业 2.0 的电气化和工业 3.0 的自动化。而英国的 Marsh 认为历史上发生了 5 次工业革命，分别是少量定制、少量标准化生产、大批量标准化生产和大规模定制，目前正处在个性化定制阶段。而 3D

打印则是实现个性化定制的新兴技术，实现了制造方式从减材到增材的颠覆性转变，大幅缩减了产品开发周期与成本，也将推动材料革命，具有重大的应用潜能。在某种程度上，3D 打印可以看作以 CPS 的方式复兴和拓展了手工作坊生产，但又不同于以往个人单打独斗的手工作坊，它是一种实现个性化生产的新型制造模式，并与互联网社会化技术融合形成所谓的社会制造，强调用户参与到产品设计与制造中来。

Koren 以美国汽车制造业为例，认为制造（生产）模式经历了三次重大转变（图 1-1（b））：①大规模生产替代手工生产；②大规模定制替代大规模生产；③个性化生产替代大规模定制。这与 Marsh 提出的 5 种生产方式中的后三种是一致的。

这些研究从不同视角揭示了新一轮工业革命即将来临，也描绘了制造业的未来走向。归结起来，这些不同称谓的新工业革命的主要特征包括数字化、网络化、智能化、定制化、个性化、绿色化和社会化，而不同新工业革命的称谓，只是强调某个或某些特征罢了。实际上，新一轮工业革命是新能源、新材料、先进制造、工业机器人、新一代 ICT（Information and Communications Technology）和 AI 等众多技术协同创新和突破性发展的结果，任何一项单一的技术都不足以引发新一轮的工业革命，判断工业革命诞生的依据主要看是否有新科技群效应及是否带来人类生产方式和生活方式的重大变革。

在新工业革命愿景下，智能机器（系统）将替代人类绝大多数体力劳动和相当部分的脑力劳动，使人类有更多时间从事创造性工作，同时也减少资源与能源的消耗和浪费，使制造业朝着可持续的方向发展。由于工业 4.0 理念是由德国政府倡导提出的，并获得了世界的广泛关注和认可，特别是其基础技术 CPS 融合了众多信息技术，而其他称谓的新工业革命所依托的基础技术，或多或少都与 CPS 相关，甚至可归纳到 CPS 之下，且 CPS 本身是一种智能系统，它与制造技术的深度融合就形成所谓的新一代智能制造（Smart Manufacturing，SM），因此工业 4.0 被认为是以智能制造为主导生产方式的革命。

从历史上看，在（第一次）工业革命之前，我国 GDP 占世界的 1/3。在 18 世纪后期，英国诞生了由蒸汽机引起的第一次工业革命后，人类从农业社会进入工业社会，制造业从手工作坊生产逐步走向大规模生产，使欧洲 GDP 占世界的 40%。20 世纪初，诞生于美国的第二次工业革命，特别是福特发明的流水线，使汽车大规模生产水平达到了高峰，其 GDP 约占世界的 35%。尽管以计算机和互联网为代表的第三次工业革命仍诞生于美国，但此时美国 GDP 占世界的比重有所下降，特别是受到日本丰田发明的精益生产的挑战（此时日本 GDP 占世界的 20%以上），引发了美国对传统大批量生产方式的思考，并由此引起美国对制造业的再度重视，大力发展敏捷制造、3D 打印等新先进制造业，重新夺回了制造业的世界领先地位。然而，随着经济全球化和制造业向发展中国家转移，2010 年后中国制造业 GDP 超过了美国，但当时在整体 GDP 上与美国相比仍有很大差距，在制造业的国际分工中产品设计与科技创新中心仍在美国，如图 1-2（a）所示。

从图 1-2（b）可以看出，大规模个性化生产是未来制造业发展的必然趋势，因此新一轮工业革命（特别是工业 4.0）将更加关注个性化产品的智能化生产，而像 3D 打印这样的新型制造技术由于在单件小批量生产中具有优势而获得了广泛应用。但制造业不是如图 1-1（b）那样简单地从大规模生产转向大规模定制，再转向大规模个性化生产，因为即使个性化产品也包含通用的模块、定制的模块以及个性化的模块。另外，由于各国或地区的生产力发展水平不均衡，人们对产品需求的层次也有所不同。产品究竟采用何种生产方式生产，由各国企业技术水平和市场需要决定。例如，在 1955 年美国汽车生产达到大规模生产的高峰，而当时我国汽车生产正处于起步阶段；再如，对于螺丝螺母和轴承等社会需求量非常大的标准件，无疑最适合采用大规模生产方式来制造。

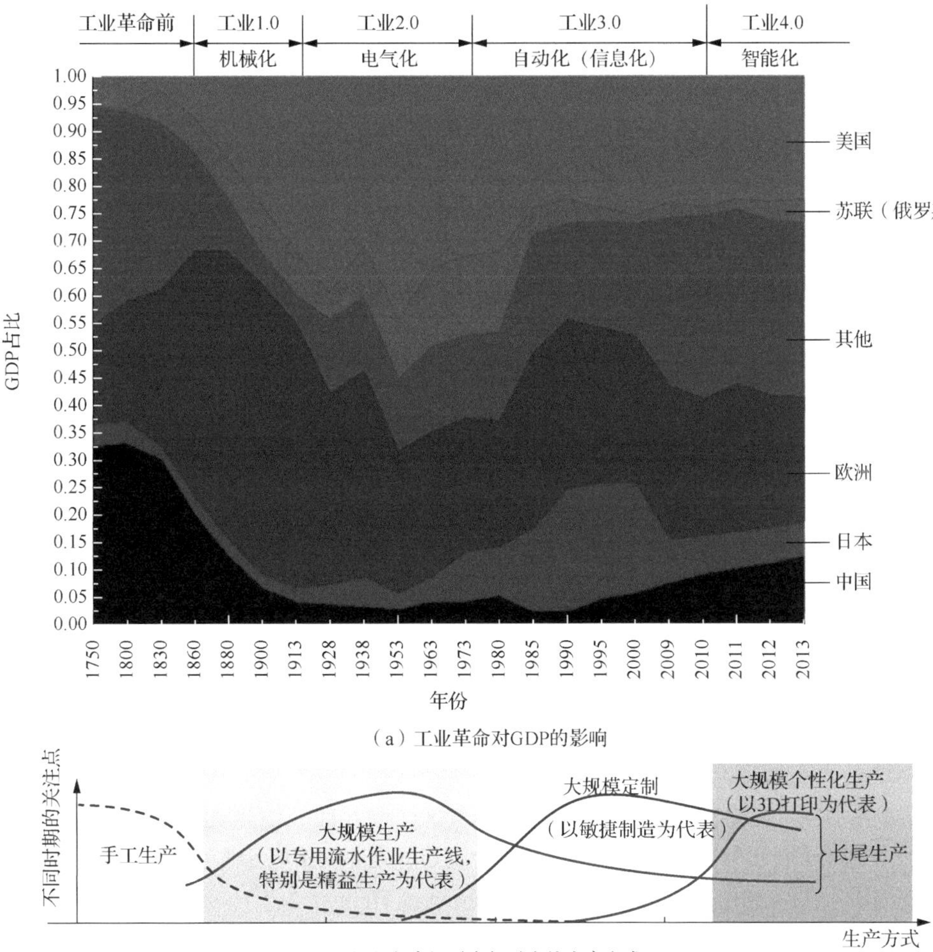

（a）工业革命对GDP的影响

（b）与市场需求相对应的生产方式

图 1-2　工业革命及市场需求对制造模式的影响

新一轮工业革命是以往工业革命的延续和发展，其产品生产模式也是如此。因此，在未来可预见的时间里，大规模生产、大规模定制和大规模个性化生产将并存，三者组成如图 1-3 所示的优势互补的长尾制造。其中，大规模生产主要关注“头部”的大批量标准化生产；而大规模定制和（大规模）个性化生产组成所谓的“长尾”，关注的是“尾部”的小批量或单件产品生产，并随着新工业革命的纵横深入，在客户的需求多样化背景下，所占市场份额将越来越大。大规模定制是连接大规模生产和个性化生产的桥梁，本质上是由推式的大规模生产和拉式的定制化生产相结合形成的一种推拉式生产模式。

目前以工业 4.0 为代表的新一轮工业革命为我国制造业发展带来了新机遇。与从工业 3.0 直接迈向工业 4.0 的工业化发达国家不同，对尚处于工业发展中的我国而言，既要追赶工业 4.0，又要补工业 2.0/3.0 的课，即需要兼顾大规模生产、大规模定制和大规模个性化生产，以满足社会对产品的多样化需求，因此，对长尾生产的智能化研究对我国制造业发展具有特别重要的意义。

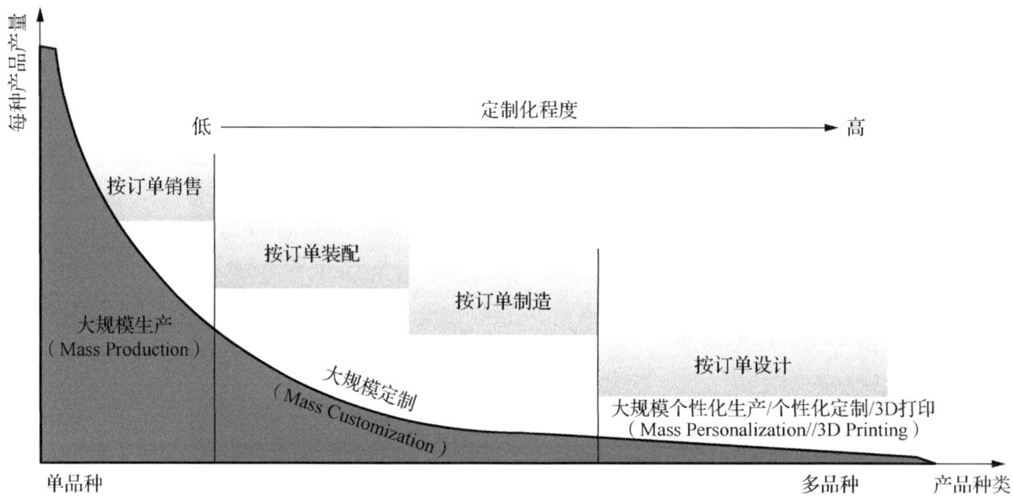

图 1-3　新工业革命下的长尾制造

1.3　人工智能与智能制造的演化发展

人工智能的发展可分为以符号智能（逻辑推理/符号主义）为主的第一代人工智能（AI 1.0）和以计算智能（机器学习/连接主义）为主的新一代人工智能（AI 2.0），当然，这仅仅是从技术突破角度上做的粗略分类。

智能制造是人工智能与制造技术深度融合的结果。在 2010 年之前，中文的“智能制造”与英文的 IM 相对应，它是随着计算机集成制造系统的研究而开始兴起的，称为第一代智能制造（用 IM 1.0 或 IM 表示）；此后，中文的“智能制造”是指 IM 或 SM（智能制造或智慧制造）或两者；欧美国家多用 SM 来表示随物联网（Internet of Things，IoT）、云计算、CPS、大数据等新一代信息技术而出现的新一代智能制造模式，即第二代智能制造（用 IM 2.0 或 SM 表示）。

1.3.1　人工智能的演化发展

1956 年夏，麦卡锡、明斯基（M. L. Minsky）、罗切斯特（N. Lochester）和香农（C. E. Shannon）等邀请了西蒙（H. A. Simon）、纽厄尔（A. Newell）、塞缪尔（A. L. Samuel）、莫尔（T. More）、塞尔夫利奇（O. Selfridge）、索罗孟夫（R. Solomonff）等 10 多位数学家、心理学家和信息论等方面的学者在美国达特茅斯（Dartmouth）学院举行了历时两个月之久的有关用机器模拟人类智能的学术研讨会。该研讨会上第一次使用了人工智能这一术语。这是一次具有重大历史意义的会议，它标志着人工智能这门新兴的边缘学科的正式诞生。

人工智能概念被首次提出后，相继探讨了问题表示、搜索技术和通用启发等一系列问题，利用符号表示方法和逻辑推理方法，通过计算机的启发式编程方法，按心理学和人类认知的过程建立一些人类求解问题的过程模型，出现了一批显著的成果，如机器定理证明、跳棋程序、通用问题求解程序（GPS）、LISP 表处理语言等。

AI的发展并不是一帆风顺的，它经历了2次“热潮”与“寒冬”的循环交替，现在进入以机器学习（计算智能）为主的第3次热潮，如图1-4（a）所示。AI的第1次热潮出现于20世纪50年代后半期至60年代，实现了AI成功地使用“推理与搜索”来解决特定问题。AI中最先应用的算法是机器定理证明以及其他类似问题的求解，这是由于在AI发展初期，符号主义学派认为人的智能主要体现在具有推理和思考能力，因此自然而然地将机器定理证明作为人工智能研究的第一个切入点，并将相关成果应用于问题求解、自然语言理解、程序验证和自动程序设计等方面。70年代初，AI发展没有人们预期得那么快，而且只能解决那些所谓“玩具”问题，特别是英国科学研究委员会发布的《莱特希尔报告》指出当时AI无法解决现实问题以及当时主要的神经网络模型——感知机的局限性，最终导致人们对AI失去信心，AI研究热潮便随即趋冷消退，随后进入第1次寒冬。

第2次热潮出现于20世纪70～80年代，是将“知识”引入计算机而产生的又一次AI研究热潮，产生了以知识信息处理为基础的知识工程，给AI从实验室走向实用带来了希望，出现了解决实际问题的专家系统或称为基于知识的系统。但是随着知识描述和知识管理的局限性逐渐显露，加上LISP专用机器价格昂贵导致专家系统市场崩溃，以及日本第五代计算机研制失败，符号主义的研究受到前所未有的挫折，AI在90年代初又一次进入寒冬。

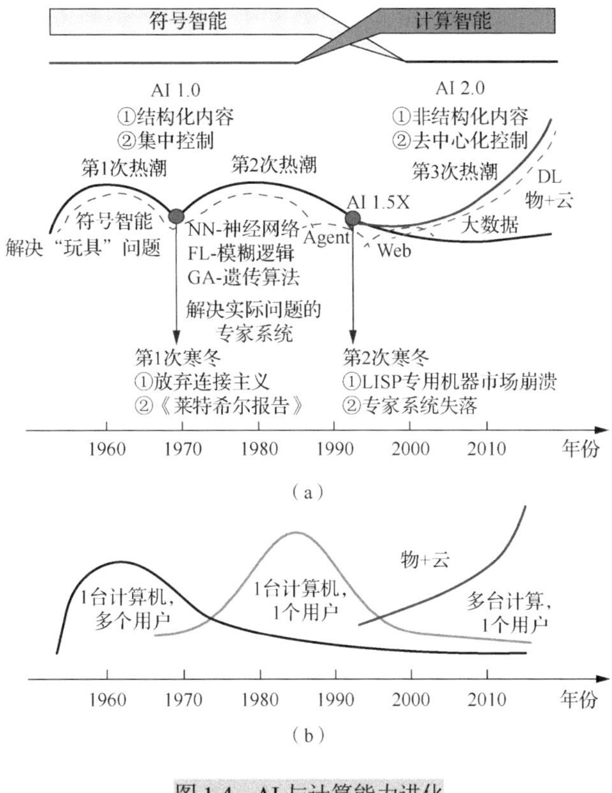

图1-4　AI与计算能力进化

需要指出的是，在以专家系统为标志性成果的第2次热潮中，D. Rumelhart领导的并行分布处理研究小组于1986年提出了神经元网络的反向传播学习算法，解决了神经网络分类能力有限这一根本问题，使人工神经网络研究获得重要突破，由此也引发了包括模糊计算、人工神经网络、进化计算等计算智能的兴起。与此同时，出现了以 Agent 为代表的分布式人工智能（Distributed AI，DAI）。

计算智能以连接主义的思想为主，形成了众多发展方面，包括人工神经网络、模糊计算、进化计算、模拟退火、自然计算、量子计算、粒子群算法、支持向量机、免疫计算、DNA 计算、人工生命、多 Agent 系统、粒度计算、混沌寻优等。

随着互联网数据的爆炸式增长，特别是随着 Web 网页的疯狂扩张，运用海量数据的机器学习悄无声息地迅速崛起，催生了以大数据和深度学习为主要标志的第 3 次 AI 热潮。特别是 IBM 的人工智能 Watson（沃森）在智力竞猜领域击败人类冠军、谷歌的人工智能 AlphaGo（阿尔法狗）在“人机围棋大战”胜出等具有象征意义的事件，以及人们对 AI 的“奇点”和“机器换人”忧虑等因素叠加，使越来越多的企业把目光投向 AI 领域，引发了一波堪称达到前所未有的“狂潮”。

从智能角度来看，AI 的前两次热潮都侧重于符号智能（为了方便起见，称之为 AI 1.0），虽然这期间出现了回归算法、贝叶斯方法、正则化方法等，但都不具备学习能力。虽然决策树学习、关联规则学习等具备学习能力，但效率上相对较低。尽管人工神经网络在 20 世纪 80 年代后期再次兴起，其学习效率也得到了大幅度提高，但面对大数据挑战仍显得力不从心。而现在兴起的第 3 次热潮则侧重于计算智能（称之为 AI 2.0）的运用，大数据与机器学习（尤其是深度学习）成为第 3 次热潮的主角。

深度学习是在神经网络的基础上，通过构建多隐含层神经网络模型和海量训练数据，来学习更有用的特征，最终提升分析的准确性，具备了自动学习数据特征的能力。深度学习采用层次网络结构进行逐层特征变换，将样本的特征表示变换到一个新的特征空间，从而使分类或预测更加容易，也使其成为推动新一代 AI 的热点。

AI 依靠计算机作为主要技术手段加以实现，因此其发展随计算技术的发展而发展，如图 1-4（b）所示。20 世纪 50 年代到 70 年代初期，企业应用的主要目标是利用计算机来替代一部分手工劳动的工作环节，以减轻人们的工作强度，并且多个用户共用一台大型主机，软件系统采用集中模型；随着个人计算机（PC）的出现，此时一个用户使用一台 PC；而当前已进入万物互联、云计算、普适计算和大数据时代，多台计算机为一个用户服务，而且计算机的性价比更高，计算力变得越来越强大且越来越便宜，与此同时出现的大数据使得机器能自主完成任务成为可能。一方面随着数据量越来越大，机器学习的预测效果会越好；另一方面计算机硬件和云计算能力的提升，加快了深度神经网络训练的速度并方便用户随时随地使用。在更加丰富的数据量、更优质的硬件能力的前提下，如今又出现了诸如伯克利的 Caffe、谷歌的 TensorFlow 和 Torch 开源框架，有力地促进了深度学习的发展、普及和应用。

其实，上述 AI 的三次热潮互有重叠，不是绝对分隔开来的。尤其是在 AI 1.0 和 AI 2.0 之间存在一个模糊区域，称为 AI 1.5X（包括称为 AI 1.5D 的分布式 AI，以及称为 AI 1.5W 的 Web AI）。如图 1-5 所示，从内容结构和控制结构角度来看，从 AI 1.0 到 AI 2.0 有两条途径：或经过分布式 AI，或经过 Web AI；20 世纪 90 年代兴起了以 Agent 为代表的 DAI，主要是针对结构化的内容，面临后来出现的大数据挑战，而 Web 智能（包括 Web AI 等）同样面临大数据的分布式处理挑战；实际上，从图 1-5 来看，Web AI、DAI 和 Agent 等技术与物联网、云计算、大数据、深度学习等新兴信息通信技术一起成为 AI 2.0 的重要组成部分。

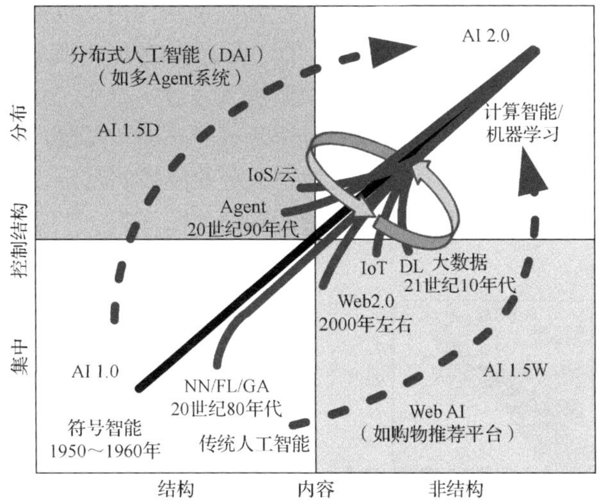

图1-5 从AI 1.0到AI 2.0

1.3.2 智能制造的演化发展

从人工智能视角来看，智能制造（IM）可看作AI与制造技术的交叉融合。传统IM代表了当时AI实际应用的成果，其智能行为主要体现为计算机的符号推理，即专家系统。因此，传统IM常指基于符号智能的制造，主要表现形式为专家系统。

IM自20世纪80年代末提出以来，世界各工业发达国家都对其进行了研究。美国于1992年大力支持包括信息技术、新的制造工艺和智能制造技术在内的关键重大技术；欧洲联盟（简称欧盟）于1994年启动新的研发项目，选择了39项核心技术，其中信息技术、分子生物学和先进制造技术中均突出了智能制造技术的地位；特别是日本于1989年提出智能制造系统（Intelligent Manufacturing System，IMS），并于1994年启动了IMS合作研究项目。

传统IM（IM 1.0）利用了AI 1.0乃至AI 1.5X来实现生产过程的智能化（如生产调度、在线监测、故障诊断、远程监控等），增强了制造系统的自动化、柔性化。IM 1.0最典型的代表是以专家系统为基础的制造系统。

尽管专家系统与其他智能技术结合，能够有效地服务于生产，但专家系统的设计存在对领域专家具有依赖性、知识获取困难以及解决问题缺乏灵活性等难以克服的困难。此外，专家系统还存在通用性差等问题，阻碍了其在制造过程中的应用空间。为了克服基于知识的传统AI，即符号智能（如专家系统）的缺点，AI的研究重点已转向计算智能和机器学习，特别是在人工神经网络基础之上发展起来的深度学习（Deep Learning，DL）。

与图1-5所示的AI发展类似，智能制造已从以结构化内容和集中式控制结构为特征的传统IM发展到以非结构化内容和分布式控制结构为特征的新一代智能制造（SM），如图1-6所示。

表1-2从AI构成、信息交互方式、控制形式、内容、感知、决策、组织形式、适应性、应用范围等角度对新旧智能制造进行对比。

在现实中，制造系统并不是如图1-6所示那样简单地从IM走向SM。实际上，诞生于工业3.0时期的IM，主要应用于制造中的某些局部环节，以“智能化孤岛”形式存在，对当时处于支配地位的计算机集成制造/网络化制造仅起到辅助的作用，以处理结构化数据为主。20世纪 90 年代，互联网进入 Web 时代，制造业的“信息化/智能化孤岛”得以初步互联；进入Web2.0 后，人际网、社交媒体和企业 2.0 等得到深入发展，产生了以非结构化数据为主的海量大数据，特别是随着物联网、大数据和机器学习等的兴起和发展，智能制造得到越来越多的关注，并不断与互联网融合，使互联网成为制造企业集成的基础设施，从而形成面向产品全生命周期的“互联网+AI+制造”的新一代智能制造（图 1-7）。

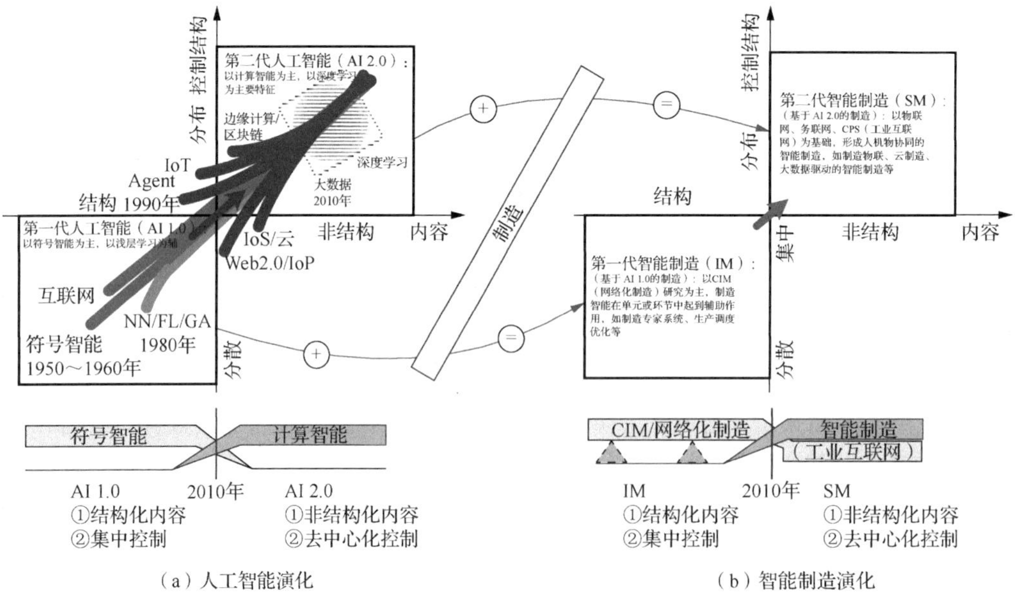

图 1-6　智能制造随 AI 发展而演进

表 1-2　传统智能制造与新兴智能制造间的对比

对比项	第一代智能制造（IM 1.0）	第二代智能制造（IM 2.0）
AI 构成	符号智能	计算智能（深度学习）
信息交互方式	孤岛	万物互联
控制形式	集中式	分布式
内容	结构化数据	大数据
感知	内部自身	包括环境感知
决策	经验决策	自决策
组织形式	他组织	自组织
适应性	经验调整	自适应
应用范围	特定制造环节	整个价值链
生产规模	大批量	个性化定制
经济模式	规模经济	范围经济

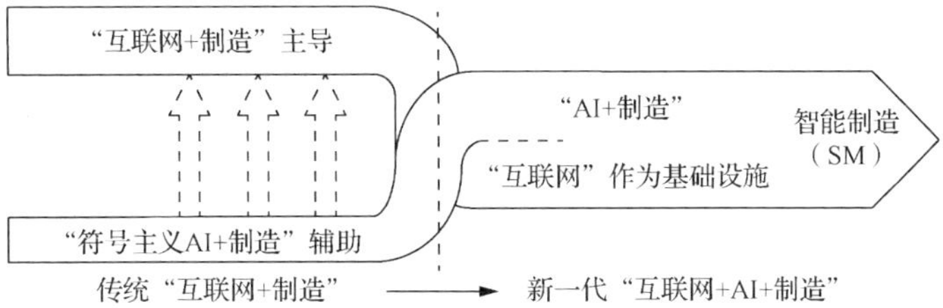

图 1-7 从"互联网+"到"AI+"的制造模式演进

1.4 人工智能在制造业的应用概况

对于生产过程中产生的数据，传统上依靠以往的经验知识对这些数据的分析和挖掘，不仅费时费力，而且只能适用于小样本数据；而深度学习作为一种能够自动选取特征的算法，并且能适用于大数据样本。当今之所以利用大数据来实现智能制造，是因为大数据已经成为一个日益明显的现象，而在制造系统和商业环境变得日益复杂的今天，利用大数据解决问题和积累知识或许是更加高效和便捷的方式。

定制化、个性化产品的需求发展，对生产制造智能化提出了更高的要求，而工程实践往往遇到的都是难以建立精确的数学或逻辑模型的问题，传统的 AI 在解决这类复杂问题时很难求出精确的解，即便能求解，耗时也相当长。因此，人们一直在寻求能在求解时间和求解精度上取得平衡的计算方法，在人工神经网络取得新突破时，深度学习应运而生。

新工业革命催生着工业大数据时代的到来，传统计算技术只是用来分析数据，而机器学习（尤其是深度学习）使得"捕获和挖掘数据→理解数据→从中萃取有价值的数据→预测未来趋势"成为可能，成为解决大数据问题的一种重要、关键的工具。

新一代 AI 具有从根本上重塑整个社会的潜力。同样，制造企业必须面对 AI 带来的巨变，需要加速数字化进程以确保能够高效地部署人工智能工具，将巨量的高质量数据集成到自动工作流程中，以实现数据驱动的 AI 转型。图 1-8 给出了 AI 及相关场景在制造业应用市场的份额。

中国作为制造业大国，为人工智能提供了丰富的应用场景。据估算，人工智能在中国制造业的市场规模有望在 2025 年超过 140 亿元：从 2019 年开始每年保持 40%以上的增长率。

人工智能技术赋能制造业主要体现在三方面：①人工智能可以帮助企业提高智能化运营水平，实现降本增效；②人工智能、5G、工业互联网等技术的融合应用，推动制造业生产及服务模式、决策模式、商业模式发生变化；③人工智能带动制造业价值链重构，有利于中国抢占全球制造业产业链上的价值高地。

新一代 AI 呈现出大数据深度学习、跨界协同、人机物融合、群体智能等新特征，并拥有强大的数据收集能力、智能视觉能力、自然语言处理能力，将大幅提升企业效率和决策水平，不仅能为工厂内部的生产以及维护、质量与物流等提供支持，还能为产品设计开发和供应链管理等提供支持。其在企业运营中的具体应用包括以下方面。

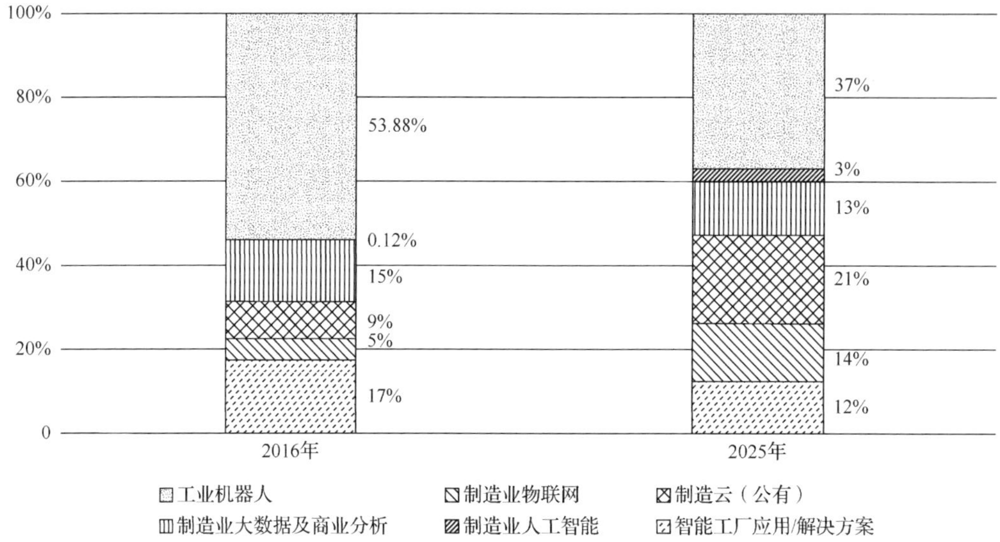

图 1-8　AI 及相关场景在制造业应用市场的份额

（1）机器视觉：通过视觉、X 射线或激光信号感知生产环境，如用摄像头对零件和产品进行分类。

（2）语音识别：处理语音听觉信号，如用虚拟语音助手处理操作员有关质量问题的评论。

（3）自然语言处理：分析文本和解释语义，如从报告生成摘要。

（4）信息处理：从非结构化文本中析取知识并获取查询答案，如通过搜索某产品相关的文字生成报告。

（5）数据学习：预测或者分类，如利用机器和流程产生的历史数据来预测事件。

（6）规划与探索：轨迹规划，选择一系列的行动让特定目标最大化，如让某类移动机器人——工厂用于搬运货物的自动引导车（Automated Guided Vehicle，AGV）识别最佳的下一步。

（7）语音生成：通过文字或声音语言与人类交流沟通，如朗读指令。

（8）处理与控制：操纵物体，如让不需要特殊培训的机器人从储存箱中捡起未分类的零件。

（9）导航与运动：在受限的物理空间移动，如让 AGV 在工厂内自主移动并优化路线。

新工业革命时代仍会存在大规模生产、大规模定制和个性化生产 3 种基本生产方式（长尾制造），因此，随着以“人工智能+”为主要特征的新工业革命的到来，长尾制造必然走向智能化。新工业革命的目的不是消灭大规模生产，而是比以往任何时候都能更好地满足社会对多层次、多样化产品的需求。因此，在未来的工业生产中，任意数量（低至 1 件）的产品都可以以合理的价格生产出来，大规模生产可为大众提供低成本的产品和服务，大规模定制可为少数人或某群体提供定制化的产品和服务，而个性化生产为单个客户提供个性化需求的产品和服务。对于一个具体的产品生产，首先通过市场调研和需求，根据产品类型、产量大小、质量要求、投资收益等进行多方面的权衡，然后通过综合评估来确定最合适的生产方式。但不管是大规模生产，还是大规模定制和个性化生产，在新一代 ICT/AI 融合作用下都变得智能化。

AI 可帮助企业优化业务流程，实现客户体验个性化，增强预测和决策能力，进而改变企业的运营模式。未来无所不在的 AI 将贯穿整个产品价值链（图 1-9）：在产品的研发阶段，AI 可辅助企业实时预测需求、优化研发，并塑造面向未来的成功产品；在生产与装配阶段，AI 可使企业以较低的成本和更高的质量生产商品与服务，同时减少维护和维修；在销售与服务阶段，AI 可帮助企业以合适的价格、正确的信息和准确的目标客户促销产品，同时可提供丰富、个性化和方便的用户体验。因此，AI 对“尾部生产”（大规模定制和个性化生产）的影响巨大，特别是对个性化生产的整个价值链产生变革性影响，虽然对“头部”的大规模生产的影响更小，但在万物互联时代，仍可通过大数据智能技术持续减少和消除各种等待与浪费，通过识别质量问题的根源，进而帮助消除缺陷，同时通过智能电网使能源利用效率得到极大提升，形成以精益智能制造为代表的工业 4.0 下的大批量生产。精益工业 4.0 概念的诞生便是工业 4.0 下大批量生产智能化的最好例证，它通过精益管理和工业 4.0 融合而成。

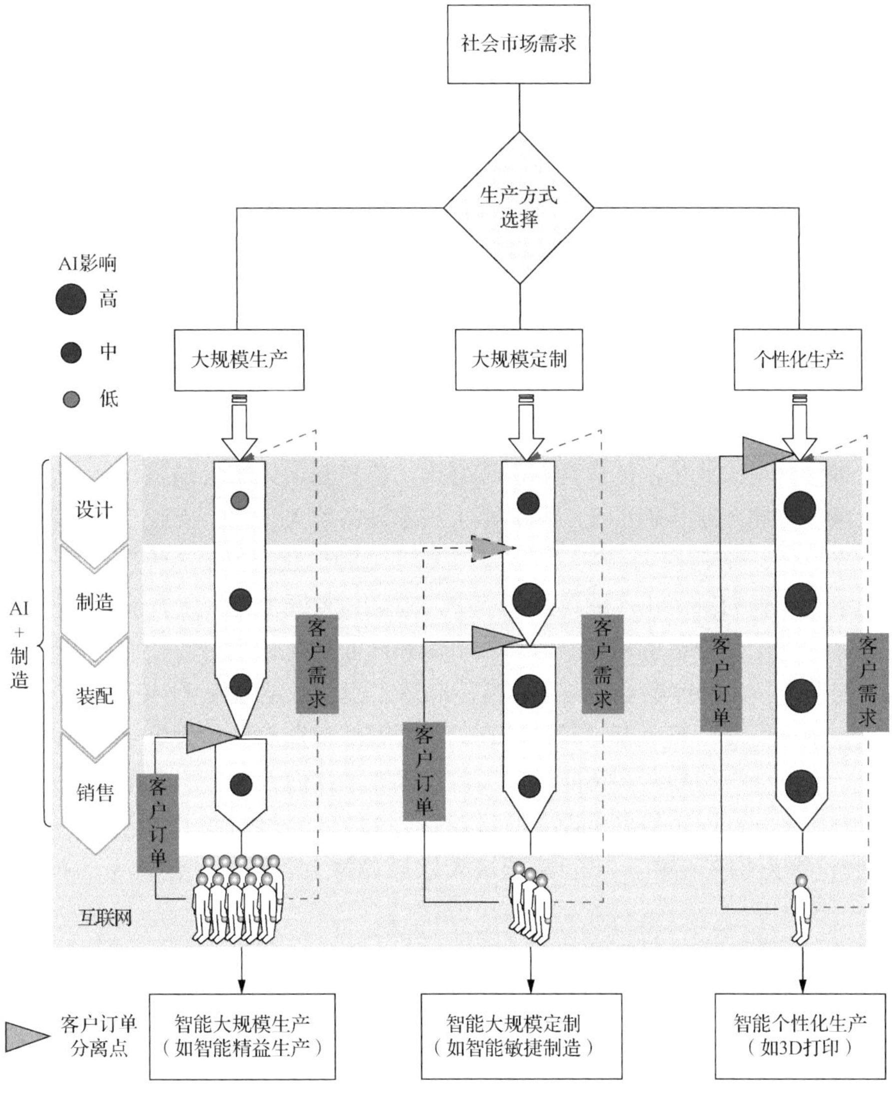

图 1-9 AI+长尾生产

1.5 面向人工智能/智能制造需求的人才培养

人工智能是引领未来的战略性技术，世界主要发达国家把发展人工智能作为提升国家竞争力、维护国家安全的重大战略，加紧出台规划和政策，围绕核心技术、顶尖人才、标准规范等强化部署，力求在新一轮国际科技竞争中掌握主导权。与此同时，智能制造是制造业发展的必然趋势，也是中国制造强国战略的主攻方向，世界制造业大国纷纷部署智能制造发展战略，以期占领新一轮产业革命的制高点。

发展人工智能和智能制造已成为我国的一项重要国家战略，为此我国政府和相关部门先后出台了一系列重要文件、政策。2015 年国务院印发了以智能制造为主攻方向的《中国制造 2025》，并随后出台了多个配套的实施指南、行动指南和发展规划指南；2017 年国务院颁布的纲领性文件《新一代人工智能发展规划》——不但包括人工智能有关的科学研究和技术手段等内容，而且对人工智能人才培养和教育倾注了高度关切，明确提出了“设立人工智能专业”和“在原有基础上拓宽人工智能专业教育内容，形成人工智能+X 复合专业培养新模式”等要求。

不管是人工智能还是智能制造，其发展离不开教育系统的支持。为了主动应对新一轮科技革命与产业变革，支撑服务创新驱动发展、“中国制造 2025”等一系列国家战略，2017 年 2 月以来，教育部积极推进新工科建设，先后形成了“复旦共识”、“天大行动”和“北京指南”，并发布了《关于开展新工科研究与实践的通知》和《关于推荐新工科研究与实践项目的通知》。

2022 年，党的二十大报告指出“建设现代化产业体系。坚持把发展经济的着力点放在实体经济上，推进新型工业化，加快建设制造强国、质量强国、航天强国、交通强国、网络强国、数字中国。实施产业基础再造工程和重大技术装备攻关工程，支持专精特新企业发展，推动制造业高端化、智能化、绿色化发展”。中国作为制造业大国要加快建设制造强国，在走向以智能制造为代表的新一轮产业革命进程中，迫切需要既懂得人工智能，又懂得智能制造的复合型人才。人工智能是引领新一轮科技革命和产业变革的战略性技术，智能制造则是人工智能技术与制造技术深度融合的结果。智能制造工程专业是顺应《中国制造 2025》、“工业化与信息化融合发展”及“新工科”建设、由教育部审批而设立的新专业，以培养“跨专业、高融合、强创造”的高素质智能制造工程技术人才；而人工智能专业则是为落实《新一代人工智能发展规划》国家战略而设立的新专业，并特此专门制订了《高等学校人工智能创新行动计划》，提出构建高校人工智能领域人才培养体系和科技创新体系的指导思想和基本原则。

当前，人工智能和智能制造已成为我国高校竞相开设的热门专业，多所高校先后建立人工智能/智能制造工程学院（研究院/实验室）。根据教育部公布的普通高等学校本科专业备案和审批结果统计，2020 年和 2021 年新增人工智能专业的高校分别有 130 所和 95 所，同时新增智能制造工程专业的高校分别有 84 所和 53 所。

人工智能是一种引发诸多领域产生颠覆性变革的前沿技术，并已开始融入人类社会发展的方方面面，在释放往届科技革命和产业变革积蓄的巨大能量的同时，为新一轮科技革命和产业变革提供强大的新引擎。不管是人工智能还是智能制造，各自本身就是多学科交叉融合的产物，并上升为我国的一级学科，各自包含一系列课程和多门相关的学科，本书对应的课程正是为了适应“人工智能+智能制造”的复合型人才培养需求而开设的，作为一门融合这两个一级学科的概论课，我们可从它们的标准体系建设中得到有益启发。

2020 年 7 月我国发布了《国家新一代人工智能标准体系建设指南》(国标委联〔2020〕35 号)，指出人工智能标准体系结构包括“A 基础共性”“B 支撑技术与产品”“C 基础软硬件平台”“D 关键通用技术”“E 关键领域技术”“F 产品与服务”“G 行业应用”“H 安全/伦理”等八个部分，如图 1-10 所示。

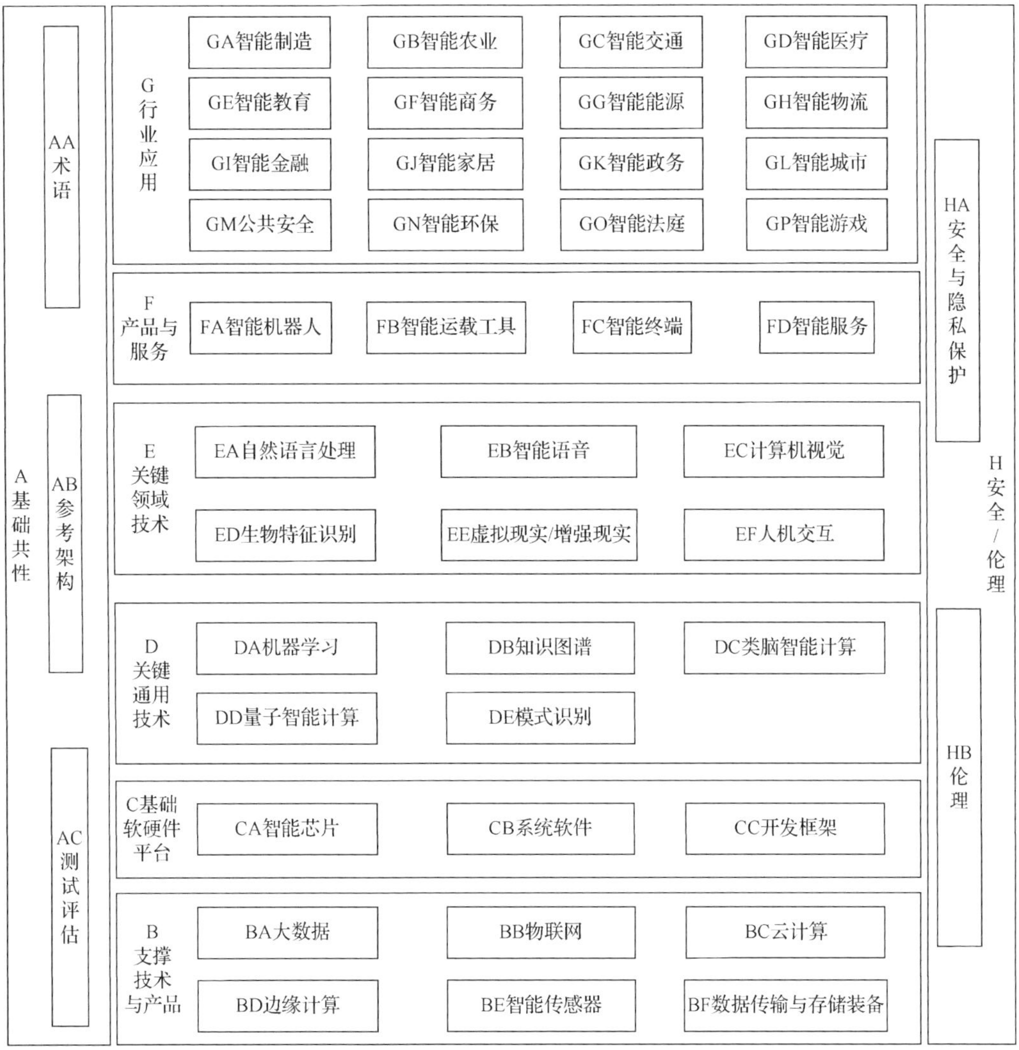

图 1-10　人工智能标准体系结构

制造业是国民经济的主体，是立国之本、兴国之器、强国之基。智能制造是落实我国制造强国战略的重要举措，加快推进智能制造，是加速我国工业化和信息化深度融合、推动制造业供给侧结构性改革的重要着力点，对重塑我国制造业竞争新优势具有重要意义。工业和信息化部、国家标准化管理委员会在2015年共同组织制定了《国家智能制造标准体系建设指南（2015年版）》，并于2018年和2021年发布更新版，图1-11所示的我国智能制造标准体系结构包括“A 基础共性”“B 关键技术”“C 行业应用”三个部分，反映标准体系各部分的组成关系。

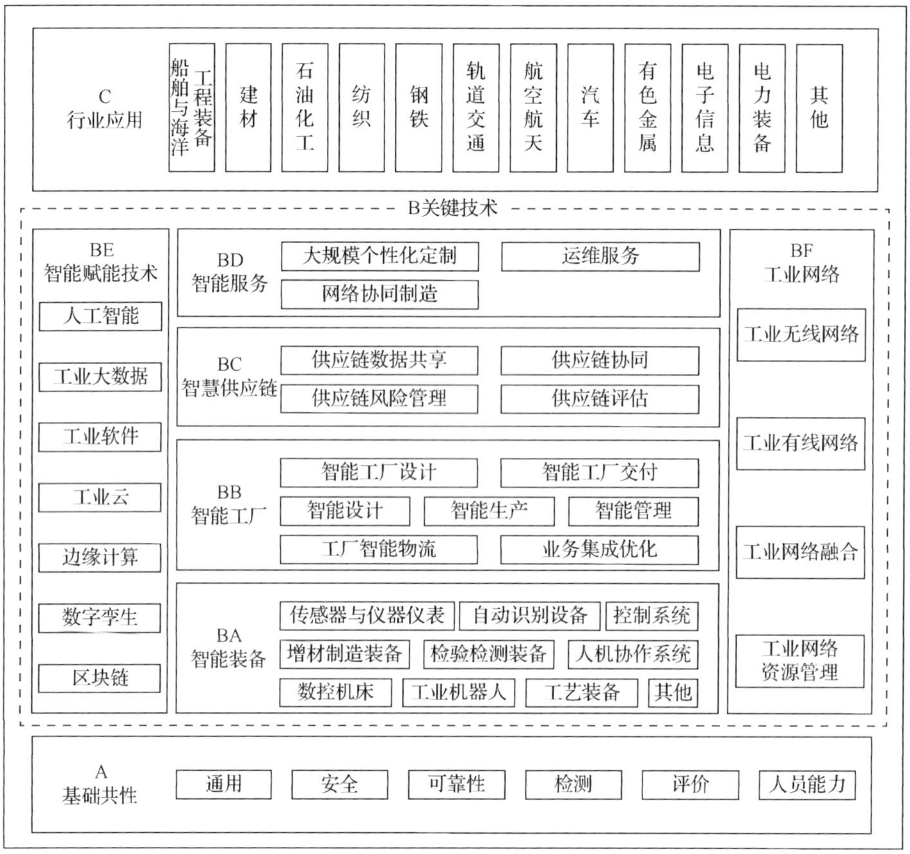

图1-11　智能制造标准体系结构（2021版）

综上所述，随着新一代信息（智能）技术的快速发展，人工智能和智能制造已成为国际科技和产业竞争的新焦点以及我国经济社会高质量发展的强大动力，人工智能和智能制造教育也被赋予迎接和应对这一挑战的重要职责并被视为一种可行途径。

1.6　本书内容安排

本书内容组织结构如图1-12所示，全书共8章，各章内容简述如下。

第1章　绪论：概述人工智能与智能制造发展演化和应用现状及两者的关联关系，以及理工科对人工智能与智能制造的融合教育需求，以便读者对人工智能和智能制造以及它们的关联有一个概括性的总体认知，同时认识到“人工智能”与“智能制造”课程融合教学的必要性。智能制造是人工智能在制造中的应用，并反作用于人工智能，为人工智能提供应用的需求。

第 2 章　共性基础技术：讨论人工智能/智能制造的知识、数据、信息等表示，知识搜索、逻辑推理和机器学习以及新一代信息等共性基础技术，具体包括符号主义的知识表示、搜索、推理等，连接主义的人工神经网络，以及未来互联网、务联网与云计算、物联网与边缘计算、信息物理系统、大数据等新一代信息通信技术。为后述各章提供共性技术支持。

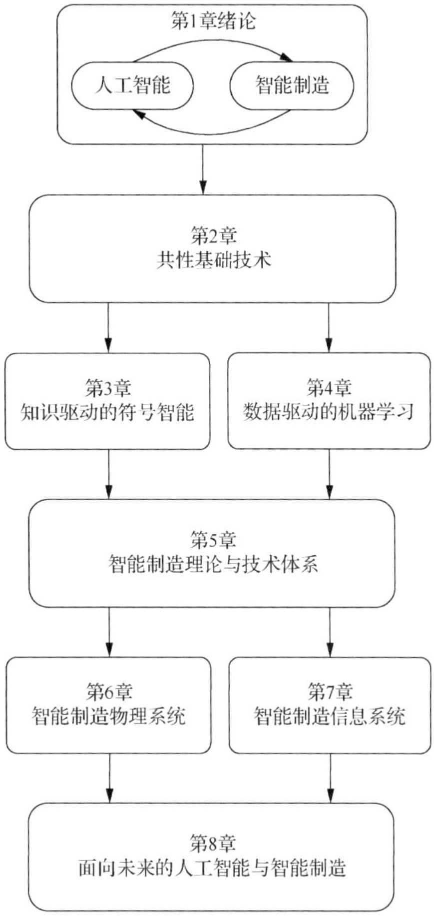

图 1-12　本书的内容及其关联结构

第 3 章　知识驱动的符号智能：第一代人工智能以知识驱动的符号智能为主，应用成果主要体现在知识驱动的专家系统上。本章主要叙述知识工程、专家系统、智能控制、以机器人路径规划为代表的寻路问题，以及知识工程最新发展成果——知识图谱及其应用。

第 4 章　数据驱动的机器学习：数据驱动的机器学习是实现人工智能的另一条重要途径，特别是代表新一代人工智能兴起的深度学习的诞生和发展，使得以连接主义为代表的数据驱动机器学习方法超越以符号主义为代表的传统知识驱动人工智能方法，成为当前人工智能关注和应用的热点。本章主要介绍数据驱动的机器学习方法及其相关技术，尤其是深度学习方法及其应用。

第 5 章　智能制造理论与技术体系：智能制造是现代集成制造发展到一定高度之后的产物，而现代集成制造从“计算机+”和“互联网+”走向“人工智能+”。本章着重阐述新一代智能制造随着新一代信息技术的发展演化，并以“四网”（人际网、内容知识网、务联网、物联网）与制造技术融合而成的新一代智能制造——智慧制造为例，阐述新一代智能制造系统理论与参考体系结构和技术体系。

第 6 章　智能制造物理系统：智能装备是实现智能制造的“硬件”部分，本章首先介绍智能制造中广泛应用的工业机器人和 3D 打印装备单机设备，然后介绍由多台设备构成的智能生产线及生产线组成的生产车间，最后介绍智能制造/工业 4.0 的主题环节——智能工厂。

第 7 章　智能制造信息系统：“软件”作为智能制造的另一组成部分，它与第 6 章的“硬件”部分一起构成虚实融合的智能制造系统。本章着重介绍工业软件及其服务平台、大数据处理、数字孪生、智能调度、大数据驱动的新一代智能制造系统运维等技术。

第 8 章　面向未来的人工智能与智能制造：分析强人工智能、融合智能、工业 5.0/社会 5.0、以人为中心的人工智能与智能制造、（工业）元宇宙等未来的人工智能和智能制造技术。

第 2 章　共性基础技术

人工智能/智能制造的技术基础是知识、数据、信息等表示以及搜索、推理和学习方法。第一代 AI/IM 取得的成果主要体现在知识表示、搜索、推理等方面，形成知识驱动的符号智能系统；而新一代 AI/IM 取得的成果主要体现在数据驱动的机器学习（特别是大数据驱动的深度学习）上，同时深受以物联网、CPS 等为代表的新一代信息技术的影响。本章讨论人工智能/智能制造的共性基础技术，为后述各章提供支持。

2.1　理论基础与 DIKW 模型及应用

传统 AI（AI1.0）以知识驱动为主，而第二代 AI 以数据驱动为主，因此人工智能/智能制造与数据、信息、知识、智慧是密切关联的。本节通过数据（Data）、信息（Information）、知识（Knowledge）、智慧（Wisdom）的 DIKW 金字塔层次体系，分析它们之间的联系与区别，进而通过 DIKW 将不同派别的人工智能/智能制造关联在一起。

2.1.1　符号主义与连接主义

如第 1 章所述，人工智能主要分为符号主义、连接主义和行为主义三大学派。20 世纪 80 年代以前，连接主义和行为主义一样，都被符号主义的光芒所掩盖。Cardon 等将历史上符号主义和连接主义两个学派所发表的论文及作者进行分析，从论文被引用次数来看，1990 年之前符号主义占主导地位，符号主义论文引用的高峰产生于专家系统盛行的 20 世纪 80 年代末；2010 年之后连接主义占主导地位，出现最新的引用高峰，同时，因溯源引用导致在 1945 年左右出现的第一个引用高峰也属于连接主义。在 1956 年 AI 概念被正式提出之前，心理学家 McCulloch 和 Pitts 通过发表文章于 1943 年提出了形式神经元的数学描述与结构方法，即 M-P 模型，但 20 世纪 80 年代以前关于连接主义的论文很少被引用。

从图 2-1 来看，符号主义的代表性人物有 Newell、Minsky、McCarthy、Brooks 和 Simon 等，而连接主义的代表性人物有 Zadeh、Dubois、Holland、Rumelhart 和 Yager 等。

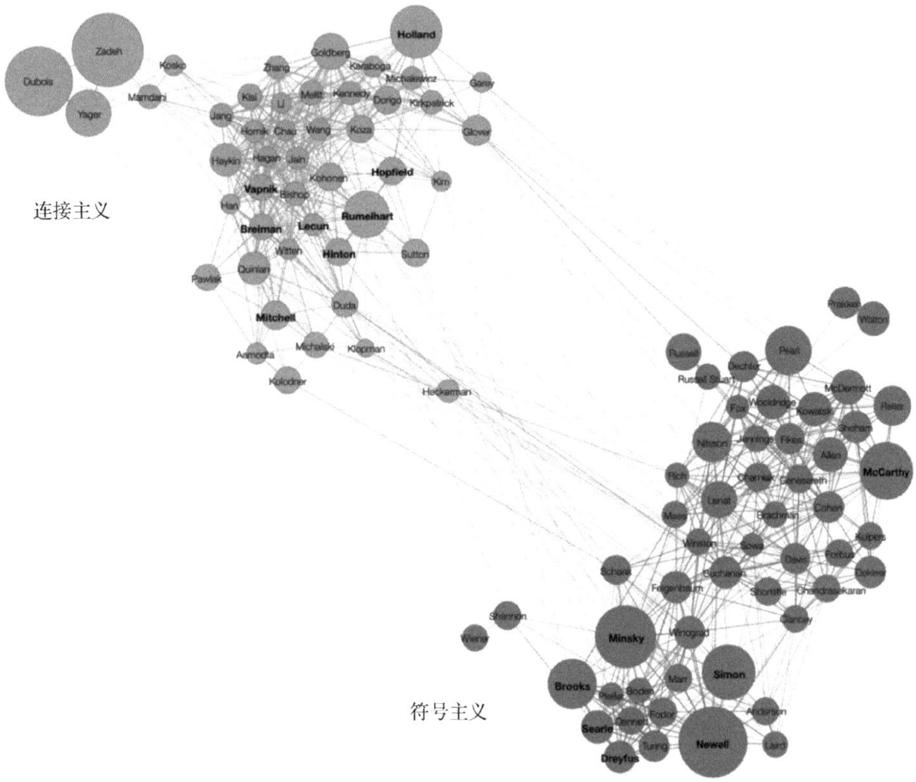

图 2-1　符号主义（Symbolic）与连接主义（Connectionist）的学者对比

2.1.2　知识驱动的符号智能方法

符号主义的特点是以知识为基础，侧重于逻辑推理。传统人工智能/智能制造是知识驱动的符号智能系统，主要研究包括知识表示、知识利用和知识获取等方面。基于知识的系统或专家系统实质上是一个具有大量专门知识和经验的计算机程序系统，它内置有知识库和推理机，其中知识库中存放求解问题所需要的知识，推理机负责使用知识库中的知识去解决实际问题，即“专家系统＝知识＋推理”。

推理是从已知事实出发，通过运用相关知识逐步推出结论或者证明某个假设成立或不成立的思维过程，是一种因果逻辑关系。知识表示将在 2.2 节讲述，逻辑推理与搜索将分别在 2.3 节和 2.4 节讲述。

2.1.3　数据驱动的机器学习方法

与传统符号系统的推理与知识表示不同，连接主义（机器学习）是由数据驱动的，通过学习建模，再进行预测和动作。而“机器学习＝数据＋算法模型”，新一代 AI 的重要突破在于大数据深度学习，最核心的素材是数据，而机器通过大数据学习而产生模型，进而实现预测与决策。

实际上，以大数据为代表的数据密集型计算已发展成为第四种科学研究范式。图灵奖得主 Jim Gray 将科学研究范式分为四种：第一范式是经验科学，主要用来描述自然现象，以简单数量关系与通则论为基础的定性研究；第二范式是理论科学，使用模型或归纳法进行科学研究，以小样本数据外推复杂因果关系的定量研究；第三范式是计算科学，主要模拟复杂的现象，以有限数据模拟科学结论的仿真研究；第四范式是数据科学，统一于试验、理论和模拟，以全样本大数据驱动的数据密集型科学研究。

1. 经验科学

人类最早的科学研究，主要以记录和描述自然现象为特征，又称为“试验科学”（第一范式），从原始的钻木取火，发展到后来以伽利略为代表的文艺复兴时期的科学发展初级阶段，开启了现代科学之门。

经验科学与“理论科学”相对应，指侧重于经验事实的描述和明确具体的实用性的科学，一般较少有抽象的理论概括。在研究方法上，以归纳为主，带有较多盲目性的观测和试验，一般科学的早期阶段属于经验科学，生物、化学尤其如此。

经验科学的主要研究手段是科学试验，典型范例包括伽利略的物理学、动力学。伽利略是首位把试验引进力学的科学家，他利用试验和数学相结合的方法确定了一些重要的力学定律，特别是在比萨斜塔上做了“两个铁球同时落地”的著名试验，推翻了亚里士多德“物体下落速度和重量成比例”的学说，纠正了这个持续了1900多年的错误结论。这种方法是先观察，进而假设，再根据假设进行试验，如果试验的结果与假设不符，则修正假设再试验。自从17世纪的科学家Francisc Bacon阐明这种方法之后，科学界一直沿用着。这种研究范式一直持续到19世纪末，都堪称完美，牛顿三大定律成功解释了经典力学，麦克斯韦理论成功解释了电磁学，经典物理学大厦美轮美奂。但之后量子力学和相对论的出现，则以理论研究为主，以超凡的头脑思考和复杂的计算超越了试验设计，而随着验证理论的难度和经济投入越来越高，科学研究开始显得力不从心。

2. 理论科学

经验科学的研究，显然受到当时试验条件的限制，难以完成对自然现象更精确的理解。科学家开始尝试尽量简化试验模型，去掉一些复杂的干扰，只留下关键因素，然后通过演算进行归纳总结，这就是第二范式：理论科学。

理论指人类对自然、社会现象按照已有的实证知识、经验、事实、法则、认知以及经过验证的假说，经由一般化与演绎推理等方法，进行合乎逻辑的推论性总结。人类借由观察实际存在的现象或逻辑推论，而得到某种学说，如果未经社会实践或科学试验证明，只能属于假说。如果假说能借由大量可重现的观察与试验而验证，并为众多科学家认定，那么这项假说可被称为理论。理论科学偏重理论总结和理性概括，强调较高普遍的理论认识而非直接实用意义的科学。在研究方法上，理论科学以演绎法为主，不局限于描述经验事实。

理论科学的主要研究手段是数学模型。典型范例包括数学中的集合论、图论、数论和概率论；物理学中的相对论、弦理论；计算机科学中的算法信息论、计算机理论。

3. 计算科学

20世纪中叶，冯·诺依曼提出了现代电子计算机架构，利用电子计算机对科学试验进行模拟仿真的模式得到迅速普及，人们可以对复杂现象通过模拟仿真，推演出越来越多复杂的现象，典型案例如模拟核试验、天气预报等。计算机仿真越来越多地取代试验，逐渐成为科研的常规方法，即第三范式——计算科学应运而生。

计算科学，又称科学计算，是一个与数据模型构建、定量分析方法以及利用计算机来分析和解决科学问题相关的研究领域。在实际应用中，计算科学主要用于对各个科学学科中的问题进行计算机模拟和其他形式的计算。典型的问题域包括：数值模拟；模型拟合与数据分析，调整模型或利用观察来求解方程（如基于图的网络模型、复杂网络等）；计算和数学优化，最优化已知方案（如工艺和制造过程、运筹学等）。

4. 数据密集型科学

随着数据的爆炸式增长，计算机不仅能做模拟仿真，还能进行分析总结，得到理论。数据密集范式理应从第三科学范式中分离出来，成为一个独特的科学研究范式，这就是所谓的第四范式的数据密集型科学。

数据密集型科学由传统的假设驱动向基于科学数据进行探索的科学方法的转变。第三科学范式是先提出可能的理论，再搜集数据，最后通过计算来验证，而基于大数据的第四范式，则是先有了大量的已知数据，然后通过计算得出之前未知的理论。这种新兴的科学范式放弃对因果关系的渴求，取而代之关注相关关系。也就是说，只要知道“是什么”，而不需要知道“为什么”。

关联关系是大数据的本质特征之一。关联关系颠覆了千百年来人类的思维惯例，也对人类的认知和与世界交流的方式提出了全新的挑战。因为以往人类总是会思考事物之间的因果联系，而对基于数据的相关性并不是那么敏感；相反，计算机则几乎无法自己理解因果，而对相关性分析极为擅长。人类推导的因果联系，总是基于过去的认识，获得“确定性”的机理分解，然后建立新的模型来进行推导，这种过去的经验和常识往往是不完备的，在大多数情况下要发现事物之间的因果联系是极其困难的。而数据密集型科学方法则为解决实际问题提供了另一条途径。

数据密集型科学的主要研究手段是数据挖掘和机器学习（特别是深度学习）。典型范例包括几乎所有的大数据实践场景，以及基于大数据的人工智能，特别是当前火热发展的新一代人工智能研究。

科学从经验科学到理论科学再到计算机科学，现在发展到数据密集型科学，科学范式也相应地从经验范式发展到理论范式再到计算机模拟范式，发展到当下的第四范式。大数据驱动的智能革命深刻地影响着人工智能/智能制造的发展。随着互联网和物联网的高速发展及移动互联网的高速扩展，信息网络逐渐涵盖人类社会和物理世界的方方面面，形成集人、机、物于一体的三元融合型超级信息世界，而数据就如将这个体系中三元有机融合起来的血液。大数据催生了新型科学研究范式，通过试验仪器收集或模拟仿真方法产生数据，然后用软件处理，并将所形成具有意义的信息和知识存储于计算机之中，以供科技人员研究之用，从而将试验、理论和仿真前三种科学研究范式有机地统一起来，为大数据驱动的新一代人工智能/智能制造提供了便能技术。

图 2-2 给出了传统符号智能系统（如专家系统）与新一代智能系统（如 CPS）的比较。从图中可知，传统 IM 与传统 AI 一样，是一种基于符号（知识）的智能系统，而新一代 IM 则是基于机器学习的智能系统。机器学习系统是由数据驱动的，通过学习建模，再进行预测和动作，这实质上也是形成闭环的信息物理（生产）系统 CP（P）S，乃至社会信息物理（生产）系统。以专家系统为代表的传统智能系统，其输入的是经领域专家提炼出来的知识；而

以 CPS 为代表的新一代智能系统，其输入的是原始数据，再通过如下的 DIKW 转换，即从数据（D）到信息（I）到知识（K）乃至智慧（W），实现智能系统的决策。为专家系统输入知识，就如为引擎输入汽油，而为 CPS 输入（原始）数据就如为引擎输入原油。

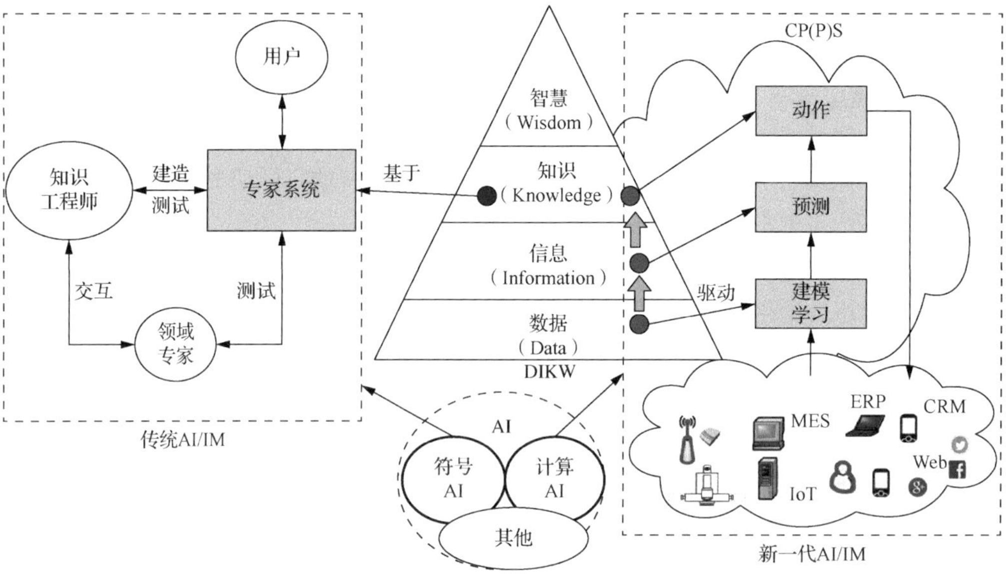

图 2-2 传统 AI/IM 与新一代 AI/IM 的比较

对于智能系统/智能制造中产生的大数据，难以依靠传统以往的经验知识和常规工具对这些海量数据进行分析和挖掘；而深度学习作为一种能够自动选取特征的算法，完全能适用于大数据样本的分析。在大数据已经成为一个日益明显、普遍现象的今天，利用大数据驱动的 AI 理念去解决问题和积累知识就成为自然。

2.1.4 DIKW 模型层次体系

DIKW 模型将数据（Data）、信息（Information）、知识（Knowledge）、智慧（Wisdom）纳入一种金字塔形的层次体系，各层都比相应的下一层赋予了一些特质，如图 2-3 所示。从图中可以看出，数据、信息、知识与智慧之间既有联系，又有区别。

1. 数据层（D 层）

数据是 DIKW 模型中最底层也是最基础的一个概念。数据是形成信息、知识和智慧的源泉。原始观察及量度获得了数据，而通过进一步分析数据间的关系获得了信息。在行动上应用信息产生了知识。智慧关心未来，它含有暗示及滞后影响的意味。数据是信息的载体，信息是有背景的数据，而知识是经过人类的归纳和整理，最终呈现规律的信息。

从整体来看，DIKW 转换可以双向演进。从噪声中分拣出来数据，转化为信息，升级为知识，升华为智慧。这样一个过程，是信息的管理和分类过程，让信息从庞大无序到分类有序，各取所需。这就是一个知识管理的过程。反过来，随着信息生产与传播手段的极大丰富，知识生产的过程其实也是一个不断衰退的过程，从智慧传播为知识，从知识普及为信息，从信息变为记录的数据。

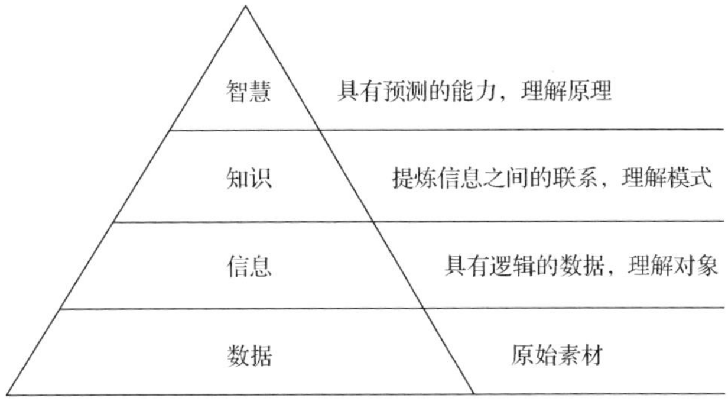

图 2-3 DIKW 模型的数据、信息、知识与智慧层

数据是最原始的素材，是记录下来可以被鉴别的符号，未被加工解释，没有回答特定的问题，能够以任何形式存在，用于表达一个不相关的事实或事件，就其本身而言，没有任何意义；数据是指能够客观反映事实的数字和资料，按表现形式可分为数字数据和模拟数据，模拟数据又可以分为符号数据、文字数据、图形数据和图像数据等。

在计算机领域，数据是指可以输入电子计算机的一切字母、数字、符号，具有一定意义能够被程序处理，是信息系统的组成要素，它可以记录或传输，并通过外围设备在物理介质上被计算机接受，经过处理而得到结果。计算机系统的每个操作都要处理数据，通过转换、检索、归并、计算、制表和模拟等操作，经过解释并赋予一定的意义之后便成为信息，可以得到人们需要的结果。分析数据中包含的主要特征，就是对数据进行分类、采集、录入、储存、统计检验、统计分析等一系列活动，接收且解读数据才能获取信息。

2. 信息层（I 层）

进入信息时代之后，“数据”的内涵开始扩大：不仅指代“有根据的数字”，还统指一切保存在计算机中的信息，包括文本、图片、视频等。这主要归功于 20 世纪 60 年代发明了数据库所取得的巨大进步，数字、文本、图片在此以后可不加区分地保存在计算机的数据库中，数据也逐渐成为“数字、文本、图片、视频”等的统称，即“信息”的代名词。

信息是当代使用频率非常高的一个概念，如前所述，信息与物质、能量作为自然界的三大基本要素，也被纳入哲学体系之中。信息是数据通过某种逻辑关系被赋予特定意义，体现对某种关系的理解，其表征的意义是有用或无用的，可简单表示为“信息＝数据＋处理”。

3. 知识层（K 层）

知识是从相关信息中过滤、提炼及加工而得到的有用资讯，是信息的合理收集，其最终结果是有用的，体现一种模式的理解。特殊背景/语境下，知识将数据与信息、信息与信息在行动中的应用之间建立有意义的联系，它体现了信息的本质、原则和经验。知识需要通过信息使用归纳、演绎的方法得到，并且这种基于推理和分析，还可能产生新的知识。

4. 智慧层（W 层）

智慧是 DIKW 层次中的最高一级，也是人类区别于其他生物的重要特征，主要表现为收集、加工、应用、传播知识的能力，以及对事物发展的前瞻性看法。智慧是通过已经掌握的知识综合出决策结果（学习过程），是对知识基本原理的理解，是一个外推的、不确定性和非概率性的过程，是人类所专有的，能够用智慧做出正确的判断与决策。在知识的基础之上，通过经验、阅历、见识的累积，而形成的对事物的深刻认识、远见，体现为一种卓越的判断力。

综上所述，从数据到信息到知识再到智慧，是一个从低级到高级的认识过程，层次越高，外延、内涵、概念化和价值不断增加。数据、信息、知识和智慧之间的联系在于前者是后者的基础与前提，而后者对前者的获取具有一定的影响。数据是信息的源泉，信息是知识的“子集或基石”，知识是智慧的基础和条件。信息是数据与知识的桥梁，知识反映了信息的本质，智慧是知识的应用和生产性使用。

2.1.5 DIKW 模型在智慧制造的应用

为不失一般性，现以新一代智能制造——智慧制造为例，分析 DIKW 是如何实现转换的。智慧制造是物联网、知识网、务联网和人际网与制造技术融合的深度结果，形成了社会信息物理生产系统，需要实现如图 2-4 所示的从“物体-数据-信息-知识-智慧”的转化过程，具体包括物体-数据感知技术、数据-信息处理技术、信息-知识提取技术和知识-智慧决策技术。

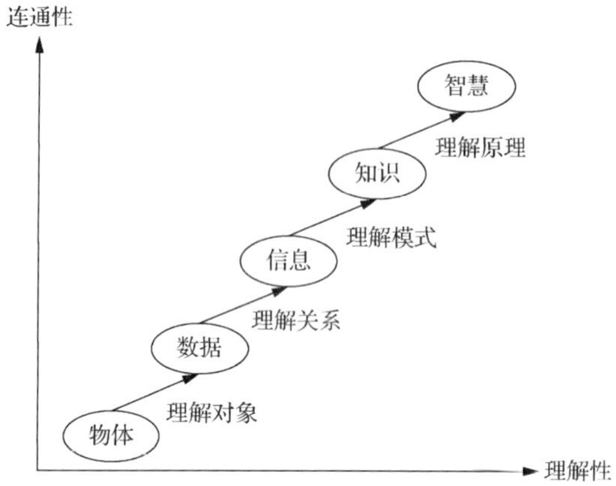

图 2-4　物体到智慧的演化路线

1. 物体-数据感知技术

数据感知技术通过智能传感器、物联网、工业互联网和 CPS 等，实现物理世界各种制造资源（如数控机床、工件和工人等）的泛在实时感知、互联互通，数据采集、存储和初步处理，实现产品全生命周期的监测管理，以及工艺和产品的创新。

智能传感器及物联网的广泛应用，使数控机床、工业机器人等更加智能，为制造资源的物物相连提供使能，实现智能体的监测与控制。各种传感器通过有线与无线接入物联网，面对种类繁多、功能不同的传感器，需要统一传感器的数据接口，实现即插即用，将感知、处理与控制集于一体，提高对各类制造资源的感知能力，如综合利用射频识别（RFID）、温度传感器、振动传感器等实现对制造对象与制造环境的感知，并通过 Wi-Fi、蓝牙、ZigBee 等无线网络传输数据，简单方便地实现数据采集，是智能传感、仪器、监测、控制、工艺/过程优化的组合，将信息通信技术与制造环境融合在一起。

2. 数据-信息处理技术

从物理世界采集的数据，没有明确的含义，需要运用信息处理技术对原始数据进行解释，获取数据表示的意义。这些处理技术包括（大）数据处理与挖掘、知识发现和复杂事件处理等。

复杂事件处理技术是以事件驱动架构为基础，用于追踪和分析实时发生的事件数据流，事件可以是系统中 1 个状态的改变或传感器监测到的数据，通过事件间的逻辑关系，挖掘有意义的事件以至于能够尽快对该事件做出反应。

人工智能是信息处理技术的核心，主要实现数据挖掘、知识发现，为制造的全生命周期提供动态管理、智能响应、智能匹配、智能辅助设计等。制造过程中各种传感器收集到的大量设备运行数据，经过人工智能软件分析，精确地监测设备的运行状态，并能够预测设备故障。大数据技术可用于解决智慧制造引起的爆炸式数据增长的问题，特别是各种智能传感器所实时感知的数据，以及大量非结构化数据。深度学习作为人工智能的新兴技术，已被应用于计算机视觉、智能语音处理、自然语言处理、智能决策与控制、新型人机交互等方面，在工业制造领域也有极大的应用潜力。

3. 信息-知识提取技术

知识是智慧的基础，其难点在于对知识的提取，可以通过学习获得，主要是非形式化的知识提取，包括对知识的抽取、发现、分类。此外，需要通过知识表达和知识建模构建知识库对知识进行管理，提高知识的重用和分享。在智慧制造中知识的获取和应用贯穿了制造的整个过程，而知识的获取可以通过人工手段来获得，如专家知识、介质知识等，也可以通过自动化的数据信息处理、数据挖掘上升为知识。

知识工程技术是针对必须要专家知识才能解决的难题而提出的，其以专家知识为研究对象，抽象出智能系统中共同的基本问题，成为知识工程的核心内容，作为指导研制各类智能系统的基本原则，可以看作人工智能在知识处理方面的发展，使人工智能由理论转向应用。

4. 知识-智慧决策技术

智慧是基于知识的经验总结，是人类所特有的，智慧制造中表现为利益相关者（生产者和消费者等）共同参与产品的全生命周期过程。在制造过程中，设备操作人员基于知识做出决策，人在网络中通过存取数据、分析工具，并在充分利用知识资源的基础上，不断增强决策能力，通过社会网络、移动工具的应用，高质量的决策会在人们需要的时刻获得，不断与机器、系统和其他人员更好地连接、分享知识和参与产品设计制造。

社会制造就是大众参与的社会化生产模式，利用网络技术和众包方式让民众参与到产品的全生命周期中，实现个性化、客户化和定制化的消费，将人的（隐性）知识和个人智能、集体智能或社会智能引入制造中，其关键主要包括社会化中人的参与形式——大众生产和社会化制造——3D 打印，以及如何对社会中的各种智慧加以吸收。

2.2　知识表示方法

知识是智能活动的基础，是人们认识和改造环境过程中掌握的各种事实与规则的集合。如果把人类所认识的并以某种形式表达出来的东西称为信息，那么知识可以认为是信息经过整理、解释、挑选和改造而形成的对客观世界规律性的认识。目前对知识还缺乏统一、严格的定义，对知识的特性和结构还没有一个清晰、统一的认识。但就知识的作用来说，知识可分为方法知识和具体领域的知识，而具体领域的知识又可分为陈述性知识和过程性知识。陈述性知识提供概念和事实，过程性知识提供如何利用已有的陈述性知识来解决问题的规则。

这里的知识表示，是指面向计算机的知识描述或表达形式和方法。我们知道，面向人的知识表示可以是语言、文字、数字、符号、公式、图表、图形、图像等多种形式，这些表示形式是人所能接受、理解和处理的形式。但面向人的这些知识表示形式，目前还不能完全直接用于计算机，因此就需要研究适于计算机的知识表示模式。具体来讲，就是要用某种约定的（外部）形式结构来描述知识，而且这种形式结构还要能够转换为机器的内部形式，使得计算机能方便地存储、处理和利用。

知识表示是建立专家系统及各种知识系统的重要环节，也是知识工程的一个重要方面。经过多年的探索，现在已经提出了很多知识表示方法，如一阶谓词逻辑、产生式规则、框架、语义网络等。随着知识系统复杂性的不断增加，人们发现单一的知识表示方法已不能满足需要，于是又提出了混合知识表示。另外，还有所谓的不确定或不精确知识的表示问题。随着深度学习模型的应用日益广泛，如何将深度学习模型用于知识图谱的表示学习成为当前知识图谱领域研究的热点问题之一。

2.2.1 逻辑表示法

逻辑表示法以谓词形式来表示动作的主体、客体，是一种叙述性知识表示方法。利用逻辑公式，人们能描述对象、性质、状况和关系。逻辑表示法主要分为命题逻辑和谓词逻辑。

命题逻辑是数理逻辑的一种，它用形式化语言（逻辑符号语言）进行精确（没有歧义）的描述，用数学的方式进行研究；而谓词逻辑相当于数学中的函数表示，用谓词逻辑表示知识。数理逻辑可分为一阶经典逻辑和非一阶经典逻辑（如二阶逻辑、多值逻辑、模糊逻辑等）。

一阶谓词逻辑表示法是最早使用的一种知识表示方法，又称一阶谓词演算，是一种形式符号推理系统。这种方法在形式上可接近于人类自然语言，具有简单、自然、精确、灵活、模块化的优点，在自动定理证明等应用中取得了很大的成功，但表示能力较差，只能表达确定性知识，对于过程性和非确定性知识表达有限。另外，知识之间是相互独立的，知识与知识之间缺乏关联，使得知识管理实施相对困难，推理方法在事实较多时易于产生组合爆炸，且不易实现非单调和不精确的推理。

一阶谓词逻辑推理是以命题为基础进行推理，而命题又包含个体和谓词（Predicate）。个体表示某个独立存在的事物或者某个抽象的概念，谓词名用于刻画个体的性质、状态或个体间的关系。谓词的一般形式为

$$P(x_1, x_2, \cdots, x_k)$$

式中，P 为谓词名；$x_1, x_2, \cdots, x_k$ 为个体（或称为项）。如果某个 $x_k (i = 1, 2, \cdots, k)$ 本身又是一个一阶谓词，则称 P 为二阶谓词，依次类推。

在谓词逻辑中，可以用连词来连接若干个谓词组成一个谓词公式，同时还可以引入量词来刻画谓词与个体间的关系。

连词有∧（与）、∨（或）、¬（非）和→（蕴含）。∧表示被它连接的两个命题有“与”关系；∨表示被它连接的两个命题有“或”关系；¬用于否定位于后面的命题；→表示被它连接的两个命题有“蕴含”关系。$P \to Q$ 表示“如果 P，则 Q”，P 称为前件，Q 称为后件。在谓词公式中，连词的优先级别次序为：¬，∧，∨，→。表 2-1 是上述连词的逻辑运算真值表，只有真（T）\假（F）两个值。

表 2-1　谓词逻辑真值表

谓词	P	Q	$\neg P$	$P \wedge Q$	$P \vee Q$	$P \to Q$
逻辑真值	T	T	F	T	T	T
	T	F	F	F	T	F
	F	T	T	F	T	T
	F	F	T	F	F	T

量词有∃（存在量词）和∀（全称量词）。$\exists x$ 表示在个体域中存在个体 x。$\forall x$ 表示对个体域中的所有个体 x，如“所有的乌鸦都是黑色的”可表示为

（∀ x）[CROW（x）→COLOR（x, BLACK）]

如果谓词公式 P 对个体域 D 上的任何一个解释都取得真值 T，则称公式 P 在 D 上是永真的；如果谓词公式 P 对个体域 D 上的任何一个解释都取得真值 F，则称公式 P 在 D 上是永假的；如果谓词至少存在一个解释使得公式 P 在此解释下的真值为 T，则称公式 P 是可满足的。

对于两个谓词公式 P 与 Q，如果在任意论域 D 上都等价，则称 P 与 Q 等价，记为 $P \Leftrightarrow Q$。如果 $P \to Q$ 永真，则称 P 永真蕴含 Q，且称 Q 为 P 的逻辑结论，称 P 为 Q 的前提，记为 $P \Rightarrow Q$。

谓词逻辑适用于表示事物的状态、属性、概念等事实性的知识，也可以用来表示事物间确定的因果关系，即规则。一般用谓词公式的与/或来表示确定的事实；用蕴含公式来表示因果关系的规则。

谓词逻辑法表示知识的子句形式如下：

$$A_1, \cdots, A_n \to B_1, \cdots, B_m, \quad m, n \geqslant 0$$

式中，$A_1, \cdots, A_n$ 是子句的条件；$B_1, \cdots, B_m$ 是子句可供选择的结论。条件和结论均可用原子谓词 $P(x_1, \cdots, x_k)$ 表示。

如果只包含一个结论的形式，可表示为如下形式：

$$A_1, \cdots, A_n \to B$$

上式可解释为：对于子句中包含的所有变量值，若 $A_1, \cdots, A_n$ 均成立，则 B 成立。

2.2.2　产生式表示法

1. 产生式规则的表示

产生式规则表示的形式为

IF<前提>　THEN<动作>（或<结论>）

每条规则都具有“IF……THEN……”的形式。若满足本规则的前提，则引出规则的结论。

前提可以是一个条件，也可以是若干个条件的逻辑组合。结论可以是一个动作，也可以是含若干个有序或无序的动作。

产生式规则在一阶谓词逻辑表示的基础上，进一步解决了不确定性知识的表示问题，产生式规则以三元组（对象,属性,值）或者（关系,对象 1,对象 2）通过进一步加入置信度形成四元组（对象,属性,值,置信度）或者（关系,对象 1,对象 2,置信度）的形式来表示事实，这种表示方法可以表示不确定性知识和过程性知识，具有一致性和模块化等优点，通过规则可以实现推理功能。

（1）确定性规则知识的产生式表示。

基本形式: IF P THEN Q;

或者：$P \to Q$;

例如，IF 动物会飞 AND 会下蛋 THEN 该动物是鸟。

（2）不确定性规则知识的产生式表示。

基本形式: IF P THEN Q（置信度）;

或者：$P \to Q$ （置信度）;

例如，IF 发烧 THEN 感冒（0.6）。

（3）确定性、事实性知识的产生式表示。

三元组表示：（对象,属性,值）;

或者：（关系,对象 1,对象 2）;

例如，张的年龄是 30 岁：（Zhang, age, 30）。

（4）不确定性、事实性知识的产生式表示。

四元组表示：（对象,属性,值,置信度）;

或者：（关系,对象 1,对象 2,置信度）;

例如，张的年龄约 30 岁：（Zhang, age, 30, 0.8）。

2. 采用产生式规则表达知识的优点

（1）在一些特殊情况下使用的规则可被自动解释，并对用户透明;

（2）研制者和用户可在不中断全系统运行的情况下修改一些规则;

（3）把新知识加入系统，只须简单地增加一些新的规则，不必考虑它们与系统如何适应，这是一个基本要求，可以把系统设计成能获得（或学到）新知识或既往经验。

在基于知识的专家系统中，虽然用于表达知识最多的方法是产生式规则，但这种方法不能表示结构性和层次性的知识，同时需要扫描大量的产生式规则，因而使得程序执行的效率降低。为了提高产生式系统的效率，可以使产生式规则结构化。在结构化产生式系统中，规则已被分成几类，推理机不用扫描大量非结构化产生式规则，而是根据上下文识别所需规则的类别。产生式规则的各种类别可进一步组织成树、环结构等。

2.2.3 框架表示法

框架（Frame）是将知识描述成由框架名、槽名、侧面名和侧面值组成的数据结构。它通常由若干槽组成，每个槽可根据实际需要拥有若干个侧面，而每个侧面又可以拥有若干个值。槽和侧面所具有的属性值分别称为槽值和侧面值。一个框架可以形式化表示为

＜框架名＞

槽名 1：　　侧面名 11：侧面值 111…

　　　　　　侧面名 12：侧面值 121…

　　　　　　…

槽名 2：　　侧面名 21：侧面值 211…

　　　　　　…

…

槽名 n：　　侧面名 n1：侧面值 n11…

　　　　　　…

　　　　　　侧面名 nm：侧面值 nm1…

对于大多数问题，不能只用一个框架来表示，必须同时使用许多框架，组成一个框架系统。由于框架中的槽值或侧面值都可以是另一框架的框架名，因此可以通过一个框架找到另一个框架。共处于某一环境中的若干对象会有某些共同的属性，在对这些对象进行描述时，可以把它们具有的共同属性抽取出来，构成一个上层框架，然后对各类对象独有的属性分别构成若干个下层框架。下层框架可以继承上层框架的属性和值，这样就可以把一组有上下关系的框架组成具有层次结构的框架网络。

例如，建立如下的＜教职工＞和＜教师＞框架。

框架名：＜教职工＞

　　姓名：单位（姓,名）

　　性别：范围（男,女）

　　　　缺省：男

　　工作类别：范围（教师,干部,工人）

　　　　缺省：教师

　　学历：范围（中专以下,大专,本科,研究生）

　　　　缺省：研究生

框架名：＜教师＞

　　继承：＜教职工＞

　　部门：单位（院系,机关,附属单位）

　　职称：范围（教授,副教授,讲师,助教,其他）

　　　　缺省：副教授

如果某教师的实例框架为

框架名：＜教师 1＞

　　ISA：＜教师＞

　　姓名：李四

　　部门：管理工程系

那么由继承性可知，李四的性别为“男”，工作类别为“教师”，学历为“研究生”，职称为“副教授”。

框架表示法具有结构化、继承性等优点，使得知识之间具有了嵌套式结构信息，其中框架内部表示知识结构，框架外部表示知识之间的外部关系；在继承性上，子类框架可以继承父类框架的属性和值，这样可以极大地减少建模空间。但这种表示方式关注与知识内部与知识之间的关联，不能表示过程性知识，缺乏明确的推理机制。

2.2.4 语义网络形表示法

语义网络是由结点和边（也称有向弧）组成的一种有向图。其中，结点表示事物、对象、概念、行为、性质、状态等；边表示结点之间的某种联系或关系。

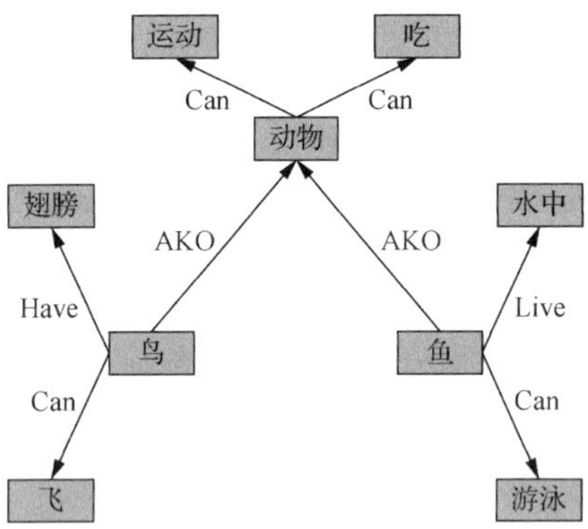

图 2-5　语义网络实例

图 2-5 是一个语义网络实例。

（1）动物能运动、会吃。

（2）鸟是一种动物，鸟有翅膀、会飞。

（3）鱼是一种动物，鱼生活在水中、会游泳。

鸟和鱼是动物，用类属关系描述。动物能运动、会吃，鸟有翅膀、会飞，鱼生活在水中、会游泳，用属性关系描述。

AKO（a kind of）表示“是一种”关系。其他常见关系有：“is-a”或 ISA 表示实例关系，“a-part-of”表示部分关系，“a-member-of”表示成员关系，before、after、at 等表示时间次序关系，以及 located-on、located-under 等表示位置关系。

2.2.5 本体表示法

本体（Ontology）的概念源自哲学领域，在哲学中的定义为“对世界上客观事物的系统描述，即存在论”。而在人工智能领域，本体可以在语义层次上描述知识，可以看成描述某个学科领域知识的一个通用概念模型。

本体论能够以一种显式、形式化的方式来表示语义，提高异构系统之间的互操作性，促进知识共享。因此，近年来，本体论被广泛用于知识表示领域。用本体来表示知识的目的是统一应用领域的概念，并构建本体层级体系表示概念之间的语义关系，实现人类、计算机对知识的共享和重用。

一个本体可以由类（Class）、关系（Relation）、函数（Function）、公理（Axiom）和实例（Instance）5 种元素组成。

（1）类。类用于描述领域内的实际概念，既可以是实际存在的事物，也可以是抽象的概念，如大学、电影、人等。

（2）关系。关系用于描述类（概念）之间的关系，如 part-of、kind-of 等。

（3）函数。函数是一类特殊的关系，在这种关系中前 $n-1$ 个元素可以唯一决定第 n 个元素，如 mother-of 关系就是一个函数，mother-of（x,y）表示 y 是 x 的母亲，x 可以唯一确定它的母亲 y。

（4）公理。公理代表本体内存在的事实，可以对本体内类或者关系进行约束，如概念甲属于概念乙的范围。

（5）实例。实例表示具体某个类的一个实例。

本体的描述语言众多，而 W3C 推荐的本体描述语言主要有资源描述框架（Resource Description Framework，RDF）、RDFS（RDF 和 RDFSchema 的合称）和 Web 本体语言（Web Ontology Language，OWL）。

RDF 用于描述 Web 上的资源，是使用 XML 编写、计算机可读的，不是为了向用户展示。OWL 是基于 XML 以及 RDF 的更高层次的本体描述语言，是一种严格意义上的逻辑描述语言。与 XML 和 RDF 相比，OWL 具有更强的表达能力，可以实现对概念更具体的描述，而在推理方面，它具有更强的可推理能力。

客观世界中任何一种关系都可以用一个三元组（主体/主语/Subject、谓语/Predicate、客体/宾语/Object）来进行表达。RDF 使用 Web 标识符（主体/主语）来标记资源，使用属性（谓语）和属性值（客体/宾语）来描述资源，如图 2-6 所示。这里的资源、属性和属性值就构成了一个陈述（或者被称为陈述中的主体、谓语和客体）。例如，一个陈述：The author of the book is John Lee，其中陈述的主体是 book，谓语是 author，客体是 John Lee。

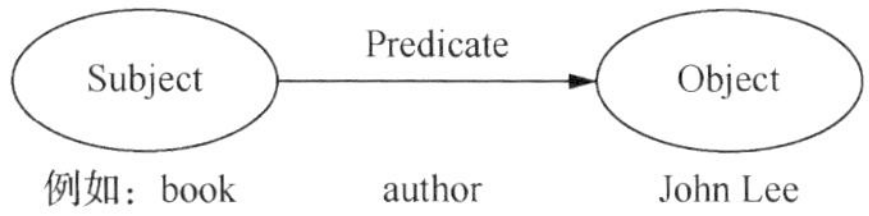

图 2-6　RDF 表示的一个三元组

以数控加工中心为例说明加工设备本体构建。将数控加工中心拆分为四个部分：控制模块、电气模块、机械模块以及刀具库，如图 2-7 所示。其中，控制模块包括加工程序模块、反馈系统、通信系统、传感器等；电气模块包括控制电路、工作电路；机械模块包括轴、齿轮、轴承等机械机构；刀具库主要包括各类刀具。

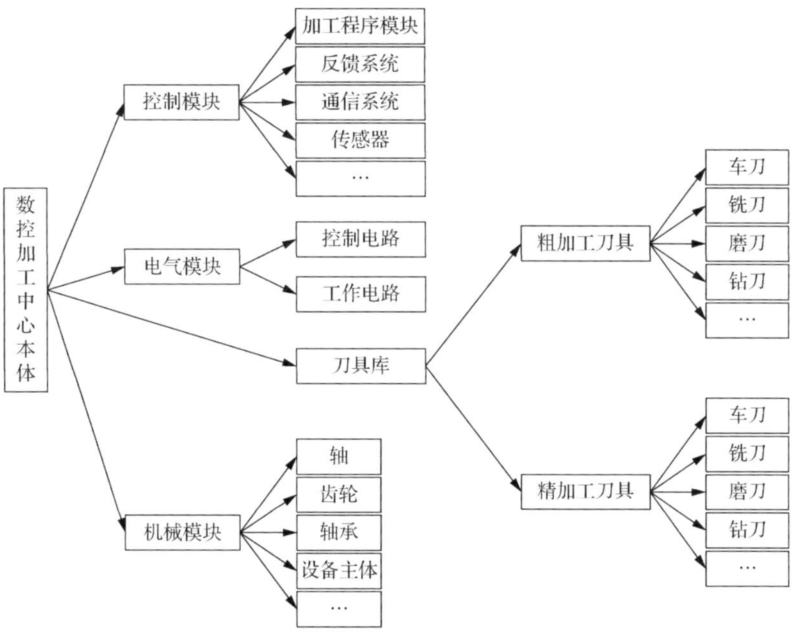

图 2-7　数控加工中心

使用开源的本体建模软件 Protégé，对图 2-7 所示的数控加工中心进行本体构建，如图 2-8 所示。

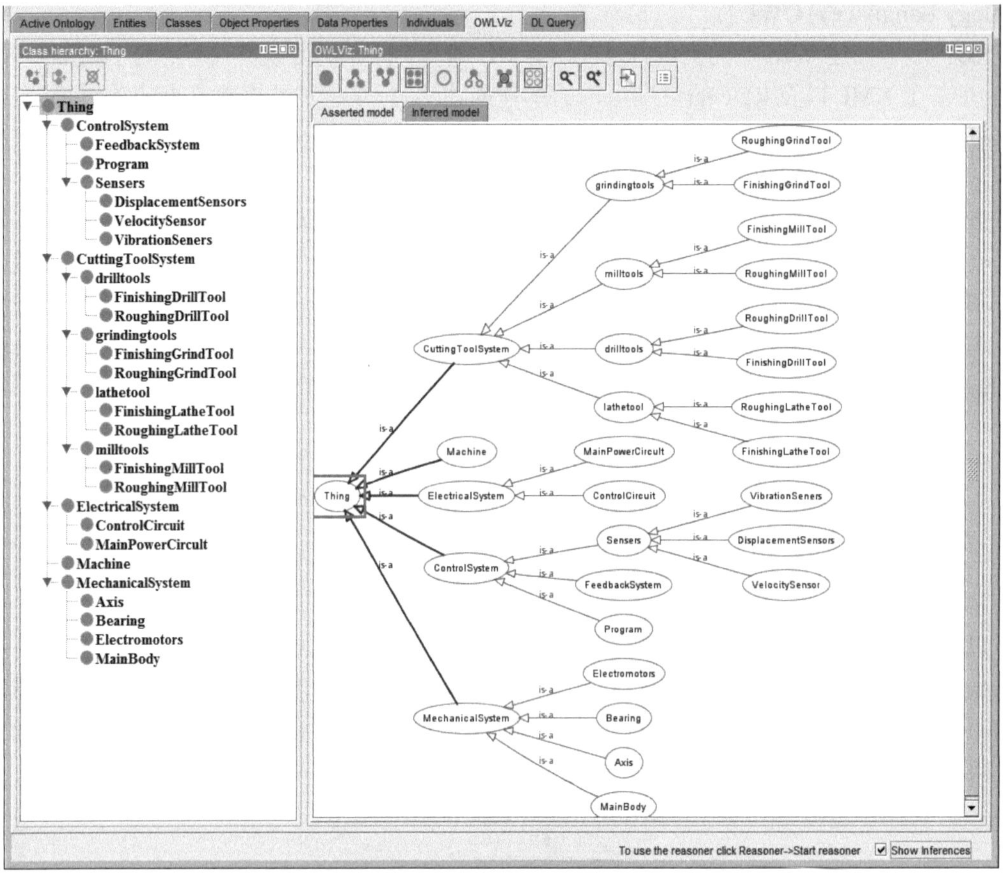

图 2-8　数控加工中心本体构建

2.2.6 语义网表示法

语义网（Semantic Web）概念来源于万维网，本质上是一个以 Web 数据为核心，以机器理解和处理的方式进行链接形成的海量分布式数据库。如图 2-9 所示，语义网提供了一个用于描述领域知识内部概念、术语和关系共 7 层的语义网体系结构。第一层使用 URI 即通用资源标识对网络资源进行唯一表示（图 2-10）；第二层使用 XML 格式来表示标识数据的表现形式；第三层使用 RDF+rdfschema 对网络资源的类型进行描述；第四层是本体词汇层，用来描述资源之间的关系；第五层是逻辑层，主要提供基于资源知识库的公理和推理规则；第六层和第七层分别是证明层和信任层，主要用于对规则和数据交换时的正确性以及安全性进行规定。XML/RDF 以及本体三层是整个语义网体系网络中的核心，其中 XML 提供了一种结构化文档的表层语法，RDF 层简单地对网络资源以及资源之间的关系进行了简单的语义描述；rdfschema 在 RDF 的基础上进一步引入了类和属性的概念，为资源引入了类和属性的层次结构语义，但不具备推理能力。为了进一步拓展 RDFS 的语义描述能力和推理能力，OWL 引入本体，并引入描述类和属性的建模原语。

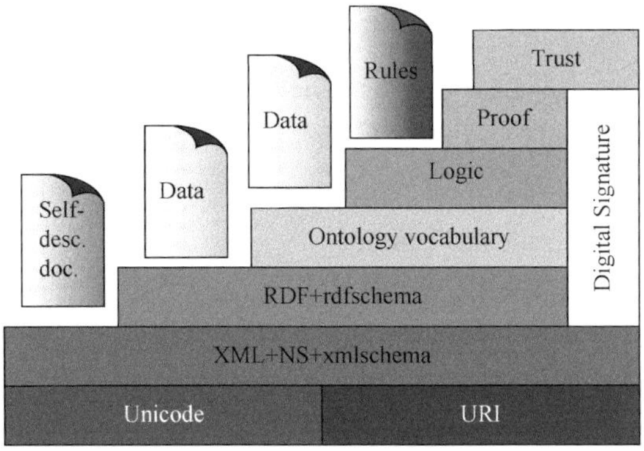

图 2-9　语义网体系结构

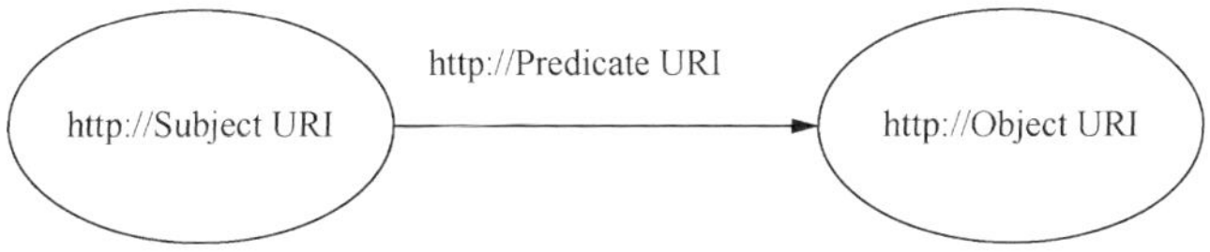

图 2-10　URI 表示的一个三元组本体

2.2.7　知识图谱表示法

知识图谱本质上是结构化的语义知识库，是一种由结点和边组成的图数据结构，以符号形式描述物理世界中的概念及其相互关系，其基本组成单位是（实体-关系-实体）三元组以及（实体-属性-属性值），可以形式化定义为：$G=\{E, R, F\}$。其中，E 表示实体集合$\{e_1,e_2,\cdots,e_E\}$，实体 e 是知识图谱中最基本的组成元素，指代客观存在并且能够相互区分的事物，可以是具体的人、事、物，也可以是抽象的概念；R 表示关系集合$\{r_1,r_2,\cdots,r_R\}$，关系 r 是知识图谱中的边，表示不同实体间的某种联系；F 表示事实集合$\{f_1,f_2,\cdots,f_F\}$，每一个事实 f 又被定义为一个三元组（h,r,t）$\in f$ ，h 表示头实体，r 表示关系，t 表示尾实体。例如，事实的基本类型可以用三元组表示为（实体,关系,实体）和（实体,属性,属性值）等。

知识图谱实质上就是把不同种类的信息连接在一起而得到的网状知识结构，其中每个结点表示现实世界的“实体”，每条边为实体与实体之间的“关系”，不同实体之间通过关系相互连接成一个关系网络，为人们从“关系”的角度去分析问题提供了可能。有关知识图谱构建和应用见第 3 章介绍。

2.2.8　知识表示方法的演化历程

传统的知识表示方法，如前述的逻辑、产生式、框架、语义网络、本体、语义网以及脚本、面向对象等其他表示方法，均基于符号逻辑。虽然符号主义视角下的传统知识表示方法，能够刻画显式、离散的知识，但是不能表示真实世界中大量不易用符号逻辑解释的知识，难以有效挖掘分析知识实体间的语义关系。另外，连接主义则采用网络权重或向量空间的隐式表示知识，它是通过学习而自动获得的，特别是基于深度学习的知识表示学习发展，为知识实体间的语义关系分析提供了支持。

知识表示学习面向知识库实体和关系，通过将研究对象（如三元组）中的语义信息投影到稠密的低维向量空间，实现对实体和关系语义信息的分布式表示，能够高效地计算实体、关系间的复杂语义关系，易于深度学习模型的集成。

随着深度学习和知识图谱的交互融合发展，当今知识表示方法已经从最初的简单谓词逻辑到现在的知识图谱，整个知识表示方式已经逐步体系化、复杂化，所能表达的知识范围也在逐步扩大，对知识的建模能力也越来越强。

需要指出的是，当今新兴的知识图谱其实并不是一个全新的概念，从形式上来说，它与语义网络、语义网密切相关。语义网络提出得最早，它是为了描述人类知识而采用的一种图结构表示方法，这种表示方法与目前我们所提到的知识图谱在展示形式上基本一致；语义网是与语义网络不同的概念，语义网络的出发点不是为了描述人类知识，而是为了表示 Web 资源，属于 Web 资源的一种描述框架，主要是面向计算机搜索而生的一种表示方法。知识图谱的概念，从提出的方式来看，也是为搜索而生，与语义网的关系较为密切，可以认为知识图谱来源于语义网，但与语义网中所描述的以网络资源作为唯一实体不同，知识图谱中的结点是以实体作为表示，在本体表示上是对语义网的一个简化版本；也可以认为知识图谱来源于语义网络，但与语义网络相比，知识图谱进一步引入了本体的概念，也继承了语义网中的万物互联的思想，对事实进行了概念性和结构性约束，相当于是语义网络的升级版，但更偏向工程性。

实际上，知识图谱的雏形早在 1960 年左右就已经出现，它的演化历程是众多相关技术继承发展的结果，如图 2-11 所示。语义网络作为一种知识表示方法，最初是由 Richens 提出的，它是一种基于图的数据结构，可以很方便地将自然语言转化为图来表示和存储，并应用在自然语言处理问题上。

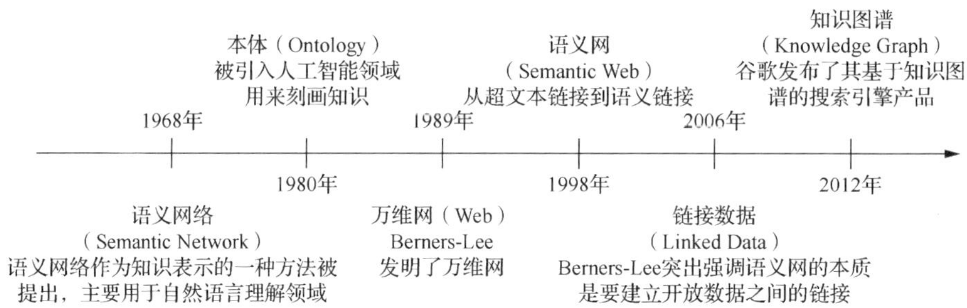

图 2-11　知识表示方法的演化历程

到了 20 世纪 80 年代，研究人员将本体引入计算机领域，作为“概念和关系的形式化描述”，后来本体被用于为知识图谱定义知识体系。

而真正对知识图谱产生深远影响的是 Web 的诞生。Berners-Lee 在 1989 年发表的 *Information Management: A Proposal* 中提出了构建 Web 的愿景：Web 应该是一个以“链接”为中心的信息系统，以图的方式相互关联；随后在 1998 年，正式提出了语义网的概念；2006 年又提出了链接数据（Linked Data）的概念，进一步强调了数据之间的链接，而不仅仅是文本的数据化，为了实现有关链接数据作为语义网的一种实现的设想，诞生了链接开放数据（Linked Open Data，LOD）项目。

随后在 2012 年，谷歌（Google）基于语义网中的一些理念进行了商业化实现，其提出的知识图谱概念也沿用至今。

在知识表示的演化过程中，最主要的变化是从基于数理逻辑的知识表示过渡到基于向量空间学习的分布式知识表示。基于数理逻辑的知识表示是以符号逻辑为基础的表示方法，这些方法易于表达显性、离散的知识，但在计算效率、数据稀疏性等方面存在着一些问题。基于向量空间学习的分布式知识表示将知识图谱中的实体和关系嵌入到低维连续的向量空间，且在该向量空间中完成语义计算。这种表示方法可以有效地挖掘隐性知识，缓解数据稀疏性带来的问题。

知识表示主要研究如何对抽取出来的知识进行合理表示，但要在实际中应用还需要知识搜索与推理技术的支持。基于知识图谱的知识推理方法不仅包括传统的基于逻辑的推理，还包括基于统计的推理和基于图的推理。

2.3　逻辑推理

推理通常是指从已知的事实出发，通过运用已掌握的知识，找出其中蕴藏的事实，或归纳出新的事实。严格地说，推理是指按某种策略由已知判断推出另一判断的思维过程。推理包括两种判断：一种是已知的判断，包括已掌握的求解问题有关的知识和关于问题的已知事实；另一种是由已知判断推出新的判断，即推理的结论。

2.3.1　推理的基本概念

1. 推理的方式和分类

1）按从新判断推出的途径来划分

（1）演绎推理：从全称判断推导出特称或单称判断的过程。

（2）归纳推理：从足够的事例中归纳出一般性结论的推理过程。

（3）默认推理：又称缺省推理，它是在知识不完全的情况下假设某些条件已经具备所进行的推理。

2）按所用知识的确定性划分

（1）确定性推理：指推理时所用的知识都是精确的，推理出的结论也是精确的。

（2）不确定性推理：又称不精确推理，泛指除确定性推理以外的其他各种推理问题，包括不完备、不确定性知识的推理，模糊知识的推理，非单调性推理等。

3）按推理过程划分

（1）单调推理：指在推理的过程中随着推理的向前推进及新知识的加入，推理的结论呈单调增长的趋势，并越来越接近最终目标。

（2）非单调推理：指在推理的过程中，由于新知识的加入，不仅没有加强推出的结论，反而要否定它，使得推理退回到前面的一步，重新开始。

4）按启发性知识划分

（1）启发式推理：在推理的过程中利用了能够加快推理进程、求得最优解的启发性知识的推理。

（2）非启发式推理：在推理的过程中并不利用能够加快推理进程、求得最优解的启发性知识的推理。

5）按方法论划分

（1）基于知识的推理：根据已掌握的事实，通过应用知识进行的推理。

（2）直觉推理：又称为常识性推理，是根据常识进行的一种推理。

2. 推理的控制策略

推理的控制策略包括推理方向、搜索策略、冲突消解策略、求解策略和限制策略等。推理方向用于确定推理的驱动方式，分为正向推理、逆向推理、混合推理和双向推理。

1）正向推理

从用户提供的初始事实出发，在知识库中找出当前可适合的知识，构成可适用的知识集，然后按某种冲突消解策略从知识集中选出一个知识进行推理，并将推理出的新事实加入到数据库中作为下一步推理的已知事实，如此重复这一过程。

2）逆向推理

首先选定一个假设目标，然后寻找支持该假设的证据，若所需要的证据都能找到，则说明假设是成立的；若无论如何都找不到所需要的证据，则说明原假设不成立。

3）混合推理

既有正向推理又有逆向推理的推理方法就是混合推理。

4）双向推理

所谓双向推理是指正向推理和逆向推理同时进行，且在某一步骤上相遇。其基本思想是：一方面，根据已知事实进行正向推理，但并不推到最终目标；另一方面，从某一假设目标出发进行逆向推理，但并不推至原始事实；而是让它们在途中相遇，即正向推理所得的中间结论恰好是逆向推理此时所需要的证据。

求解策略是指推理时只求一个解，还是求所有解以及最优解等。为了防止无穷的推理过程，以及由于推理过程太长从而增加时间及空间的复杂性，对推理的深度、宽度、时间、空间等进行限制，这就是推理的限制策略。搜索策略在 2.4 节进行介绍。

冲突消解过程，是指在模式匹配后，若有多个知识匹配成功，则称这种情况为发生冲突。此时系统需要一定的策略解决冲突，以便从中挑选一个知识用于当前的推理，称这一解决冲突的过程为冲突消解。解决冲突所用的方法称为冲突消解策略。例如，产生式系统的冲突消解策略有：①最近激活的规则先执行；②最先激活的规则先执行；③成功率高的规则先执行；④针对性强的规则先执行；⑤可信度高的规则先执行等几种。一般产生式系统都设计一种或几种组合的冲突消解策略。

2.3.2　自然演绎推理

从一组已知为真的事实出发，直接运用经典逻辑的推理规则推出结论的过程称为自然演绎推理。基本推理规则是 P 规则、T 规则、假言推理、拒绝式推理等。

演绎推理的机理是由一组规则推出符合这些规则的个别具体结论来，是从一般到具体的过程，或者说是从一般的原理到个别认识的推理。在演绎推理中，无论前提还是结论，只有真与假两种状态，非真即假。

P 规则：在推理的任何步骤上都可引入前提。

T 规则：在推理时，如果前面步骤中有一个或多个公式永真蕴含公式 S，则可把 S 引入推理过程中。

假言推理的一般形式为

$$P，P \to Q \quad \Rightarrow \quad Q$$

它表示：由 $P \to Q$ 和 P 为真，可推出 Q 为真。

拒绝式推理的一般形式为

$$P \to Q, \neg Q \quad \Rightarrow \quad \neg P$$

它表示：由 $P \to Q$ 为真和 Q 为假，可推出 P 为假。

2.3.3　归结演绎推理

归结演绎推理是一种基于鲁滨逊（Robinson）归结原理的机器推理技术，是鲁滨逊于 1965 年在海伯伦（Herbrand）理论的基础上提出的一种基于逻辑的“反证法”。

有命题逻辑描述的命题 $A_1, A_2, \cdots, A_n$ 和 B，要证明在 $A_1 \wedge A_2 \wedge \cdots \wedge A_n$ 成立的条件下有 B 成立，或说 $A_1 \wedge A_2 \wedge \cdots \wedge A_n \to B$。很显然，$A_1 \wedge A_2 \wedge \cdots \wedge A_n \to B$ 等价于证明 $A_1 \wedge A_2 \wedge \cdots \wedge A_n \wedge \neg B$ 是矛盾（永假）式。归结演绎推理的方法就是从 $A_1 \wedge A_2 \wedge \cdots \wedge A_n \wedge \neg B$ 出发使用归结推理规则来寻找矛盾，从而证明 $A_1 \wedge A_2 \wedge \cdots \wedge A_n \to B$ 成立。这种方法称为反演推理方法。

归结演绎推理中，空子句是不满足的，因此归结的目标是通过归结使子句集中包含空子句，从而证明原命题的不可满足性。

1. 基本思想

把要解决的问题作为一个要证明的命题，其目标公式被否定并化成子句形，然后添加到命题公式集中，把归结推理应用于联合集，并推导出一个空子句（NIL），产生一个矛盾，这说明目标公式的否定式不成立，即有目标公式成立，问题得到解决。这与数学中反证法的思想十分相似。

2. 归结反演求解的步骤

给出一个公式集 F 和目标公式 Q，归结反演求证目标公式 Q，其证明步骤如下：

（1）否定 Q，得$\neg Q$;

（2）把$\neg Q$ 添加到 F 中去；

（3）把新产生的集合 $\{\neg Q, F\}$ 化成子句集 S;

（4）应用归结原理对子句集 S 中的子句进行归结，并把每次归结得到的归结式都并入 S 中。如此反复进行，若出现空子句，就停止归结，此时就证明了 Q 为真。

2.3.4　基于规则的演绎系统

基于规则的问题求解系统采用易于叙述的 IF-THEN（如果-那么）规则来求解问题。它将问题的知识和信息划分为规则和事实两种类型。规则由包含蕴含形式的表达式表示，事实由无蕴含形式的表达式表示。这样的推理系统称为基于规则的演绎系统。

在所有基于规则系统中，每个 IF 可能与某断言（Assertion）集中的一个或多个断言匹配。有时把该断言集称为工作内存。在许多基于规则系统中，THEN 部分用于规定放入工作内存的新断言。这种基于规则的系统称为规则演绎系统（Rule Based Deduction System）。在这种系统中，通常称每个 IF 部分为前项或前件（Antecedent），称每个 THEN 部分为后项（Consequent）。有时，THEN 部分用于规定动作；这时，称这种基于规则的系统为反应式系统（Reaction System）或产生式系统（Production System）。产生式系统将在 2.3.5 节进行介绍。基于规则的演绎系统和产生式系统均有两种推理方式：正向推理（Forward Chaining）和逆向推理（Backward Chaining）。

1. 正向演绎系统

从事实出发，正向地使用蕴含式（F 规则）进行演绎推理，直到某个目标公式的一个终止条件。

（1）事实表达式的与/或（And/Or）形变换：在基于规则的正向演绎系统中，把事实表示为非蕴含形式的与/或形，作为系统的总数据库。对事实的化简，只需转换成不含蕴含“→”的与/或形表示即可，而不必化为子句型。

（2）事实表达式的与/或图表示：与/或形的事实表达式可用与/或图来表示。

（3）与 / 或图的 F 规则变换。

在正向演绎系统中，应用规则作用于事实的与/或图，改变与/或图的结构，从而产生新的事实。正向演绎系统的规则形式为

$$L \to W$$

其中，L 是单文字；W 是任意的与/或形表达式。L 和 W 中的所有变量都是全称量化的。

（4）利用目标公式作为结束条件：正向演绎系统的目标公式定义为文字的析取，当一个目标文字与与/或图中的文字匹配时，系统便成功结束。

2. 逆向演绎系统

基于规则的逆向演绎系统，其操作过程与正向演绎系统相反，它从目标表达式出发，应用逆向规则（B 规则），直到事实表达式。

（1）目标表达式的与/或形式：在逆向演绎系统中，目标公式为无蕴含的任意与/或形。

（2）与/或图的 B 规则变换：应用 B 规则即逆向推理规则来变换逆向演绎系统的与/或图结构，这个 B 规则是建立在确定的蕴含式基础上的，正如正向演绎系统的 F 规则一样。逆向演绎系统的规则形式为

$$W \to L$$

其中，W 为任意的与/或形表达式；L 为文字，而且蕴含式中任何变量的量词辖域为整个蕴含式。

（3）作为终止条件的事实结点的一致解图：逆向演绎系统的事实表达式限制为文字的合取，可表示为文字的集合。逆向演绎系统的结束条件就是与/或图中包括一个结束在事实结点上的一致解图，该解图的合一复合作用于目标表达式就是解答语句。

2.3.5 产生式系统

产生式系统首先是由波斯特（Post）于 1943 年提出的产生式规则而得名的。后来，美国的纽厄尔和西蒙于 1965 年利用这个原理建立了一个人类的认知模型。同时，斯坦福大学利用产生式系统结构设计出第一个专家系统 DENDRAL。

产生式系统用来描述若干个不同的以一个基本概念为基础的系统。这个基本概念就是产

生式规则或产生式条件和操作对的概念。在产生式系统中，论域的知识分为两部分：用事实表示静态知识，如事物、事件和它们之间的关系；用产生式规则表示推理过程和行为。由于这类系统的知识库主要用于存储规则，因此又把此类系统称为基于规则的系统。

1. 产生式系统的组成及表示

产生式系统由 3 个部分组成，即产生式规则库、综合数据库（或总数据库）和控制系统。各部分间的关系如图 2-12 所示。

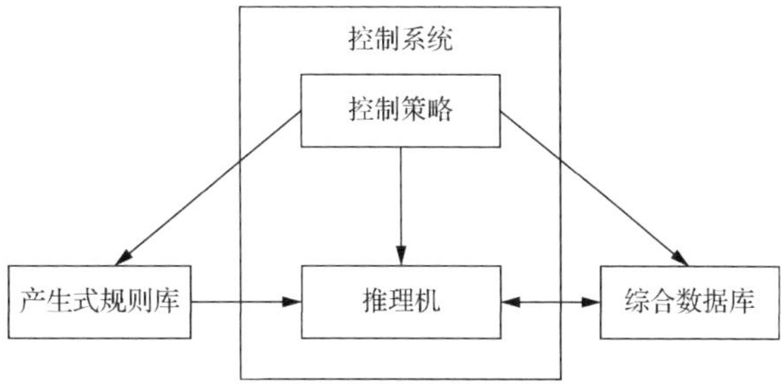

图 2-12　产生式系统的基本结构

1）产生式规则库

产生式规则是一个以“如果满足这个条件，那么就应当采取某些操作”形式表示的语句。产生式的 IF（如果）称为条件、前项或产生式的左边。它说明应用这条规则必须满足的条件；THEN（那么）部分称为操作、结果、后项或产生式的右边。在产生式系统的执行过程中，如果某条规则的条件满足了，那么这条规则就可以被应用；也就是说，系统的控制部分可以执行规则的操作部分。产生式的两边可用谓词逻辑、符号和语言的形式，或用很复杂的过程语句来表示。这取决于所采用的数据结构的类型。

这里所说的产生式规则和谓词逻辑中所讨论的产生式规则，从形式上看都采用了 IF-THEN 的形式，但这里所讨论的产生式更为通用。在谓词运算中的 IF-THEN 实质上是表示了蕴含关系，也就是说要满足相应的真值表。这里所讨论的条件和操作部分除了可以用谓词逻辑表示外，还可以有其他多种表示形式，并不受相应的真值表的限制。

2）综合数据库

综合数据库有时也称为上下文、事实库、黑板等，它是一个用于存放问题求解过程中各种当前信息的数据结构。产生式规则的左边表示在启用这一规则之前总数据库内必须准备好的条件。例如，在得出某动物是食肉动物的结论之前，必须在总数据库中存有“该动物是哺乳动物”和“该动物吃肉”这两个事实。执行产生式规则的操作会引起总数据库的变化，这就使其他产生式规则的条件可能被满足。

3）控制系统

控制系统负责整个产生式系统的运行，实现对问题的求解。其主要作用是如何应用规则。通常从选择规则到执行操作分 3 步：匹配、冲突解决和操作。

（1）匹配：在这一步，把当前数据库与规则的条件部分相匹配。如果两者完全匹配，则把这条规则称为触发规则。当按规则的操作部分去执行时，称这条规则为启用规则。被触发的规则不一定总是启用规则，因为可能同时有几条规则的条件部分被满足，这就要在冲突解决步骤中来解决这个问题。在复杂的情况下，在数据库和规则的条件部分之间可能要进行近似匹配。

（2）冲突解决：当有一条以上规则的条件部分和当前数据库相匹配时，就需要决定首先使用哪一条规则，这称为冲突解决。

（3）操作：操作就是执行规则的操作部分，经过操作以后，当前数据库将被修改。然后，其他的规则有可能被使用。

2. 产生式系统的推理

产生式系统的问题求解过程即为对解空间的搜索过程，也就是推理过程。按搜索方向即可把产生式系统分为正向推理、逆向推理和双向推理。正向推理又称为事实（或数据）推理、前向链接推理；逆向推理又称为目标推理、逆向链接推理。

下面以正向推理为例加以说明。正向推理又称为正向链接推理，其推理基础是逻辑演绎的推理链，它从一组表示事实的谓词或命题出发，使用一组推理规则，来证明目标谓词公式或命题是否成立。

实现正向推理的一般策略是：先提供一批数据（事实）到总数据库中，系统利用这些事实与规则的前提匹配，触发匹配成功的规则（即启用规则），把其结论作为新的事实添加到总数据库中。继续上述过程，用更新过的总数据库中的所有事实再与规则库中另一条规则匹配，用其结论再修改总数据库的内容，直到没有可匹配的新规则，不再有新的事实加到总数据库中。例如，有规则集为

规则 1：IF p1 THEN p2

规则 2：IF p2 THEN p3

规则 3：IF p3 THEN q3

规则中的 p1、p2、p3、q3 可以是谓词公式或命题。设总数据库（工作存储器）中已有事实p1，则应用这三条规则进行正向推理，即从 p1 出发推导出 q3 的过程如图 2-13 所示。

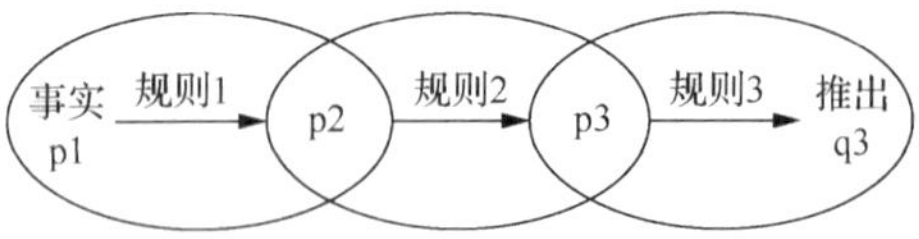

图 2-13　正向链接推理过程示意图

前件和后件可以用命题或谓词来表示，当它们是谓词时，全局前提与总数据库中的事实匹配成功是指：对前件谓词中出现的变量进行某种统一的置换，使置换后的前件谓词成为总数据库中某个谓词的实例，即实例化后前件谓词与总数据库中某个事实相同。执行后件是指：当前件匹配成功时，用前件匹配时使用的相同变量，按同一方式对后件谓词进行置换，并把置换结果（后件谓词实例）加进总数据库中。

以上介绍了基于经典逻辑的确定性推理方法。但是在信息不完善、不精确的情况下运用不确定性知识进行思维、求解问题，就需要使用不确定性推理方法。

2.3.6　不确定性推理

不确定性信息可分为四类，它们分别是：①由发生条件提供的不充分或偶然因素的干扰所产生的随机不确定性；②因信息的外延模糊导致的模糊不确定性；③信息部分已知、部分未知所导致的灰色不确定性；④由决策者在主观上的、认识上的不足所产生的未确知不确定性。针对不同类型的不确定性信息，在 20 世纪六七十年代，人们提出了主观 Bayes 方法、确定性理论、可能性理论和证据理论等方法；80 年代以后，人们又提出了灰色系统理论、粗集理论、概念图、基于信比概念的知识处理和集对分析等新方法。由于各种不确定性并非一目了然，因此近年来许多学者在致力于研究各种理论和方法的融合，力求找到更好地处理不确定性信息的方法。

不确定性知识的表示主要解决用什么方法来描述知识的不确定性问题。常用的方法有数值法和非数值法。数值法以确定因子法、D-S 证据理论和可能性理论为代表；非数值法则以

批注理论和非单调逻辑为代表。数值法表示便于计算、比较，非数值法表示便于定性分析，这两种方法的结合是描述不确定性知识的好办法。

不确定性知识的推理是指知识不确定性的传播和更新，即新的不确定性知识的获取过程。这个过程是在“公理”（如领域专家给出的规则强度和用户给出的原始证据的不确定性度）的基础上，定义一组函数，计算出“定理”（非原始数据的命题）的不确定性度量。也就是说，根据原始证据的不确定性和知识的不确定性，求出结论的不确定性。

所谓不确定性推理就是从不确定性的初始证据出发，通过运用不确定性的知识，最终推理出具有一定程度的不确定性，但又是合理或者似乎合理的结论的思维过程。

不确定性推理方法是 20 世纪 70 年代提出并开展研究的，例如，Shortliffe 等于 1975 年在 MYCIN 专家系统开发中提出了确定因子法；Duda 等于 1976 年在 PROSPECTOR 专家系统开发中给出了主观 Bayes 方法；Dempster 和 Shafer 于 1976 年提出了证据理论；Zadeh 在 1978 年提出了可能性理论，1983 年又提出了模糊理论；Pawlak 于 1982 年提出了粗集理论；Cohen 在 1985 年论述了一种称为批注理论的非数值方法等。下面以模糊逻辑为例介绍不确定性推理。

1. 普通集合与模糊集合

集合——对具有共同特征的群体的称谓。

论域（ U）——被研究对象的全体。论域 U 中的每个对象称为个体，用变量 u 表示。对于 U 中的一个子集 A，可用它的特征函数表示。

1）普通集合

如果 A 是 U 中的一个子集，u 是 A 的个体，那么用特征函数可表示为

$$X_A(u)=\begin{cases}1, & u\in A\\ 0, & u\notin A\end{cases}$$

式中，$X_A(u)$ 称为集合 A 的特征函数，它的值域为$\{0,1\}$。特征函数将论域 U 中的个体 u 清晰地划分为两个群体，或者属于 1，或者属于 0，“非此即彼”，毫不含糊。

2）模糊集合

模糊集合的边界是模糊的，允许论域中的元素部分属于该集合，将普通集合的特征函数值域从$\{0,1\}$集合扩展为$[0,1]$闭区间，“亦此亦彼”。

模糊集是普通集的一般化，普通集是模糊集的特殊情况。正如普通集一样，模糊集也由其隶属度函数所刻画。

如果 A 是论域 U 中的一个模糊集，u 是 A 的个体，那么用特征函数可表示为

$$\mu_A(u)\in[0,1]$$

如图 2-14 所示，a, b, c, d, e 是五个小块，它们组成论域 U，“圆块”是 U 上的一个模糊集，记为 A，它的隶属度函数为

$$\begin{cases}\mu_A(a)=1\\ \mu_A(b)=0.75\\ \mu_A(c)=0.5\\ \mu_A(d)=0.25\\ \mu_A(e)=0\end{cases}$$

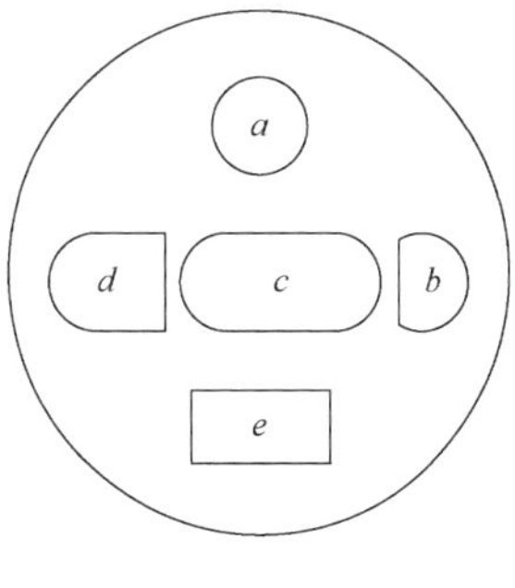

图 2-14　$U=\{a,b,c,d,e\}$

2. 模糊集合的表示方法

表示 U 上的一个模糊集 A，原则上只要将 U 中的每个元素赋予这个元素对模糊集 A 的隶属度，用一定的形式将其组合在一起即可。模糊集的表示方法有很多种，以下列出常用的几种方法。

1）查德表示法

设论域 U 为有限集 $U=\{u_1,u_2,\cdots,u_n\}$，A 为 U 上的一个模糊集，论域中的任一元素 $u_i(i=1,2,\cdots,n)$，对模糊集 A 的隶属度为 $\mu_A(u_i)(i=1,2,\cdots,n)$，此时用查德表示法将 A 表示为

$$A=\mu_A(u_1)/u_1+\mu_A(u_2)/u_2+\cdots+\mu_A(u_n)/u_n$$

式中，“+”号并不是相加，而是表示列举；每项分式也不表示相除，其含义是分母表示元素名称，分子表示该元素的隶属度。例如，图 2-14 的“圆块”A 可表示为

$$A=1/a+0.75/b+0.5/c+0.25/d+0/e$$

2）序偶表示法

序偶表示法是查德表示法的一种简化，例如：

$$A=\{(a,1),(b,0.75),(c,0.5),(d,0.25),(e,0)\}$$

式中，每项为一个二维有序对，有序对中的第一项表示论域中的元素，第二项表示该元素对模糊集的隶属度。

3）积分表示法

积分表示法是查德表示法在连续论域中的推广，即

$$A=\int_A \frac{\mu_A(x)}{x}$$

4）解析表示法

当论域为实数域 R 上的某区间时，可将模糊集的隶属度函数用解析方法表示。若以人类的年龄作为论域 $U=[0,100]$，则“年轻”表示为 U 上的一个模糊集 Y，其隶属度函数表示为

$$\mu_Y(u)=\begin{cases}1, & 0\leqslant u\leqslant 25\\ \left[1+\left(\dfrac{u-25}{5}\right)^2\right]^{-1}, & 25<u\leqslant 100\end{cases}$$

3. 模糊集合的运算

设 A 和 B 为论域 U 上的两个模糊集，它们的隶属度函数分别为 $\mu_A(U)$ 和 $\mu_B(U)$，两者的运算实际上是逐点将两者的隶属度进行相应的运算，常见运算如表 2-2 所示。

表 2-2　模糊集合的运算

运算名称	含义	表示
相等	$\mu_A(u)=\mu_B(u)$	$A=B$
包含	$\mu_A(u)\geqslant\mu_B(u)$	$A\supseteq B$
并	$\mu_{A\cup B}(u)=\mu_A(u)\vee\mu_B(u)$	$A\cup B$
交	$\mu_{A\cap B}(u)=\mu_A(u)\wedge\mu_B(u)$	$A\cap B$
补	$\mu_{\bar{A}}(u)=1-\mu_A(u)$	$\bar{A}=U-A$

4. 模糊关系和模糊关系矩阵的运算

设有两个集合 X,Y，从 X 与 Y 中各取出一元素 x,y，组成序偶（x,y），所有这样的序偶构成的集合，称为 X 与 Y 的直积，记作 $X\times Y$。

对于集合 X,Y，直积 $X\times Y$ 的子集 R 称为 X 与 Y 之间的二元关系或关系。现在将关系 R 的概念推广到模糊关系。模糊关系一般不仅考虑关系的有无，而且考虑关系的程度。例如，给出几个家庭成员的“相像关系”，这时就很难绝对地说“像”或“不像”，只能评论他们“相像”的程度。为此，引入了一个更广泛的概念——“模糊关系”。

设 U,V 是两个论域，由 U,V 作出一个新的论域 $U\times V$。$U\times V$ 上的模糊集 $R\in F$（$U\times V$）称为 U 与 V 之间的模糊关系，即

$$\mu_R: U\times V\to[0,1]$$
$$(u,v)\to\mu_R(u,v)$$

式中，$\mu_R(u,v)$ 称为 u 与 v 关于 R 的关系程度。当 $U=V$ 时，称 R 为 U 上的模糊关系。

模糊关系是一种特殊的模糊集，因此具有与普通模糊集相同的运算，如相等、包含、并、交和补运算等。但模糊关系矩阵还有一种特殊运算——合成运算。

设 R 和 S 为 U 上的两个模糊关系，分别为

$$R=\begin{bmatrix} r_{11} & r_{12} & \cdots & r_{1n} \\ r_{21} & r_{22} & \cdots & r_{2n} \\ \vdots & \vdots & & \vdots \\ r_{n1} & r_{n2} & \cdots & r_{nn} \end{bmatrix}=\left(r_{ij}\right)_{n\times n},\qquad S=\begin{bmatrix} s_{11} & s_{12} & \cdots & s_{1n} \\ s_{21} & s_{22} & \cdots & s_{2n} \\ \vdots & \vdots & & \vdots \\ s_{n1} & s_{n2} & \cdots & s_{nn} \end{bmatrix}=\left(s_{ij}\right)_{n\times n}$$

则合成运算表示为

$$R\cdot S=\begin{bmatrix} \underset{l}{\vee}(r_{1l}\wedge s_{l1}) & \underset{l}{\vee}(r_{1l}\wedge s_{l2}) & \cdots & \underset{l}{\vee}(r_{1l}\wedge s_{ln}) \\ \vdots & \vdots & & \vdots \\ \underset{l}{\vee}(r_{nl}\wedge s_{l1}) & \underset{l}{\vee}(r_{nl}\wedge s_{l2}) & \cdots & \underset{l}{\vee}(r_{nl}\wedge s_{ln}) \end{bmatrix}=(q_{ij})_{n\times n}$$

$$q_{ij}=\underset{l}{\vee}(r_{il}\wedge s_{lj})=(r_{i1}\wedge s_{1j})\vee(r_{i2}\wedge s_{2j})\vee\cdots\vee(r_{in}\wedge s_{nj}),\quad (i=1,2,\cdots,n;\ j=1,2,\cdots,n)$$

5. 模糊逻辑推理

为了进行模糊逻辑推理，用机器来模仿人的思维、推理和判断，那就必须引入语言变量。语言变量实际上是一种模糊变量，它用词句而不是用数字来表示变量的“值”。引进了语言变量后，就构成模糊语言逻辑。

语言变量可用一个有限元素的集合（$x,T(x),U,G,M$）来表征，其中 x 是语言变量名；$T(x)$ 为语言变量 x 的项集合，即语言变量名的集合，且每个值都是在 U 上定义的模糊数 x_i；U 为语言变量 x 的论域；G 为产生 x 数值名的语言值规则，用于产生语言变量值；M 为与每个语言变量含义相联系的算法规则。语言变量通过模糊等级规则，可以给它赋予不同的语言值以区别不同的程度。这里用不同的语言值表示模糊变量误差大小的差别，但无法对它们的量做出精确的定义，因为语言值是模糊的，所以可以用模糊数来表示。

在用传统二值逻辑推理时，只要大前提或者推理规则是正确的，小前提是肯定的，那么就一定会得到确定的结论。然而在现实生活中，人们获得的信息往往是不精确的、不完全的，或者事实本身就是模糊而不完全确定的，但是还要必须利用这些信息进行判断和决策。此时，

无法使用传统的二值逻辑推理，就需要应用不确定性推理。

作为一种不确定性推理方法，模糊推理方法以模糊判断为前提，利用模糊语言规则，推导出一个近似的模糊判断结论。在模糊逻辑的近似推理中，有两种重要的模糊蕴含推理规则：广义肯定前提式（Generalized Modus Ponens，GMP）和广义否定后论式（Generalized Modus Tollens，GMT）。

GMP 的推理规则为

前提 1：x 为 A'（知识）

前提 2：若 x 为 A，则 y 为 B（事实）

结论：y 为 B'

GMT 的推理规则为

前提 1：y 为 B'（知识）

前提 2：若 x 为 A，则 y 为 B（事实）

结论：x 为 A'

其中，GMP 常被用于模糊控制中，相当于控制器的输入（前提 1）已知，根据模糊关系 R（前提 2）求其输出控制量（结论）；而 GMT 一般用于知识工程学领域的专家系统。下面介绍两种模糊推理方法。

1）Zadeh 推理方法

Zadeh 给出了 GMP 中 B'的推理计算公式：

$$B' = A' \circ (A \to B)$$

式中，“∘”是“∨（max）－∧（min）”合成运算；（$A \to B$）是蕴含运算，表示由 A 到 B 进行推理的关系或条件，即“若 x 为 A，则 y 为 B”的简化表示方法，其隶属度函数定义为：$\mu_{A\to B}(x,y) = \mu_A(x) \to \mu_B(y)$。那么 $B' = A' \circ (A \to B)$的隶属度函数为

$$\mu_{B'}(y) = \bigvee_x \{\mu_{A'}(x) \wedge \mu_{A\to B}(x,y)\} = \bigvee_x \{\mu_{A'}(x) \wedge \mu_A(x) \to \mu_B(y)\}$$

Zadeh 把（$A \to B$）定义为

$$(A \to B) = 1 \wedge (1 - A + B) = (A \wedge B) \vee (1 - A)$$

那么其隶属度函数为

$$\mu_{A\to B}(x,y) = \mu_A(x) \to \mu_B(y) = [\mu_A(x) \wedge \mu_B(y)] \vee [1 - \mu_A(x)]$$

2）Mamdani 推理法

Mamdani 采用蕴含运算（$A \to B$）$=A \wedge B$，其隶属度函数为

$$\mu_{A\to B}(x,y) = \mu_A(x) \to \mu_B(y) = \mu_A(x) \wedge \mu_B(y)$$

下面就多输入多规则推理，采用模糊控制中最常用的 Mamdani 推理法进行介绍。

以两输入多规则情况为例，若有 n 条规则，则其一般形式为

如果 A_1 且 B_1，那么 C_1

否则如果 A_2 且 B_2，那么 C_2

……

否则如果 A_n 且 B_n，那么 C_n

现在 A' 且 B'

结论那么 C'

这里 A_i 和 A'、B_i 和 B'、C_i 和 C' 分别是不同论域 X、Y、Z 上的模糊集合。

"A_i 且 B_i" 的意义是：

$$\mu_{A_i \text{ and } B_i}(x,y)=\mu_{A_i}(x)\wedge\mu_{B_i}(y)$$

"如果 A_i 且 B_i，那么 C_i" 的数学表达式是：$\mu_{A_i}(x)\wedge\mu_{B_i}(y)\to\mu_{C_i}(z)$。用 Mamdani 推理法，就用 Mamdani 蕴含定义 $A\to B=A\wedge B$ 做代换，就变为

$$[\mu_{A_i}(x)\wedge\mu_{B_i}(y)]\wedge\mu_{C_i}(z)$$

上式的意义是分别从不同的控制规则得到不同的结论，几何意义是分别在不同规则中用各自推理前件的总隶属度去切割本推理规则中后件的隶属度函数，以得到输出结果。再对所有的结论求模糊逻辑和，即进行"并"的运算，便得到总的推理结论。

6. 解模糊判决方法

通过模糊推理得到的结果是一个模糊集合或者隶属度函数，但在实际使用中，特别是在模糊逻辑控制中，必须要用一个确定的值才能去控制伺服机构。在推理得到的模糊集合中取一个相对最能代表这个模糊集合的单值的过程就称为解模糊判决，也称为反模糊化。下面介绍四种解模糊判决方法。

1）重心法

面积重心法（Center of Area Method，COA），简称重心法，就是取模糊隶属度函数曲线与横坐标轴围成面积的重心作为代表。理论上，应该计算输出范围内一系列连续点的重心，即

$$u=\frac{\int_x x\,\mu_N(x)\mathrm{d}x}{\int\mu_N(x)\mathrm{d}x}$$

但实际上是通过计算输出范围内整个采样点（即若干离散值）的重心。这样在不花费太多时间的情况下，用足够小的采样间隔来提供所需的精度，这是一种最好的折中方案，即

$$u=\frac{\sum x_i\,\mu_N(x_i)}{\sum\mu_N(x_i)}$$

2）最大隶属度法

这种方法最简单，只要在推理结论的模糊集合中取隶属度最大的那个元素作为输出量即可。不过要求这种情况下其隶属度函数曲线一定是正规凸模糊集合（即其隶属度曲线只能是单峰曲线）。如果该曲线是梯形平顶的，那么具有最大隶属度的元素就可能不止一个，这时就要对所有取最大隶属度的元素求其平均值，这种方法称为最大隶属度平均法（Mean of Maximum Method，MOM）。

3）系数加权平均法

系数加权平均法的输出执行量由下式决定：

$$u=\frac{\sum k_i x_i}{\sum k_i}$$

式中，系数 k_i 的选择要根据实际情况而定，不同的系数就决定系统有不同的响应特性。在模糊逻辑控制中，可以通过选择和调整该系数来改善系统的响应特性。

4）隶属度限幅元素平均法

用所确定的隶属度值α对隶属度函数曲线进行切割，再对切割后等于该隶属度的所有元素进行平均，用这个平均值作为输出执行量，这种方法称为隶属度限幅元素平均法。

2.4 搜索技术

人工智能有多个应用领域，而且每个应用领域又各有自己的规律和特点，但从它们求解具体问题的过程来看，都可抽象为一个“问题求解”的过程。

人工智能要解决的问题大多数是结构不良或者非结构的问题，对这样的问题，一般不存在成熟的求解算法，而只能利用已有的知识一步步地摸索着前进。在这个过程中，如何寻找一条推理路线，使得付出的代价尽可能小，而问题又能够得到解决。我们称寻找这种路线的过程为搜索。

搜索分为盲目搜索和启发式搜索。盲目搜索是按预定的控制策略进行，在搜索的过程中所获得的信息不用来改进控制策略的一种搜索。启发式搜索是在搜索中加入了与问题有关的启发式信息，用来指导搜索朝着最有希望的方向前进，加速问题的求解过程，并找到最优解。下面介绍问题求解过程的形式表示及搜索原理。

2.4.1 问题求解过程的形式表示

问题求解过程实际上是一个搜索过程。为了进行搜索，首先必须考虑问题及其求解过程的形式表示。

1. 状态空间表示法

状态空间表示法是问题表示及其搜索过程的一种形式表示方法。状态空间表示法用“状态”和“算符”来表示问题。

（1）状态。状态是描述问题求解过程中任一时刻状况的数据结构。

（2）算符。引起状态的某些分量发生变化，从而使问题从一个状态变为另一个状态的操作称为算符。

（3）状态空间。问题的全部状态和由一切算符所构成的集合称为状态空间，一般用一个三元组表示：

$$(S, F, G)$$

其中，S是问题的所有初始状态构成的集合；F是算符的集合；G是目标状态的集合。

（4）状态空间图。状态空间图是状态空间的图示形式，其中结点表示状态；有向边（弧）表示算符。

2. 与/或树表示法

与/或树表示法是用于问题表示及其搜索过程的另一种形式表示方法。对于一个复杂的问题，可以通过“分解”和“等价变换”两种手段相结合使用，得到一个图，这个图就是与/或图。

与/或树表示法的初始问题通过一系列变换最终变为一个子问题的集合，而这些子问题的解可以直接得到，从而解答了初始问题。

（1）等价变换：一种同构或同态的变换称为等价变换。

（2）本原问题：不能再分解或变换，而且直接可以求解的子问题，称为本原问题。

（3）终端结点与终止结点：在一棵与/或树中，没有子结点的结点称为终端结点；本原问题所对应的结点称为终止结点。

（4）可解结点：在与/或树中，满足下列条件之一者就称为可解结点：

① 它是一个终止结点；

② 它是一个“或”结点，且其子结点中至少有一个是可解结点；

③ 它是一个“与”结点，且其子结点全部是可解结点。

（5）不可解结点：关于可解结点的三个条件全部不满足的结点称为不可解结点。

（6）解树：由可解结点构成，且由这些可解结点可推出初始结点（它对应于原始问题）为可解结点的子树称为解树。

2.4.2 状态空间搜索

搜索方法也称控制策略，其目的是从问题的初始状态出发，不断地选择合适的操作改变问题的状态，直到实现目标状态，这时所施行过的操作序列就是问题的解。控制策略的内容可分为两部分：一部分是选择合适的操作；另一部分是记住已施行的操作序列及它们所产生的状态描述。

状态空间搜索的基本思想是：首先把问题的初始状态（即初始结点）作为当前状态，选择适用的算符对其进行操作，生成一组子状态，然后检查目标状态是否在其中出现。若出现，则搜索成功，找到了问题的解；若不出现，则按某种搜索策略从已生成的状态中再选一个状态作为当前状态。重复上述过程，直到目标状态出现或者不再有可供操作的状态及算符。

在搜索过程中，一般都用到 OPEN 表和 CLOSED 表。OPEN 表用于存放刚生成的结点；CLOSED 表用于存放将要扩展的结点。对于不同的搜索策略，结点在 OPEN 表中的排列顺序是不同的，例如，对于广度优先搜索，结点按生成的顺序排列，先生成的结点排在前面，后生成的结点排在后面。

状态空间的传统搜索策略主要分为盲目搜索和启发式搜索两类，另有较新创的元启发式搜索。

1. 盲目搜索

1）广度优先（又称宽度优先）搜索

广度优先搜索从初始结点 S_0 开始，逐层地对结点进行扩展并考查它是否为目标结点；在第 n 层的结点没有全部扩展并考查之前，不对第 $n+1$ 层结点进行扩展；OPEN 表中的结点总是按进入的先后顺序排列，先进入的结点排在前面，后进入的结点排在后面。

广度优先搜索算法如下。

① 把初始结点 S_0 放到 OPEN 表中（如果该初始结点为一目标结点，则求得一个解答）。

② 如果 OPEN 表是一个空表，则没有解，失败退出；否则继续。

③ 把第一个结点（记为结点 n）从 OPEN 表中移出，并把它放入 CLOSED 表的扩展

结点中。

④ 扩展结点 *n*。如果没有后继结点，则转向上述第②步。

⑤ 把 *n* 的所有后继结点放到 OPEN 表的末端，并提供从这些后继结点回到 *n* 的指针。

⑥ 如果 *n* 的任一个后继结点是一个目标结点，则找到一个解答，成功退出；否则转向第②步。

广度优先搜索方法能够保证在搜索树中找到一条通向目标结点的最短途径；这棵搜索树提供了所有存在的路径（如果没有路径存在，那么对有限图来说，我们就说该方法失败退出；对无限图来说，则永远不会终止）。

2）深度优先搜索

深度优先搜索从初始结点 S_0 开始，在其子结点中选择一个子结点进行考查，若不是目标结点，则再在该子结点中选择一个子结点进行考查，一直如此向下搜索。当到达某个子结点，且该子结点既不是目标结点又不能继续扩展时，才选择其兄弟结点进行考查。

深度优先搜索扩展最深的结点的结果使得搜索沿着状态空间某条单一的路径从初始结点向下进行下去；只有当搜索到达一个没有后裔的状态时，它才考虑另一条替代的路径。替代路径与前面已经试过的路径的不同之处仅仅在于改变最后 *n* 步，而且保持 *n* 尽可能小。

对于许多问题，深度优先搜索的状态空间搜索树的深度可能为无限深，或者可能至少要比某个可接受的解答序列的已知深度上限还要深。为了避免考虑太长的路径（防止搜索过程沿着无益的路径扩展下去），往往给出一个结点扩展的最大深度——深度界限（下文详述），任何结点如果达到了深度界限，那么都将把它们作为没有后继结点处理。值得说明的是，即使应用了深度界限的规定，所求得的解答路径并不一定就是最短的路径。

与广度优先搜索不同，深度优先搜索是把结点 *n* 的子结点放入 OPEN 表的首部。

3）有界的深度优先搜索

有界的深度优先搜索是对深度优先搜索引入搜索深度的界限，当搜索深度达到了深度界限，而尚未出现目标结点时，就换一个分支进行搜索。

有界的深度优先搜索算法如下。

① 把初始结点 S_0 放到未扩展结点 OPEN 表中。如果此结点为一目标结点，则得到一个解。

② 如果 OPEN 表为一空表，则失败退出。

③ 把第一个结点（结点 *n*）从 OPEN 表中移到 CLOSED 表中。

④ 如果结点 *n* 的深度等于最大深度，则转向第②步。

⑤ 扩展结点 *n*，产生其全部后裔，并把它们放入 OPEN 表的前面。如果没有后裔，则转向第②步。

⑥如果后继结点中有任一个为目标结点，则求得一个解，成功退出；否则，转向第②步。

（4）代价树的广度优先搜索：与/或树中，边上有代价（或费用）的树称为代价树。

代价树的广度优先搜索的基本思想是：每次从 OPEN 表中选择结点往 CLOSED 表中传送时，总是选择其代价最小的结点。

（5）代价树的深度优先搜索：基本思想是从刚扩展的子结点中选择一个代价最小的结点送入 CLOSED 表中进行考查。

2. 启发式搜索

启发式搜索是利用问题本身的某些启发信息，以引导搜索朝着最有希望的方向前进。

用于估价结点重要性的函数称为估价函数。它的一般形式为

$$f(x)=g(x)+h(x)$$

式中，$g(x)$为从初始结点 S_0 到结点 x 已经实际付出的代价；$h(x)$为从结点 x 到目标结点 S_g 的最优路径的估计代价，体现了问题的启发性信息，$h(x)$又称为启发函数。

（1）局部择优搜索：当一个结点被扩展后，按 $f(x)$ 对每个子结点计算估价值，并选择最小者作为下一个要考查的结点。由于它每次都只是在子结点的范围内选择要考查的子结点，所以称为局部择优搜索。

（2）全局择优搜索：每次都是从 OPEN 表的全体结点中选择一个估价值最小的结点进行扩展。

在启发式搜索中，估价函数的定义是十分重要的。如果定义不当，则搜索算法并不一定能找到问题的解，即使找到解，也不一定是最优的。为此需要对估价函数进行某些限制。A^* 算法就是对估价函数进行了限制的一种搜索方法。

（3）A^*算法：如果启发式搜索的估价函数满足如下限制，则称为 A^*算法。它把 OPEN 表中的结点按估价函数的值从小到大进行排序。

① $g(x)$ 是对 $g^*(x)$ 的估计，$g(x)>0$。$g^*(x)$ 是从初始结点 S_0 到结点 x 的最小代价。

② $h(x)$ 是 $h^*(x)$ 的下界，即对所有的 x 均有：$h(x)\leqslant h^*(x)$。$h^*(x)$ 是从结点 x 到目标结点的最小代价；若有多个目标结点，$h^*(x)$ 则为其中最小的代价。

3. 元启发式搜索

针对复杂问题的搜索需求，诞生了以模拟自然界生物智能、物理现象或社会行为基础的元启发式算法，如进化算法、模拟退火算法、粒子群算法等。

元启发式算法是一类通用型的启发式算法，它基于计算智能的机制求解复杂优化问题的最优解或满意解，往往又称为智能优化算法。下面以进化计算为例加以说明。

进化算法是模仿自然界物竞天择、适者生存的进化机制来进行信息处理的技术。其基本思想是把问题求解归结为适应度函数的寻优过程，通过生成解的种群，对种群中的解的结构进行遗传、变异、评价、选择等操作以生成新一代种群，如此循环迭代使整个种群中的解不断向最优解逼近。进化算法具有如下一些主要共同特点:

（1）算法的操作对象都是由多个个体所组成的一个集合，即群体；

（2）每个个体都有一个对系统环境的适应度，这个适应度是对每个个体优劣程度的一种度量；

（3）算法都要进行选择或复制操作，以便能够将当前群体中具有较高适应度的个体更多地保留到下一代群体中；

（4）算法都通过个体重组、变异等进化操作，以及对个体所加入的一些微小变动，来增加群体的多样性；

（5）算法所模拟的生物进化过程都是一个反复迭代过程，在群体的这个迭代进化过程中，个体的适应度和群体中所有个体的平均适应度都不断地得到改进，最终可得到一个或几个具有较高适应度的个体，它们就对应于问题的最优解或近似最优解；

（6）算法所模拟的进化均受随机因素的影响，不易于陷入局部最优点，并能以较大概率找到全局最优点；

（7）算法都具有一种天然的并行结构，并均适合于在并行机或局域网络环境中进行大规模复杂问题的求解。

由于进化算法具备上述这些特点，它能够用于解决复杂系统的优化问题，特别是能够解决一些利用传统方法难以解决或根本无法解决的问题。

有关 A*算法和遗传算法的具体应用见 3.4 节。

2.5　人工神经网络

古今中外，许许多多科学家为了揭开大脑机能的奥秘，从不同角度进行了长期的不懈努力和探索，逐渐形成了一个多学科交叉的前沿技术领域——人工神经网络（Artificial Neural Network, ANN），简称神经网络（NN）。

人工神经网络是在现代神经学、生物学、心理学等科学研究成果的基础上产生的，它反映了生物神经系统的基本特征，是对生物神经系统的某种抽象、简化与模拟。具体人工神经网络是由许多并行互联的相同神经元模型组成的，网络的信号处理由神经元之间的相互作用来实现。神经网络模型用于模拟人脑神经元活动的过程，其中包括对信息的加工、处理、存储和搜索等过程，具有信息的分布存储、并行处理以及自学习能力等优点。神经网络是由神经元按一定规则组合而成的网络，它由三个因素决定：神经元、神经元与神经元之间的连接方式和学习规则。神经元是对生物神经元的简化和模拟，是神经网络的基本处理单元，包括输入、内部非线性变换以及输出三部分。神经元与神经元之间的连接方式不同就构成不同类型的神经网络，如前馈网络、反馈网络和自组织网络等。

一个人工神经网络的神经元模型和结构描述了一个网络如何将它的输入矢量转化为输出矢量的过程。这个转化过程从数学角度来看就是一个计算的过程。也就是说，人工神经网络的实质体现了网络输入和其输出之间的一种函数关系。通过选取不同的模型结构和激活函数，可以形成各种不同的人工神经网络，得到不同的输入／输出关系式，并达到不同的设计目的，完成不同的任务。

2.5.1　人工神经元的模型

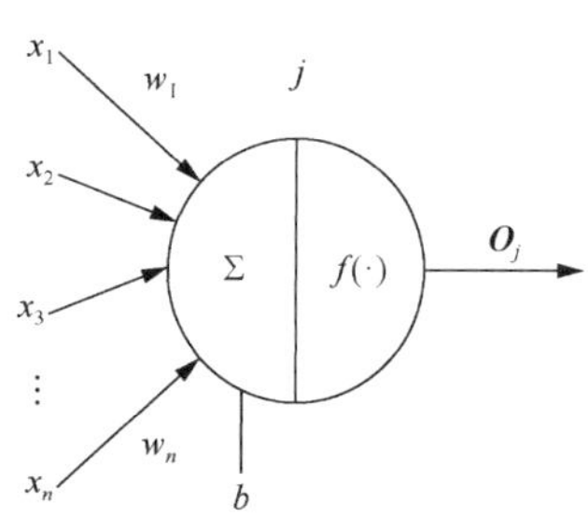

图 2-15　单个神经元模型

神经元是人工神经网络的基本处理单元，它一般是一个多输入／单输出的非线性元件。神经元输出除受输入信号的影响外，同时也受到神经元内部其他因素的影响，所以在人工神经元的建模中，常常还加有一个额外的输入信号，称为偏差（Bias），有时也称为阈值或门限值。

一个具有 n 个输入分量的神经元如图 2-15 所示。其中，输入分量 $x_j(j=1,2,\cdots,n)$ 通过与和它相乘的权值分量 $w_j(j=1,2,\cdots,n)$

相连，以 $\sum_{j=1}^{n} w_j x_j$ 的形式求和后，形成激活函数 $f(\cdot)$ 的输入。激活函数的另一个输入是神经元的偏差 b。

权值 w_j 和输入 x_j 的矩阵形式可以由 $\boldsymbol{W}$ 的行矢量以及 $\boldsymbol{X}$ 的列矢量来表示：

$$\boldsymbol{W} = \begin{bmatrix} w_1 & w_2 & \cdots & w_n \end{bmatrix}$$

$$\boldsymbol{X} = \begin{bmatrix} x_1 & x_2 & \cdots & x_n \end{bmatrix}^{\mathrm{T}}$$

神经元模型的输出矢量可表示为

$$\boldsymbol{O}_j = f(\boldsymbol{W} \cdot \boldsymbol{X} + b) = f\left(\sum_{j=1}^{n} w_j x_j + b \right)$$

可以看出偏差被简单地加在 $\boldsymbol{W} \cdot \boldsymbol{X}$ 上作为激活函数的另一个输入分量。实际上偏差也是一个权值，只是它具有固定常数为 1 的输入。在网络的设计中，偏差起着重要的作用，它使得激活函数的图形可以左右移动而增加了解决问题的可能性。

激活函数是一个神经元及网络的核心。网络解决问题的能力与功效除了与网络结构有关，在很大程度上还取决于网络所采用的激活函数。图 2-16 显示了三种常用的激活函数。

$$f(x) = \begin{cases} 1, & x \geqslant -b \\ 0, & x < -b \end{cases} \qquad f(x) = \frac{1}{1 + \mathrm{e}^{-x(x+b)}} \qquad f(x) = \frac{1 - \mathrm{e}^{-(x-b)}}{1 + \mathrm{e}^{-(x+b)}}$$

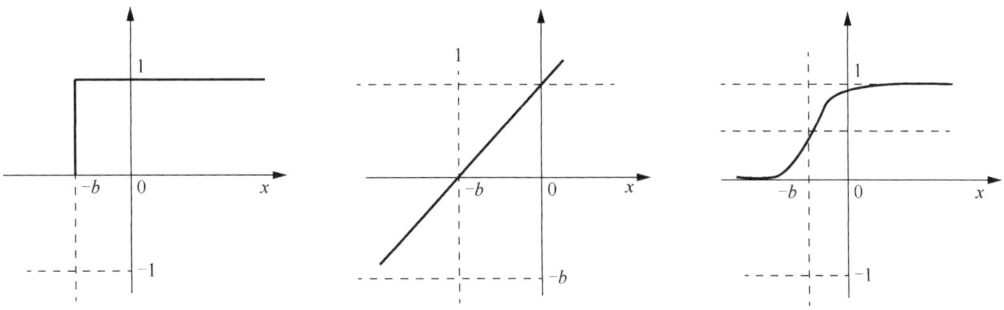

（a）阈值型　　（b）线性型　　（c）S型

图 2-16　激活函数

2.5.2　神经网络模型的结构

将两个或更多的简单的神经元并联起来，使每个神经元具有相同的输入矢量 $\boldsymbol{X}$，即可组成一个神经元层。将两个以上的单层神经网络级联起来则组成多层神经网络。一个人工网络可以有许多层，每层都有一个权矩阵、一个偏差矢量和一个输出矢量。

根据连接方式，神经网络常分成两大类：没有反馈的前向神经网络和反馈神经网络。前向神经网络由输入层、一层或多层的隐含层和输出层组成，每一层的神经元只接收前一层神经元的输出。而反馈神经网络中任意两个神经元之间都可能有连接，因此，输入信号要在神经元之间反复传递，从某一初始状态开始，经过若干次的变化，渐渐趋于某一稳定状态或进入周期振荡等其他状态。传统的前向神经网络有多层感知器、小脑模型连接控制网络等，反馈神经网络代表性模型有 Hopfield 网络、Elman 网络和 Jordan 网络等。

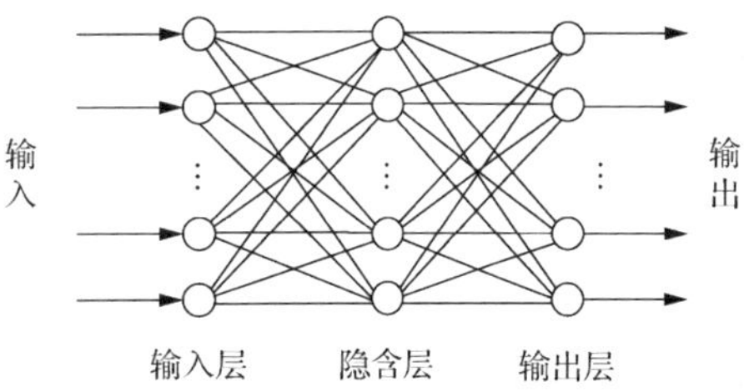

图 2-17　三层前向神经网络结构示意图

一个三层的前向神经网络结构如图 2-17 所示，图中只标出输入、输出和权矢量，完全省去激活函数的符号，网络只有一个隐含层。

神经网络的学习方法有两大类：有教师学习和无教师学习。对于有教师学习，神经网络的输出与希望的输出进行比较，然后根据两者之间差的函数（如差的平方和）来调整网络的权值，最终使其函数达到最小。对于无教师学习，当输入的样本模式进入神经网络后，网络按照预先设定的规则（如竞争规则）自动调整权值，使网络最终具有模式分类等功能。

最常见的有教师学习方法是梯度下降法，其基本思想是根据希望的输出和实际的网络输出之间的误差平方最小的原则来修改网络的权向量。

这里仅仅简单介绍传统的浅层神经网络的基本知识，更多的有关神经网络机器学习将在第 4 章详细介绍。

2.6　新一代信息技术

2.6.1　未来互联网

虽然在 20 世纪 80 年代初诞生了以 TCP/IP（IPv4）为体系结构的互联网，但是后来 IPv4 地址面临即将耗尽和路由表的不断膨胀，成为 90 年代以来互联网面向"未来"的核心问题，业界认为互联网的"未来"在于用 IPv6 替代 IPv4。但随着互联网应用的不断发展，尤其是应用目的从教育科研的"公益"转向以赢利为目的的"商业"，用户群体从"自律"的科研人员转向普通大众，应用环境从以数据为主走向以语音和视频为主，接入方式从固定走向移动，终端从计算机转向智能手机，交流对象从人际通信转向物物通信，云计算成为重要的互联网计算模式，多媒体内容分享应用和社会网络成为互联网的新型应用等，自 2005 年开始业界普遍意识到以 IPv6 为代表的下一代互联网存在重大缺陷，那种试图用 IPv6 解决 IPv4 体系构架问题的愿望未能实现，因此需要设计能够超越 IPv6 的新一代互联网。为了区别于以 IPv6 为代表的"下一代互联网"的说法，2005 年前后人们开始致力于"未来互联网"研究。

实际上，"未来互联网"已成为集信息采集、传输、存储与处理于一体的信息社会重要的基础设施，形成支撑未来网络化社会的四大支柱技术——人际网、内容知识网、务联网和物联网，如图 2-18 所示。互联网发展过程不仅昭示网络化社会发展的趋势，也为制造业信息化/智能化/智慧化指明了方向。

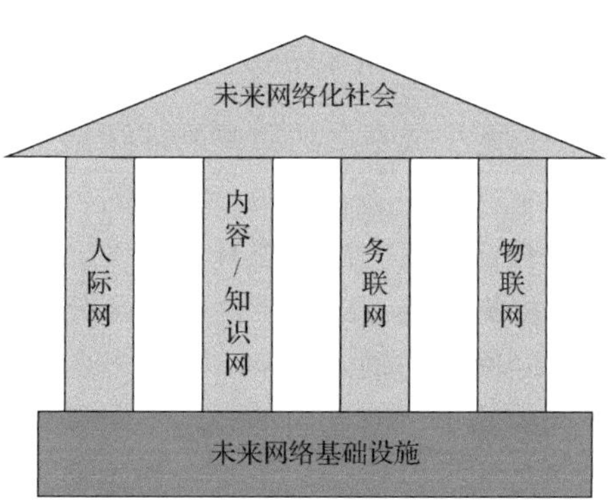

图 2-18　未来网络化社会的四大支柱技术

人际网（Internet by and for People，IbfP）就是

人与人之间的关系网络，又称为人联网（Internet of People，IoP）。随着互联网的发展，最初出现 Web2.0 和社会性网络，后来又出现了移动互联网，实现了人与人之间的连接，即形成了人联网/人际网。Web2.0 是以 Flickr、Craigslist 等网站为代表，以 Blog、SNS、RSS、Wiki 等社会软件的应用为核心，依据六度分隔、XML、Ajax 等新理论和技术实现的互联网新一代模式，此时用户既是网站内容的浏览者，也是网站内容的制作者，将原来自上而下的由少数资源控制者集中控制主导的互联网体系转变为自下而上的由广大用户集体智慧和力量主导的互联网体系。互联网发展使六度分隔理论成为现实，由此诞生了社会性网络——个人之间的关系网络，使得构建于信息技术与互联网之上的应用软件越来越人性化、社会化。软件的社会化，即在功能上能够反映和促进真实的社会关系的发展和交往活动的形成，使得人的活动与软件的功能融为一体。

信息技术和互联网最初的服务对象主要是人，主要解决人的信息孤岛问题。当为人服务的信息孤岛问题解决后，是要在更大范围解决信息孤岛问题，就是要将物与人、物与物之间的信息打通。

内容知识网从某种程度来说，就是前述的 DIKW 体系，在物联网大数据时代，需要从传感器获得的海量数据中分析、加工和处理出有意义的信息或知识或智慧，以适应不同用户的不同需求、发现新的应用领域和应用模式。

物联网就是物物互联的互联网，它支持物理世界与信息世界的互联互通与资源共享的融合。随着互联网发展，网络服务将实现以制造商为中心到以用户为中心的转变，而用户既享受信息服务，也创造和提供信息内容及服务。而务联网可看成一个网络化的综合性的服务生态系统，配置于系统中，各种服务可被公开发布、发现、聚合、使用。有关物联网和务联网的内容将在后面进行详细叙述。

人们对互联网的关注从最初的网络通信及互联互通，到网络资源共享及数据处理、信息搜索与获取、内容知识管理及交互，再到物联网感知和连接现实世界的物体，以及到目前关注虚拟信息世界和现实物理世界的服务。未来的网络可以根据用户需求自适应地调整和优化，在无所不在的普适计算以及网络和服务的支持下，泛在网络与空间、地面、接入等全面融合，实现人机物的任何时间和任何地点的交互，形成社会世界、信息世界和物理世界相互融合的超级世界。

2.6.2　务联网与云计算

在制造中通过物联网的接入实现海量数据的采集和实时反馈，再借助大数据的分析处理，使人们更好地了解到生产系统的运行状态、市场的需求等，然而仅有数据还不足以实现大量制造资源的共享，提高资源的利用效率。为此，需要务联网整合资源，打破合作的边界，提高资源的利用效率，经过聚合与协同使服务资源形成整体的生态系统，从而使服务组合可以实现跨平台、跨组织、跨物理世界与虚拟空间、跨区域、跨领域。

1. 务联网的概念与特征

务联网（Internet of Services）的概念首先由欧盟在第七框架的“未来互联网”计划中提出，是在计算机联网、终端联网、实物联网的基础上进一步建立起的各类服务联网的新兴应用方向。服务联网，直观的理解就是各种服务通过互联网按需提供给用户使用。这里所说的服务并不是传统意义上服务业中所指的服务，而是源自计算机领域中为使软件的组件细粒度化并在互联网上可重复使用的概念，基于这个概念进一步扩展到物理资源也可以服务化。计算机软件应用方面的服务化，主要表现为云计算的发展，而进一步的延伸则包括工业/制造、车载/物流业、金融/电子支付/电子商务、电网控制、电子医疗、电子政务和应用等均可服务化，即一切皆服务的理念（EaaS）。因此，务联网是一种更为广泛的面向服务相关技术的统称，包括面向服务的体系架构（Service-oriented Architecture，SOA）和云计算等面向服务技术。

务联网具有如下特性。

（1）泛在化：在未来互联网环境下，人们能够随时随地通过各种方式访问务联网上的各类服务，不受时空限制，使用服务便捷高效，同时各类资源也可以服务化封装接入务联网之中。

（2）资源虚拟化和服务化：务联网以跨越时空的方式把现实世界的物理资源和数字世界的信息资源进行有效整合，再通过服务化技术实现资源的发现、管理与利用，支持服务的运行与交付。

（3）服务动态化：通过发现用户的个性化特征与应用环境特征，务联网可以动态地组织和聚合可用资源与服务，快速地按照顾客个性化需求提供服务菜单，并支持服务供需双方在虚拟空间和现实空间中的协作。

（4）内容智能化：通过数据挖掘、信息检索、资源发现等智能化手段，挖掘客户潜在需求，可以为用户提供满足个性化需求的服务内容推荐与定制。

（5）应用领域化：基于长尾理论，务联网的服务源、内容和业务将根据应用越分越细，形成越来越多的垂直领域细粒度服务，以满足客户更细微的需求。

2. SOA 与云计算

务联网包括 SOA 和云计算等面向服务技术。它们分别从不同的角度对务联网的实现进行探索，SOA 从整体架构上进行研究，云计算则从计算机领域进行实践。

SOA 是一组软件设计和开发的规范，它将应用程序的不同功能单元（称为服务）通过良好的接口和契约联系起来，使得构建在各类系统中的服务可以以一种统一和通用的方式进行交互，服务可在不同业务过程中被重复使用，而且具体的服务实现不依赖特定实现语言与工具，这种架构以服务为导向，支持服务发布、查找和绑定/调用，本质上通过松耦合、可重用、可互操作的服务更快地响应业务变化需求。云计算是效用计算、分布式计算、网格计算、虚拟化技术和 SOA 等诸多技术的发展结果，它把大量的高度虚拟化的计算资源管理起来，组成一个大的资源池，通过网络为用户提供按需即取的计算服务。

1）SOA

SOA 是一种新的系统架构，与服务不同，它定义了业务基础结构。更进一步讲，SOA 的结构不受特定技术实现或技术结构影响，不允许组件之间相互依赖，是一种松耦合的高级结构。由服务提供者、服务请求者和服务注册中心三种角色组成的 SOA 架构模型如图 2-19 所示。服务提供者用 Web 服务描述语言（Web Services Description Language, WSDL）描述服务，用统一描述、发现与集成协议（Universal Description，Definition，and Integration, UDDI）向服务注册代理发布和注册服务，以便服务请求者能够发现和访问该服务；服务请求者（消费者）通过 UDDI 进行查询，找到所需服务后，根据接口契约利用简单对象访问协议（Simple

Object Access Protocol, SOAP）来绑定、调用这些服务；服务注册中心包含一个可用服务的存储库，为服务请求者查找服务提供者接口。

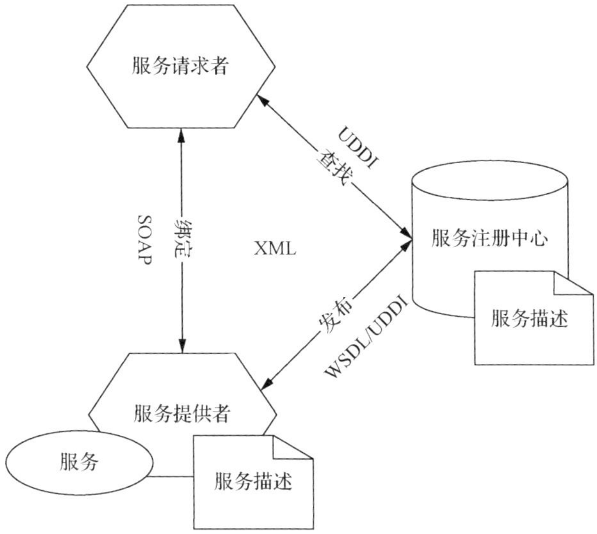

图 2-19　SOA 架构模型

SOA 直接面向业务，替代了传统的企业集成架构，通过服务化封装，使系统以统一的、标准的方式进行数据共享和业务协同，达到数据整合、功能整合和流程整合的目的，使企业在多变的环境中随时应变，及时满足发展的需要。

2）云计算

云计算是务联网在计算机领域的具体应用，也是当前务联网最具代表性的运用。在物联网、互联网高速发展的今天，如前所述大数据环境下，人们每天需要面对的数据呈几何倍数快速增长。虽然互联网可以让人们能快速便捷地获取信息和相互交流，但是企业和个人都不得不面对着海量数据背后，对软件和硬件的配置、部署、维护、升级有持续不断的需求。同时随着系统的复杂程度越来越高，专业性越来越强，这种需求的持续增长使得越来越多的企业和个人难以承受，越来越多的企业和个人迫切需要一种以较低成本投入就能获取高效便捷的计算资源。此外，对于超强复杂计算能力的需求，大多数企业尽管使用并不频繁，却又至关重要。如果单独配置超级计算机不仅入门成本高、维护成本高，同时还会造成资源的闲置和浪费。如何才能实现满足企业的需求，又实现资源的高效共享是云计算拟解决的一个关键问题。随着互联网的高速发展，网络带宽的极大提高，芯片和磁盘驱动器产品功能的逐步增强，并行计算、分布式计算、网格计算技术和基于互联网服务存储技术的日益成熟，以及企业和用户对提高计算能力和资源利用效率的迫切需求，云计算应运而生。

云计算从实质上来讲并不是一种计算方法，而是一种新的服务化计算模式和商业模式，属于一种社会学的技术范畴。它是以应用为目的，通过互联网将大量必备的软件和硬件按照一定形式连接起来，并随着用户需求的变化而灵活并实时调整的一种优质、高效低耗的虚拟资源服务的集合形式。云计算的目标是使计算与存储等信息技术资源能够如同水、电、煤、气等传统的公共设施一样被提供、使用和收费，使得企业和个人无须投入大量资金就可以拥有满足自身需求的信息技术资源，极大限度地降低资源管理所消耗的成本，使得用户能够享受高性能的软件资源、硬件资源、计算资源和服务资源，大大提高资源使用的便捷性、高效性和灵活性。它是继20世纪80年代大型计算机到客户端-服务器的大转变之后的又一种巨变。用户不再需要了解“云”中基础设施的细节，不必具有相应的专业知识，也无须直接进行控制。云计算描述了一种基于互联网的新的IT服务增加、使用和交付模式，通常涉及通过互联网来提供动态易扩展而且经常是虚拟化的资源。云计算的服务特征和自然界的云、水循环具有一定的相似性，因此，云是一个相当贴切的比喻。

从用户的角度而言，在传统的计算机上执行计算任务时，由于计算机硬件的限制，当任务量变大时，计算的执行时间必须延长，用户只能被动地等待；当有新的计算需求时，需要购买一套计算软件/硬件（可能就只用一次），要从整体上进行升级，造成资源的闲置。而在云计算的环境下，计算能力、计算资源等软件和硬件按需使用、动态扩展，用户在一台计算机上运行100小时的任务，在云环境下可以直接调用100台云计算机，在1小时内完成，大大提高了用户的生产效率；对于突发的计算需求，可按使用时间购买软件/硬件使用权来实现，节约用户的生产成本，同时提高资源的利用率。从这点而言，云计算给用户带来的变化是颠覆性的，它可以大大提高用户的计算能力，减少基础设施的预先投入，缩短用户的开发周期，降低高性能设备的使用门槛，使得高级计算不再仅仅是少数专业人员或大型企业才具备的能力。

云计算系统主要通过基础设施即服务（Infrastructure as a Service，IaaS）、软件即服务（Software as a Service，SaaS）和平台即服务（Platform as a Service，PaaS）来实现，使用户可以按需向计算平台提交自己的硬件配置、软件安装、数据访问等需求。

IaaS是指厂商把计算机的基础设施通过网络，以服务形式提供给用户，包括计算机、存储、计算能力、网络和数据库等。其主要优势在于降低用户的硬件设备开销，用户可通过云服务使用高性能的计算机，无上限的存储服务等而不必自主购买，同时按需使用，可减少资源的闲置。当前各大网络运营商提供的云存储服务、云主机等属于此类服务。

SaaS是指软件提供方将软件部署在远程服务器中，软件使用者通过注册的账号购买所需要使用的软件功能、使用时间、使用范围，通过简易客户端或浏览器在网络环境下使用软件服务，并按需付费。使用软件服务过程中，用户只需要登录账号，不必进行软件安装、配置、维护。提供此类服务的公司众多，包括谷歌提供的免费文档服务，它允许用户使用浏览器访问其应用并以此来完成文档编辑工作，以及IBM等公司提供的ERP应用等。

PaaS是指厂商把软件开发、部署、测试、运行环境以及复杂的应用程序托管等，以服务的形式通过互联网提供给用户。其内容可涵盖文件系统、计算模型、数据库、同步机制、管理机制等。用户可在平台上完成软件设计、应用开发、应用测试和应用的托管。

服务型制造诞生于制造业和服务业相互融合的背景下，并通过网络化协作实现制造向服务的拓展和服务向制造的渗透，制造业企业为了获取竞争优势，将价值链由以制造为中心向以服务为中心转变。在此基础上，“云制造”的理念应运而生，它借鉴了云计算的计算和运营模式，在云安全、嵌入式、物联网、大数据、语义Web、服务计算、高性能计算、智能科学和信息化制造等技术的支撑下发展而来，引起了学术界和工业界的高度重视与广泛关注。

2.6.3　物联网与边缘计算

1. 物联网的含义和发展

1999 年为实现物品的智能化识别和管理，麻省理工学院自动标识中心提出将所有物品通过 RFID 等信息传感设备与互联网连接，形成物联网的概念。基于 RFID 的物联网概念解决了不同物体的标识和连接问题，因为 RFID 标签具有低成本、适应性强等特点，其易于使用在不同的物体上，并在此基础上形成产品的全球电子产品代码（EPC），从而使不同的物品接入网络中。然而仅仅将不同的物品进行区分，并接入网络中还不能满足物联网的发展需求。随着科技应用的发展，物联网已不局限于利用 RFID 技术实现识别和管理，它进一步包含对物体状态的感知、不同设备之间的通信等。因此，物联网是泛指通过 RFID、红外感应器、全球定位系统、激光扫描器等信息感知/传感设备，按约定的协议，把任何物品与互联网相连接，进行信息交换和通信，以实现对物品的智能化识别、感知、定位、跟踪、监控和管理的网络。

信息通信技术已经从满足人与人之间的沟通交流，进一步发展到人与物、物与物之间的互联，一个无所不在的物联网通信时代已然来临。物联网将任何时间、任何地点、任何物体之间相互连接，达到万物互联，使人们在信息与通信技术的世界获得一个新的沟通维度（图 2-20），万物的连接就形成了物联网。届时，生产、生活当中的大量设备将通过物联网相互连接，形成一个实时动态反馈的网络，包括家电、汽车、生产设备、个人终端、基础设施等，人们可以通过网络实时地了解到其他物体的当前状态，并通过网络远程操作、使用设备。

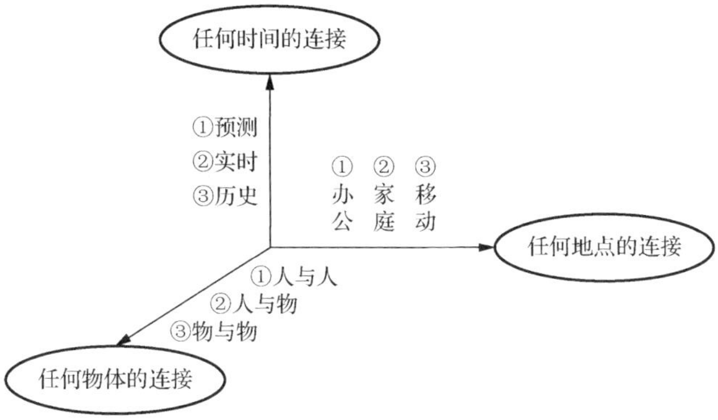

图 2-20　物联网的连接维度

在上述对物体的识别、状态的感知之后，需要对大量的设备进行表达，每个物体有唯一的识别编号，而不同的状态以及不同物体数据的交互、存储，带来了物联网中的大数据问题。

另外，从物联网中资源异构的角度出发，实现物联网万物互联的理念，需要打破不同领域、不同平台、不同技术之间的界线，实现跨领域、跨平台、不同技术之间的相互融合，才能实现真正的万物互联。在这个意义上，物联网的发展内在地包含了务联网的技术，而基于服务的理念，采用 SOA 对不同资源进行服务化封装，才能达到无处不在、互联互通的目的。在此基础上，实现家电产品联网、车联网、工业设备联网等，进而实现了对物体状态的感知、监测，并在一定程度上对设备进行控制。然而这只是物联网应用的开始，在设备联网的基础上需要进一步发展，实现居家环境的实时感知控制、交通的调度管理、自动化的生产等更加深入、全面、实时的互操作。也就是当物体接入网络之后，可以全面地将物理空间映射到信息空间当中，进一步对物体、设备等进行实时的交互控制，实现物理和信息的深度融合，即所谓的信息物理系统（CPS）。CPS 的提出是对物联网技术的进一步丰富，同时也增加了对物联网发展的需求。

综上所述，物联网的发展包含了基于 RFID 和传感器的物体接入，同时还涵盖了海量数据处理的大数据问题、基于服务的务联网技术，以及在物联网基础上加强实时反馈控制，将物理系统和信息系统深度融合成 CPS（图 2-21）。

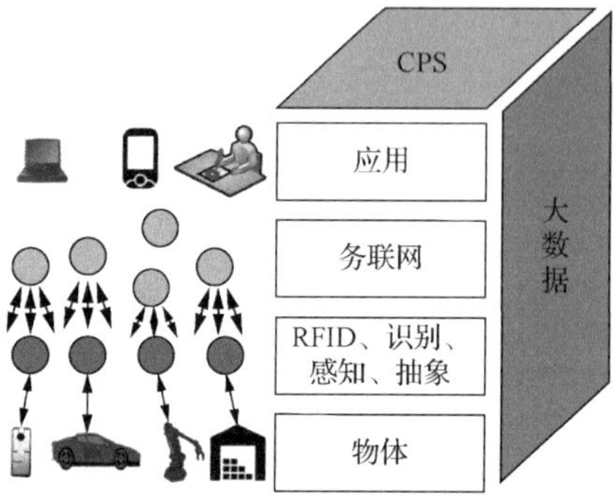

图 2-21　物联网相关技术

2. 边缘计算

物联网作为实体空间与虚拟空间连接的媒介，它对数据的产生、传输以及处理过程中的真实性要求更高，故物联网安全性问题是需要重点考虑的。物联网设备的运作有效、安全是上层业务顺利展开的基本保障。

物联网致力于通过互联网建立一个万物互联的世界，传统运作方式是将各结点的数据传送到云端，由云端中心结点进行处理，即“物联网+云计算”方式，但这样做会造成中心结点负载大、传输带宽负载量重、网络延迟明显、“边缘”结点使用效率不高等问题。

制造物联是一个由各种设备和软件相互连接的生产系统，随着连接边缘设备数量增加及其所产生的数据爆炸式增长，以云计算模型为核心的集中式大数据处理已经不能高效处理边缘设备所产生的数据，主要表现在：①线性增长的集中式云计算能力无法匹配爆炸式增长的海量边缘数据；②从网络边缘设备传输海量数据到云中心致使网络传输带宽的负载量急剧增加，造成较长的网络延迟；③网络边缘数据涉及个人隐私，使得隐私安全问题变得尤为突出；④有限电能的网络边缘设备将数据传输到云中心消耗较多电能。

边缘计算（Edge Computing）正是解决这些问题的一种分布式运算架构，它将云数据中心上运行的一些计算任务进行分解，然后将分解的计算任务迁移到边缘结点进行处理。所谓“边缘”是指从网络边缘设备所产生的数据源到云计算中心数据路径之间的任意计算资源和网络资源，它的基本理念是将计算任务在接近数据源的计算资源上运行。因此，很有必要将边缘计算与现有以云计算模型为核心的集中式大数据处理和区块链相结合，协作解决大数据、设备实时性以及生产的安全问题。

随着万物互联技术的发展，人们越来越多地将使云计算中心的部分应用服务程序迁移到网络边缘设备，而网络边缘设备兼顾数据消费者和生产者。云计算与边缘计算优势互补、相辅相成，分别应用于云中心和网络边缘端的大数据处理，能较好地解决制造大数据问题。

云中心通过两种方式获取数据，第一种是通过数据库的方式来获取数据，第二种是通过从一些终端设备（如传感器、摄像头、智能手机等）上获得数据，而边缘计算模型则是通过对第二种获取数据的方法进行改进的。在传统的云计算模型中，网络边缘设备不具备任何处理数据的能力；而在边缘计算模型中，网络边缘设备不仅可以从云中心请求内容和服务，还可以进行数据存储、缓存以及隐私保护等，如图 2-22 所示。

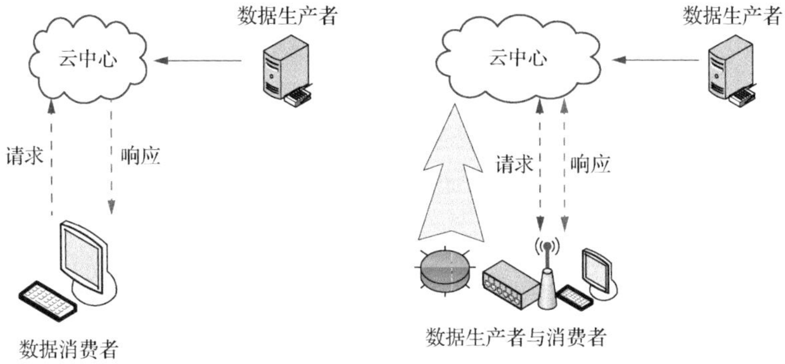

（a）云计算模型　　（b）边缘计算模型

图 2-22 云计算与边缘计算的对比

2.6.4 信息物理系统

美国于 2005 年提出了将控制、通信、计算相结合的新一代智能控制系统——CPS。CPS 是新型智能制造模式得以实现的一个共同基础。

CPS 由于覆盖范围广、涉及的领域多，对多个学科进行融合发展，所以尽管有众多的研究和应用，目前对其尚未有一个明确的定义。有学者从计算机科学的角度出发，提出 CPS 是物理进程和计算进程的相互结合，物理中的进程将实时反映到计算进程中，反之亦然；还有学者从信息处理存储的角度出发，认为 CPS 是用于监控物理进程中实体的网络计算机系统；也有从嵌入式开发的角度出发，提出 CPS 的本质是具有可靠的计算、通信、控制能力的智能机器人系统。如图 2-23 所示，CPS 的特点在于安全可靠地将物理系统和信息系统深度融合，通过 3C——计算（Computing）、通信（Communication）、控制（Control）的有机融合、相互协调，实现实时地感知、监测，动态地追踪和控制，提供全面的服务。

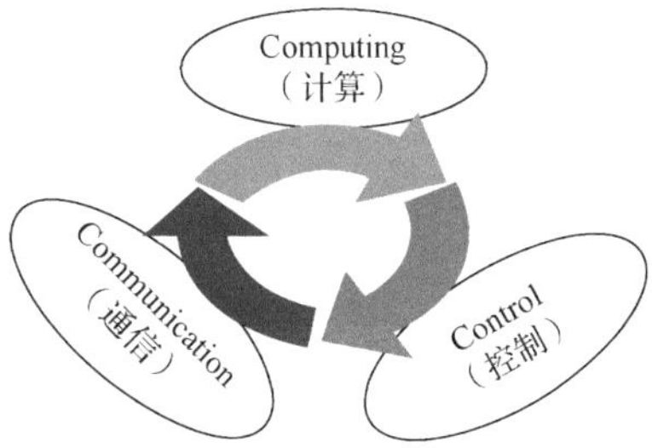

图 2-23 CPS 的抽象结构

如前所述，CPS 与物联网、大数据、务联网等新兴信息技术相辅相成、相互促进，而 CPS 体现在已有的信息技术基础上的进一步发展，以求实现物理进程和信息进程的深度融合。下面从 CPS 与其他系统的异同出发，分析 CPS 的 6 个特性。

（1）全局性：局部物理空间发生的进程，可通过虚拟空间的整合形成一个整体上安全、可靠、实时的感知和操作，即形成一种全局虚拟（Globally Virtual）、局部物理（Locally Physical）的新模式。

（2）深度嵌入性：物联网通过大量的传感器实现对物理环境的感知、接入，而在此基础上，CPS 进一步要求具有嵌入的执行器，可实现实时的反馈、控制，设备在一定程度上具有自主的计算能力。

（3）以数据为中心：大量异构资源之间通过数据交互、数据融合得到一个全面而精确的事件信息，以大数据为基础解决异构资源之间的通信交流问题。

（4）领域相关特性：鉴于现实系统中的复杂性，每个不同的领域的组织结构、功能等属性大不相同，相应信息系统的建立应该考虑到不同领域之间的差别，结合具体领域进行展开。

（5）实时性：与物联网相比，CPS 在实现万物互联的基础上进一步要求系统能够实时控制。物理系统的时间特性是目前人类无法超越的问题，为解决物理进程和信息进程的融合问题，必须使物理进程和信息进程能够达到时间上的同步，系统信息获取、传达的实时性直接影响着系统控制、决策的准确性、有效性。

（6）系统的安全性：与物联网、大数据、务联网类似，随着接入范围的扩大，系统的可攻击范围、影响范围也变大。一方面，由于与信息系统的深度融合，意味着传统上的物理系统也需要面对新的网络攻击等安全问题。另一方面，网络信息空间与物理系统相结合，进一步扩大了信息安全的影响范围，系统内在的实时控制要求，将使得危害不再局限于造成网络危害，可直接作用于物理世界。

2.6.5　大数据

美国信息存储资讯科技公司对每年产生的数据进行量化研究，在 2014 年 4 月 9 日公布了题为“充满机会的数字宇宙：丰富的数据和物联网不断增长的价值”的研究报告。报告中通过国际数据公司的研究和分析，揭示出无线技术、智能产品和软件定义企业的出现，是如何在全世界急剧增长的数据中扮演核心作用的。随着工业化和信息化的深度融合，以及物联网/互联网的成功应用，信息技术渗透到生产制造中的各个环节，如 RFID、条码、工业传感器、工业软件在产品生命周期中被广泛应用。制造企业中不可避免地出现了海量的数据，如何有效地利用数据的价值，让数据使生产更加智能化，是当前亟须考虑的问题。

1. 大数据的含义

自 20 世纪 80 年代起，现代科技可存储数据的容量每 40 个月即增加一倍。如图 2-24 所示，数据从传统的模拟量到数字化之间的变革有着巨大的变化，人类所产生的数据呈现出爆炸式的增长，不管在数据的存储方式上，还是数据量上都有着质的改变。虽然大数据还未有一个统一的定义，但其 Volume（大量）、Velocity（高速）、Variety（多样）、Value（价值）的 4V 特性已被广泛接受。

（1）数据量大：从 1986 年的数据量总的不到 3EB，而到 2007 年整个数据已经增长到了将近 300EB，增长了上百倍，这是人们不得不面对的数据量问题。

（2）产生速度快：从数字时代开始到现在，这么短的时间之内人类所产生的数据量，比人类过去历史上产生数据的总量还多，并且增长速度还在不断提高，每时每刻都在产生着大量的数据，例如，当前 Google 每天运算的数据量达到 20PB，欧洲核子研究中心每天产生的数据达到 15PB，全球每天有 1.8ZB 的数据被复制，如何高速、实时地处理这些数据是大数据必须要面对的问题。

（3）多样性：从原始人的字符、壁画到书籍、音乐、视频、语言等，由于自然本身的多样性和人类技术的发展，以及人们对自然的深入认识，数据的种类不断得到丰富，在存储结构上已从结构化到半结构化再到非结构化等多种形式共存，此为大数据的多样性特征。

（4）价值密度低：大数据在价值方面的特征体现在其数量大而价值密度低，与传统的科学理论不同，大数据的利用率可能很低，如长时间的监控数据中可能只有当异常发生时监控数据才能体现出其价值所在。

尽管大量的数据给人们带来新的困扰，但是更重要的是大数据提供了解决问题的新方法。以大数据为代表的数据密集型计算已成为继第一范式、第二范式和第三范式之后的第四种科学研究范式。

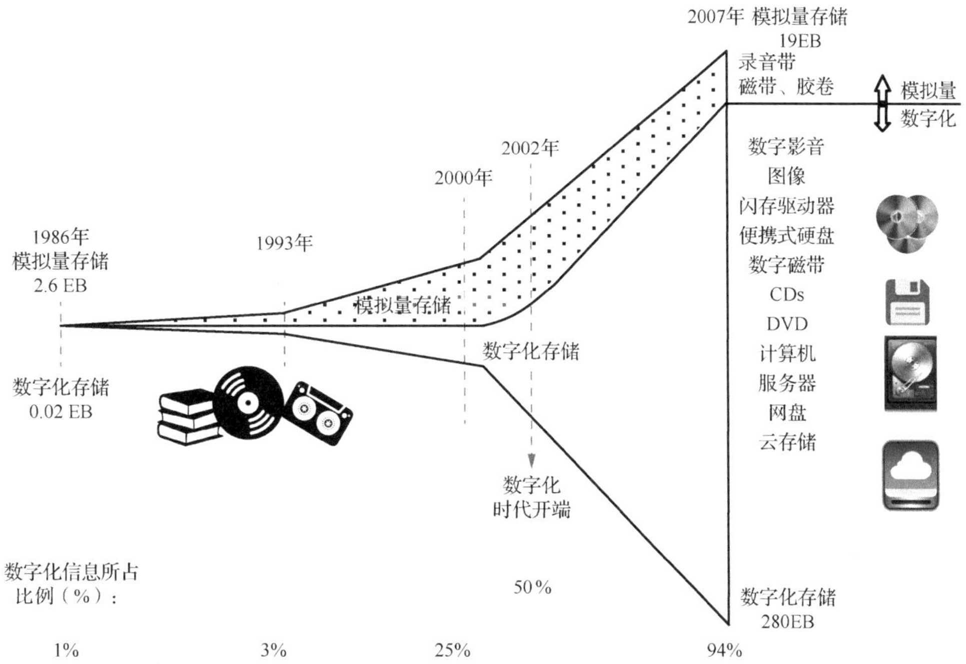

图 2-24　全球信息存储容量增长图

2. 制造业中的大数据问题

制造企业之所以出现大数据，主要归因于互联网发展及其在各个行业的不断渗透，并与制造业本身不断的数字化和信息化密切有关。在“四网”（人际网、内容/知识网、务联网和物联网）高度融合的社会信息物理融合系统（Social CPS，SCPS）中，正是引入了人际网、物联网和务联网，系统产生了海量的各种结构类型的数据。例如，随着制造自动化水平日益提高和生产过程监测手段的不断增强，制造过程以前所未有的速度产生着海量的工艺设备、生产过程和运行管理相关数据；人际网中，存在人与人交互等非结构化的数据；物联网中大量的传感器实时产生大量的数据流、生产状态信息和生产进程信息；更不用说，贯穿多个网络的数字化制造、仿真等所产生的大量数据。

可见，在基于 SCPS 制造模式下，制造企业在各个环节都可能产生海量的数据，引发数据的爆炸式增长，无疑会产生规模更大、种类更繁杂的数据集，这也给企业带来所谓 4V 特性的“大数据”挑战问题。制造业中大数据的 4V 特性，与互联网大数据一脉相承，但又包含有其独特的制造业特征，表 2-4 为制造业中的大数据分类与实例。

表 2-4　制造业中的大数据分类与实例

类别	例子	说明
结构化数据	关系型数据库，MRP、MRP Ⅱ、ERP、CRM	存在于关系型数据库或数据表（如 Excel）中，可以用二维表结构来逻辑表达实现的数据
半结构化数据	XML 等标记语言表示的数据、电子邮件和 EDI（电子数据交换）等	具有一定的结构性，但不具有关系数据库或数据表中的严格数据模型
非结构化数据	书本、杂志、文档、语音、视频和图像等	除了结构化数据和半结构化数据的其他数据

当今，企业所面临的环境与过去有根本不同，由于价格低廉的移动设备、摄像头、麦克风、条形码与 RFID 阅读器和无线传感器网络的广泛使用，企业数据爆炸式地增长。过去的资料大部分是人手工记下来的交易记录，随着数字技术和数据库系统的广泛使用，企业管理系统（ERP）产生了诸如物品购买交易数据（Transactions）；随着电子商务和客户关系管理（CRM）的发展，企业之间产生了互动数据（Interactions）；随着物联网、社交网络和移动互联网的出现，机器自动生成了观察数据（Observations），如企业生产时记录下来的监控数据等。随着社会媒体和无所不在计算的涌现，持续增长的用户数据和智能终端数据在规模与复杂性上都有着指数式的攀升，导致大数据出现，即“Big Data = Transactions + Interactions + Observations”。这个公式简洁地表示为由交易、互动、观察所组成的数据形态，如图 2-25 所示。由此可见，制造中的大数据问题已成为智能制造迫切需要解决的关键问题，如何挖掘出数据的价值是提高制造企业竞争力的重要途径。

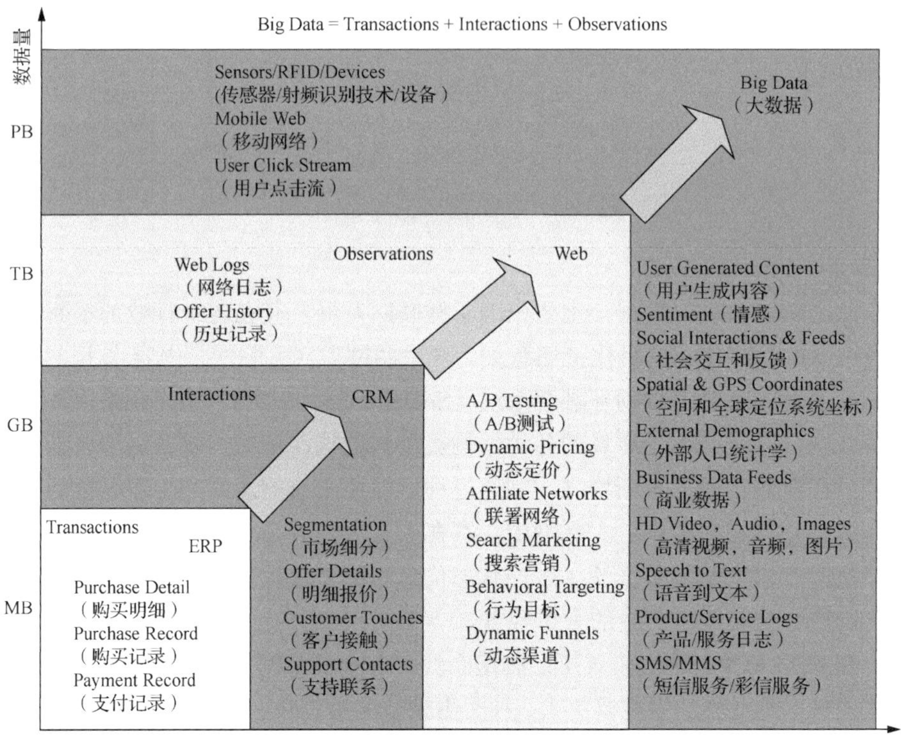

图 2-25　企业大数据的演化

第 3 章　知识驱动的符号智能

传统人工智能是以知识驱动的符号智能为主的，虽然以人工神经网络为代表的数据驱动方法已经更早出现了，但当时早期人工智能研究应用成果主要体现在知识驱动的人工智能及其应用的专家系统上。本章主要叙述知识工程发展、专家系统、智能控制、以机器人路径规划为代表的寻路问题，以及知识工程最新发展成果——知识图谱及其应用。

3.1　知识工程发展

知识工程是以知识为处理对象，借用工程化的思想，利用人工智能的原理、方法和技术，设计、构造和维护知识型系统的一门学科。知识工程的研究使人工智能的研究从理论转向应用，从基于推理的模型转向基于知识的模型，知识工程发展如图 3-1 所示。

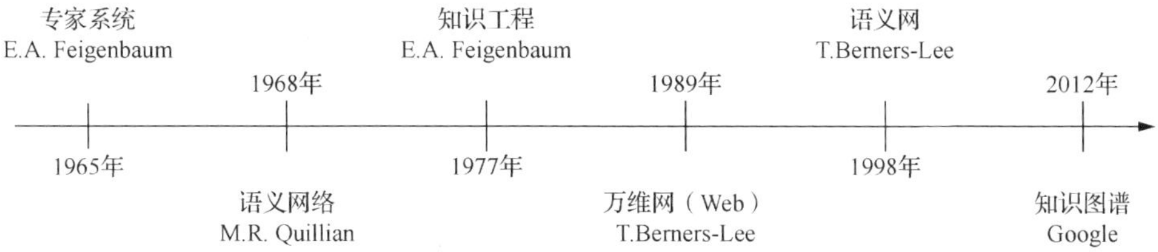

图 3-1　知识工程发展

1965 年，斯坦福大学的 E. A. Feigenbaum 提出专家系统概念，基于知识进行决策，使人工智能的研究从推理算法主导转变为知识主导。之后，M. R. Quillian 在 1968 年提出语义网络的知识表达模式，用相互连接的结点和边来表示知识，知识库构建和知识表示方法成为研究的热点。

1977 年，在第五届国际人工智能联合会议上，E. A.Feigenbaum 提出知识工程（Knowledge Engineering，KE）概念，以知识为处理对象，基于人工智能的原理、方法和技术，研究如何用计算机表示知识，进行问题的求解。

1989 年，T. Berners-Lee 发明了万维网（World Wide Web，WWW），并于 1998 年提出语义网概念，将传统人工智能的发展与万维网结合，以资源描述框架（Resource Description Framework，RDF）为基础，在万维网中应用知识表示与推理方法。

2012 年，Google 提出知识图谱概念。不同于传统专家系统和知识工程主要依靠手工获取知识的方式，知识图谱作为新时代的知识工程技术，以 RDF 三元组和属性图表示知识，数据规模巨大，需要使用机器学习、自然语言处理等技术进行自动化的图谱构建。

知识工程是研究如何由计算机表示知识，进行问题的自动求解，包括知识获取、知识表示与知识利用等。有关知识表示方法和逻辑推理见第 2 章。知识获取有三种方式：非自动知识获取、知识抽取、机器学习知识。非自动知识获取是由知识工程师通过阅读有关文献或与领域专家交流，获取原始知识并进行分析、归纳、整理，形成用自然语言表述的知识条目输入数据库中。知识抽取是对蕴含于文本文献中的知识进行识别、理解、筛选、格式化，把文献的每个知识点抽取出来，以一定形式存入知识库中。机器学习知识是通过机器的视觉、听觉等途径，直接感知外部世界，输入自然信息，获取感性和理性的知识，或者根据系统运行经验从已有的知识或实例中演绎、归纳出新知识，补充到知识库中；特别是近年来，以深度学习为代表的表示学习技术取得了重大进展，可以将实体的语义信息表示为稠密低维实值向量，进而在低维空间中高效计算实体、关系及其之间的复杂语义关联，对知识库的构建、推理、融合以及应用均产生变革性影响，使得知识图谱与以往的传统知识工程有着显著的不同。

传统专家系统主要依靠专家手工获取知识，并且知识表示方式多种多样，主要采用逻辑推理来实现知识利用。然而知识图谱的知识库规模巨大，无法单一依靠人工和专家构建，需要结合机器学习（特别是深度学习）来获取知识，采用 RDF 三元组、属性图和分布式表示来表示知识，虽然也具有推理功能，但更加注重知识的检索。

知识图谱作为大数据时代的知识工程集大成者，是符号主义与连接主义相结合的产物，是实现认知智能的基石。

3.2　专 家 系 统

专家系统是人工智能的一个非常重要的应用领域，是人工智能从一般思维规律探索走向专门知识利用，从理论走向实际应用的标志。专家系统是一种在特定领域内具有专家水平解决问题能力的程序系统。它能够有效地运用专家多年积累的有效经验和专门知识，通过模拟专家的思维过程，解决需要专家才能解决的问题。

专家系统实质上是一个具有大量专门知识和经验的计算机程序系统，它能够以人类专家的水平完成某一专业领域比较困难的任务。简而言之，专家系统是一种模拟人类专家解决领域问题的计算机程序系统。

3.2.1　专家系统的组成

专家系统的基本结构如图 3-2 所示。它包括两个主要部分：知识库和推理机。这种结构比较简单，知识工程师与领域专家直接交互，收集与整理领域专家的知识，将其转化为系统的内部表示形式并存放到知识库中。知识库中存放求解问题所需要的知识，推理机负责使用知识库中的知识解决实际问题。推理机根据用户的问题求解要求和所提供的初始数据，运用知识库中的知识对问题进行求解，并将产生的结果输出给用户。

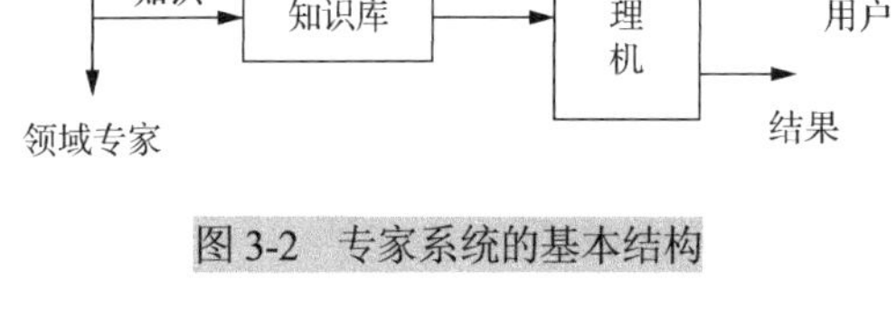

图 3-2　专家系统的基本结构

知识库与推理机相互分离，是专家系统透明性和灵活性的必要保证。

图 3-3 是专家系统的一般结构，以 MYCIN 为代表的基于规则的专家系统采用了这种结构。这种结构包括六个部分：知识库、推理机、综合数据库、人机接口、解释程序以及知识获取程序。其中知识库、推理机和综合数据库是目前大多数专家系统的主要内容，而知识获取程序、解释程序和专门的人机接口是所有专家系统都期望具有的三个模块，但它们并不是都得到了实现。一般结构中各模块的功能和作用简述如下。

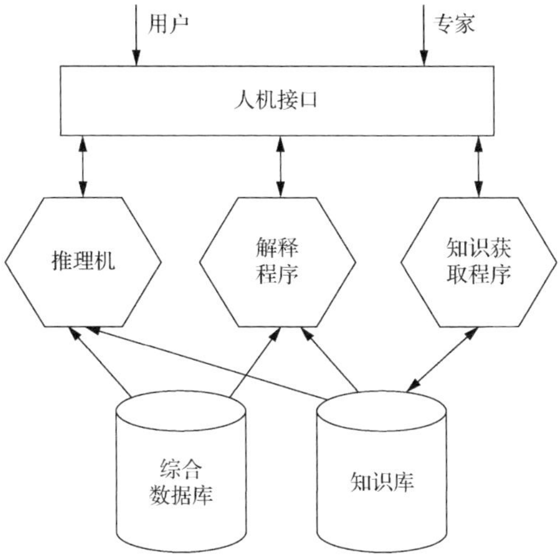

图 3-3 专家系统的一般结构

（1）知识库：用以存放领域专家提供的专门知识。这些专门知识包含与领域相关的书本知识、常识性知识以及专家凭经验得到的试探性知识。专家系统的问题求解是运用专家提供的专门知识来模拟专家的思维方式进行的。这样知识库中拥有知识的数量和质量就成为一个专家系统中系统性能和问题求解能力的关键因素。因此，知识库的建立是建造专家系统的中心任务。

（2）综合数据库：用于存放关于问题求解的初始数据、求解状态、中间结果、假设、目标以及最终求解结果。

（3）推理机：在一定的控制策略下针对综合数据库中的当前信息，识别和选取知识库中对当前问题求解有用的知识从而进行推理。在专家系统中，由于知识库中的知识往往是不完全的和不精确的，因此其推理过程一般采用不精确推理。

（4）知识获取程序：在专家系统的知识库建造中，用以部分代替知识工程师进行专门知识的自动获取，实现专家系统的自学习、不断完善知识库。

（5）解释程序：根据用户的提问，对系统给出的结论、求解过程以及系统当前的求解状态提供说明，便于用户理解系统的问题求解过程，增加用户对求解结果的信任程度。在知识库的完善过程中，解释程序不仅便于领域专家或知识工程师发现和定位知识库中的错误，还便于领域的专业人员或初学者能够从问题的求解过程中得到直观学习。

（6）人机接口：将专家或用户的输入信息翻译为系统可接受的内部形式，把系统向专家或用户输出的信息转换成人类易于理解的外部形式。

专家系统可以按不同的方法进行分类，通常可以按应用领域、知识表示方法、控制策略、任务类型等分类。例如，按任务类型来划分，有解释专家系统、预测专家系统、诊断专家系统、设计专家系统、监视专家系统、控制专家系统、调试专家系统、教学专家系统等；按知识表示方法，可分为基于逻辑的专家系统、基于规则的专家系统、基于语义网络的专家系统和基于框架的专家系统。

3.2.2 专家系统实例

一个智能制造系统包括设计、加工制造、装配、质量检测等环节，人们已开发了面向这些特定环节的专家系统，下面以夹具智能设计为例来说明。

1. 计算机辅助智能设计

以计算机辅助绘图和算法的结构性能分析为主要特征的计算机辅助设计（CAD）技术在机械产品设计中成功地获得广泛应用，并成为提高产品设计质量和效率的一种现代化工具。由于机械产品设计是人的创造力与环境条件交互作用的物化过程，是一种智能行为，所以在产品设计方案的确定、分析模型的建立、主要参数的决策、几何结构设计、评价选优等设计环节中，有相当多的工作是不能建立起精确的数学模型并用数值计算的方法求解的，而是需要设计人员发挥自己的创造力，应用多学科知识和实践经验，分析推理、运筹决策、综合评价才能取得合理的结果。

随着生产的发展，多品种中小批量生产比重不断提高，对产品的性能、质量等指标的要求也越来越高，这就迫切要求 CAD 系统具有较大的柔性并使设计过程自动化，当产品越大和越复杂时，设计者在包括思维过程的整个设计范畴内越需要计算机支持，有利于提高生产率、缩短生产周期，又可将 CAPP、CAM 集成一体。因此，CAD 系统智能化是今后一段时间内发展的主要趋势，通常把具备诸如推理、知识库管理、查询机制等信息处理能力的系统定义为知识处理系统。具有传统计算机能力的 CAD 系统被这种知识处理技术加强之后称为智能 CAD（Intelligent Computer Aided Design，ICAD）系统。ICAD 系统的目标就是尽可能地使计算机参与设计过程，利用设计专家的知识、经验的数据完成产品的方案决策、结构设计、性能分析、图形处理的全过程。

传统 CAD 系统中并无真正的智能成分，这一阶段的 CAD 系统依托人类专家的设计智能。ICAD 是一种新型的高层次计算机辅助设计方法与技术。它将人工智能的理论和技术与 CAD 相结合，使计算机具有支持人类专家的设计思维、推理决策及模拟人的思维方法与智能行为的能力，从而把设计自动化推向更高层次。ICAD 最明显的特征是拥有解决机械设计问题的知识库，具有选择知识、协调工程数据库、图形库资源及其完成设计任务的决策机制。因此，ICAD 系统除了具有图形库、工程数据库等 CAD 功能部件外，还应具有工程专家系统中的知识库、推理机等智能模块。ICAD 涉及的领域知识复杂，需将数据处理和知识处理相结合，要求其在设计过程中与知识资源合作。因此，它与通常的专家系统的区别是除了需要知识库外，还需要工程数据库、图形库和设计分析程序方法的支持。在问题求解动态过程中，还需要多种知识表示、多种推理机制相结合，才能完成复杂的设计任务。

ICAD 系统最基本的要素是知识，因而又称为基于知识的设计系统。其主要设计方法有以下几种。

（1）搜索法：设计被看成基于搜索的问题求解方法。搜索法是一种基本的求解方法，几乎所有的 ICAD 系统中都或多或少地用到此方法。搜索法往往与约束满足、推理等其他方法结合起来使用。

（2）基于规则的设计生成法：利用规则和图元来生成复杂的图形。图元通常为不可再分的简单图形，而规则是对图元进行综合的一组设计知识。

（3）约束满足法：设计被看成一个约束满足问题，即所有的设计要求与限制都可看成变量的约束，而设计则要使结果满足所有的约束条件。约束集限制下的子空间即为设计的解空间。

（4）基于实例推理的设计方法：应用存储于计算机中的实例形成解决相似或稍有变化设计问题的一种问题求解方法。

（5）知识工程方法：将人工智能的知识表示和问题求解技术应用于设计，如将专家系统应用于 CAD。

2. 基于实例的夹具设计系统

虽然各个 ICAD 结构并不相同，但一般都采用模块化的程序设计，以便于系统的建立、修改和扩充。基于实例设计（Case Based Design，CBD）的求解问题的过程模型如图 3-4 所示。

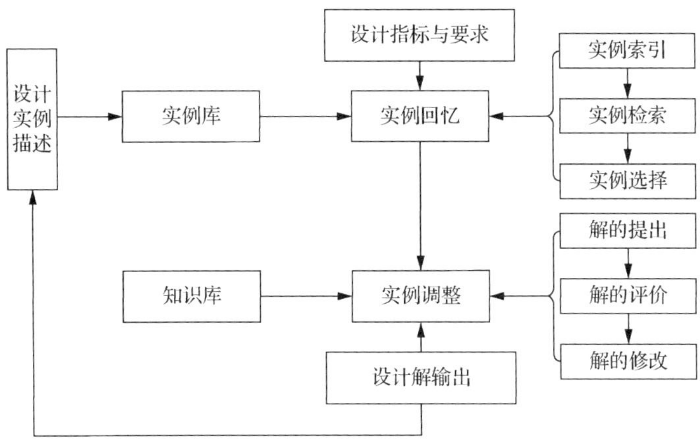

图 3-4　CBD 求解问题的过程模型

由图 3-4 可见，CBD 过程包括两个主要方面：一是设计实例描述，二是实例回忆与实例调整的过程模型。实例库（Case Base）是 CBD 系统的基础，其中保存有相当数量的设计实例，即设计问题求解范例及经验的形式化描述。实例回忆是查找相关设计经验的过程，包括实例索引、实例检索和实例选择等子过程。实例调整是完成新设计任务的关键步骤，需要识别所选实例与新设计问题之间的差异，适当修改设计实例以满足新问题的技术要求。调整过程分为 3 步，即解的提出（建议）、解的评价和解的修改。建议是指在开始修改——评价周期之前，提议所选设计实例作为新设计问题的解。评价即分析所求得设计的可行性。修改即改变新设计解的某个局部参数值或调整部分参数值，以更好地满足设计要求。

一种基于实例的夹具设计系统如图 3-5 所示。该系统的求解过程由四部分组成：系统控制模块、实例推理模块、夹具设计实例库和夹具设计评价推理模块。基于实例的推理器实现实例的检索和相似实例的提取与修改，是系统的核心。该系统输入的信息，包括三个方面：①工件总体信息，如工件名称、工件类型和材料等；②工件加工特征信息，如加工内容、加工精度和机床类型等；③工件装夹特征信息，如夹紧要求、接触类型和动力类型等。系统设计为交互的工作方式。对系统主要模块的说明如下。

（1）系统控制模块：系统控制模块控制系统从一个模块到另一个模块的转化操作；维护数据和知识流；保证数据和知识在两模块之间正确转换；

（2）实例推理模块：包括六个子模块，其作用是控制推理流程、分解设计任务、实现进阶的推理过程，并完成推理结果的存储和对实例库的维护；

（3）夹具设计实例库：存储夹具设计实例，建立实例索引，从而便于进行实例检索和维护；

（4）夹具设计评价推理模块：对候选设计实例的合理性和有效性进行评价，提交设计评价结果。

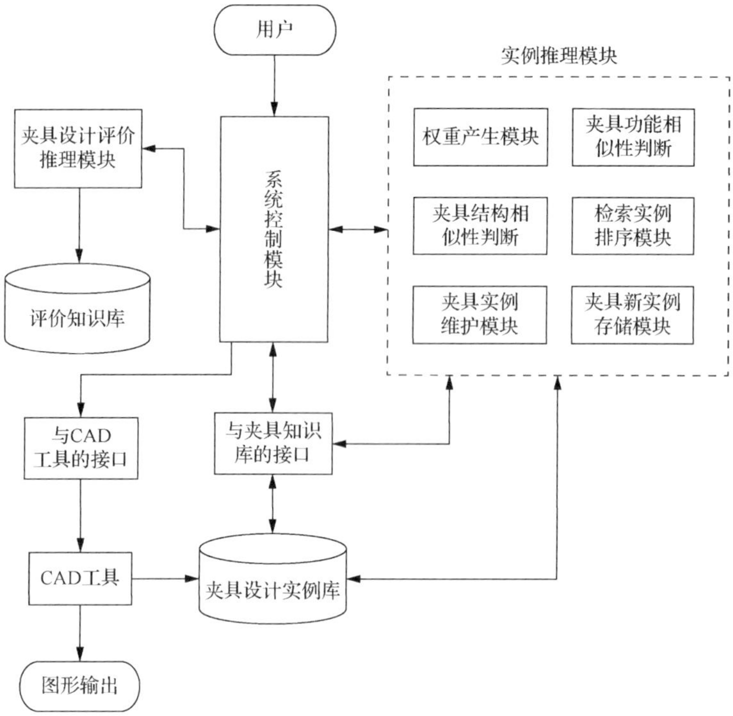

图 3-5　基于实例的夹具设计系统

3.3　智 能 控 制

1971 年，傅京孙提出了智能控制就是人工智能与自动控制的交叉的“二元论”思想，列举了三种智能控制系统：人作为控制器、人机结合作为控制器、自主机器人；1974 年，英国的 Mamdani 教授首次成功地将模糊逻辑用于蒸汽机控制，开创了模糊控制的新方向；20 世纪 70 年代后期，美国的 Saridis 教授全面地论述了从反馈控制到最优控制、随机控制、自适应控制、自组织控制、学习控制，最终向智能控制发展的过程，提出了智能控制是人工智能、运筹学、自动控制相交叉的“三元论”思想及分级递阶的智能控制系统框架。1984 年，Astrom 将人工智能的专家系统技术引入控制系统，明确地提出了建立专家控制的新概念。

智能控制具有十分明显的跨学科（多元）结构特点，已提出了二元交集结构 IC=AI∩AC、三元交集结构 IC=AI∩CT∩OR 和四元交集结构 IC=AI∩CT∩IT∩OR。其中，AI 表示人工智能；AC 表示自动控制（Automatic Control）；CT 表示控制论（Control Theory, Cybernetics）；OR 表示运筹学（Operations Research）；IT 表示信息论（Information Theory, Informatics）；IC 表示智能控制（Intelligent Control）；∩表示交集和连词“与”符号。

按系统结构来分，智能控制有直接智能控制、间接智能控制和分层递阶智能控制等。按构成原理来分，智能控制则有专家控制、神经网络控制、模糊控制、学习控制等。鉴于本章的主题是知识驱动的符号智能，这里仅介绍知识推理实现的专家控制和模糊智能控制。

3.3.1 专家控制的结构

专家控制是智能控制的一个重要分支。它是基于知识的智能控制技术，因而又称为基于知识的控制或专家智能控制。

专家控制是指将专家系统的设计规范和运行机制与传统控制理论和技术相结合而成的实时控制系统设计、实现方法。根据专家系统技术在控制系统中的功能结构，可分为直接式专家控制和间接式专家控制，如图 3-6 所示。

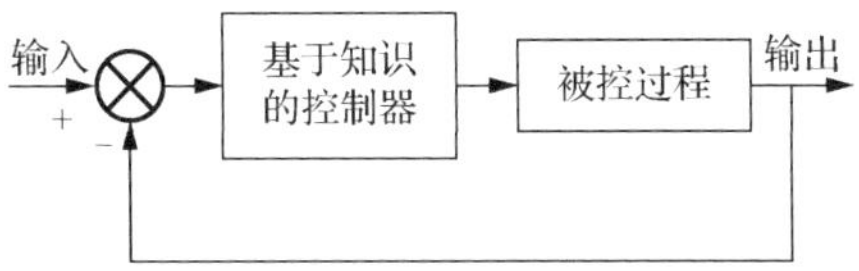

（a）直接式专家控制的基本结构

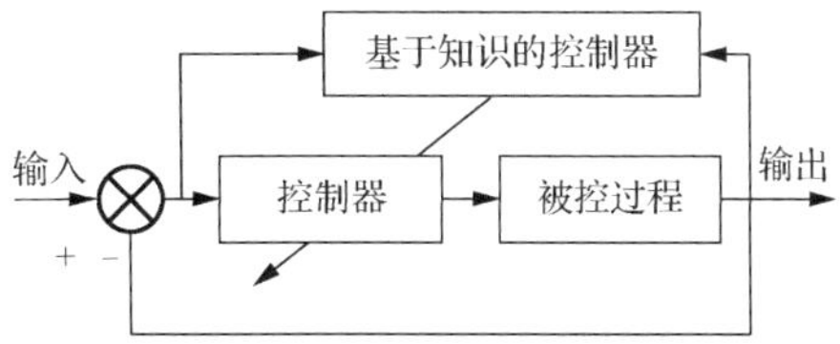

（b）间接式专家控制器的基本结构

图 3-6　专家控制器的基本结构

图 3-7 给出了一种工业专家控制器，它由知识库（KB）、控制规则集（CRS）、推理机（IE）和特征识别与信息处理（FR&IP）四部分组成。

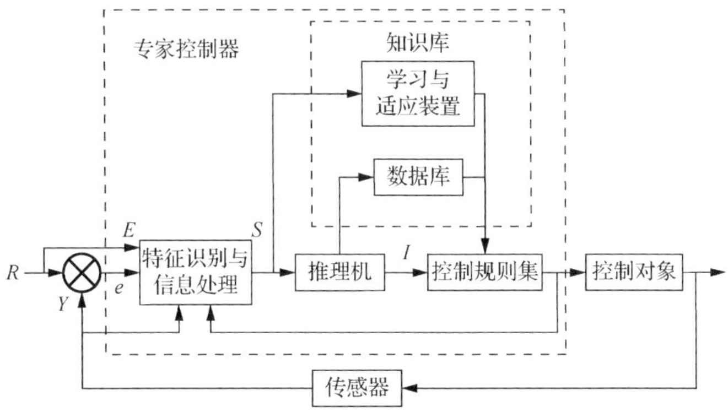

图 3-7　一种工业专家控制器的结构

知识库用于存放工业过程控制的领域知识，由经验数据库（DB）和学习与适应（LA）装置组成。经验数据库主要存储经验和事实集；学习与适应装置的功能是根据在线获取的信息，补充或修改知识库内容，改进系统性能，以提高问题求解能力。事实集主要包括控制对象的有关知识，如结构、类型、特征等，还包括控制规则的自适应及参数自调整方面的规则。

经验数据库包括控制对象的参数变化范围，控制参数的调整范围及其限幅值，传感器的静态、动态特性参数及阈值，控制系统的性能指标或有关的经验公式等。

建立知识库的主要问题是如何表达已获得的知识。专家控制器的知识库用产生式规则来建立，这种表达方式有较高的灵活性，每条产生式规则都可独立地增删、修改，使知识库的内容便于更新。

控制规则集是对被控对象的各种控制模式和经验的归纳和总结。由于规则条数不多，搜索空间很小，推理机构就十分简单，采用正向推理方法逐次判别各种规则的条件，满足则执行，否则继续搜索。

特征识别与信息处理模块的作用是实现对信息的提取与加工，为控制决策和学习适应提供依据。它主要抽取动态过程的特征信息，识别系统的特征状态，并对特征信息做必要的加工。

间接式专家控制器用于和常规的控制器或调节器相结合，组成对生产过程或被控对象进行间接控制的智能控制系统。以图 3-8 所示的间接式专家控制系统为例，PID 参数的整定工作由专家系统实现，控制信号仍然由 PID 控制器给出，专家系统只是间接地影响控制过程。专家系统拥有整定专家的知识（调试规程），它可以根据控制过程提供的实时信息，自动地在线整定 PID 参数，改善控制性能。

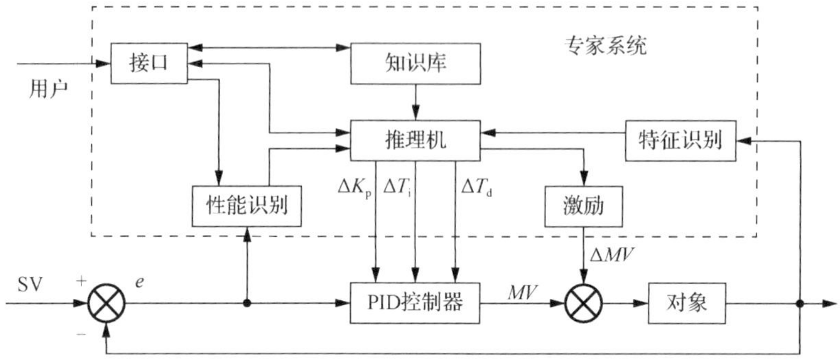

图 3-8　间接式专家整定 PID 控制系统

3.3.2　模糊智能控制实例

加工过程模型如图 3-9 所示，可用公式表示为

$$\frac{F(s)}{u(s)}=\frac{K\omega_n^{\ 2}}{s^2+2\zeta\omega_n s+\omega_n^{\ 2}} \tag{3-1}$$

式中，K 为加工过程总增益。其表示为

$$K=60K_nK_sK_e a f^{m-1}/(pn) \tag{3-2}$$

式中，n=600r/min；K_n=1mm/（V·s）；K_s=1670N/mm^2；K_e=2；ζ=0.5；p=1；ω_n=20rad/s；m=0.7。

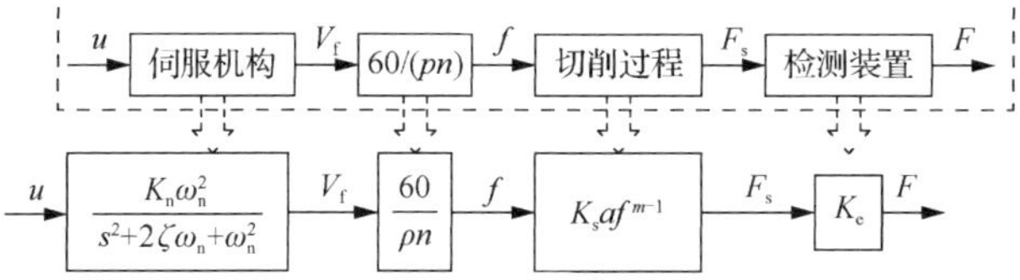

图 3-9　加工过程模型

加工过程的模糊控制系统如图 3-10 所示，图中 K_E、K_{CE} 为量化因子，K_U 为比例因子，F_r 和 F 分别为切削力的设定值和测量值，E、CE 和 U 分别为误差 e、误差变化率 ce 和控制量 u 的语言变量。在常规模糊控制器的设计中，选择 E 和 CE 作为控制器的输入变量，U 为控制器的输出量。

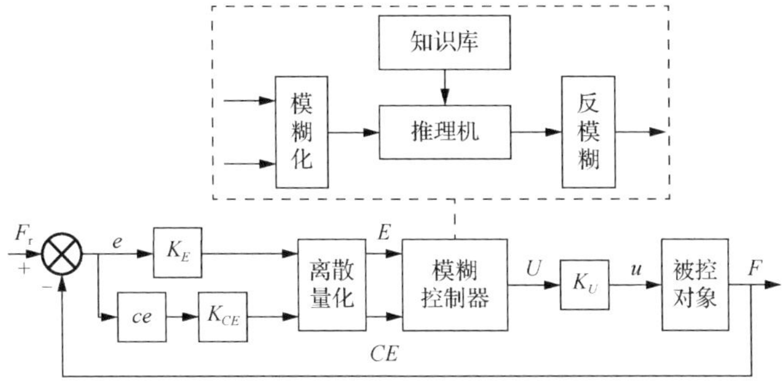

图 3-10　加工过程的模糊控制系统

模糊控制器包括的环节有：输入模糊化、模糊推理（决策）及输出反模糊化。为了节省模糊推理时间，实时控制往往采用查表方式来进行或用一个表达式来表示模糊控制规则。

在模糊控制系统中的控制规则所用到的都是模糊的语言量，为此需要将输入的数据进行模糊化。现取 E、CE 和 U 的模糊子集都为{ NL,NM,NS,Z,PS,PM,PL}，其中 NL、NM、NS、Z、PS、PM、PL 分别表示负大、负中、负小、零、正小、正中、正大，如图 3-11 所示。为了处理方便，通常将误差和误差变化率的值取在某一个范围之间，如[−6,+6]。误差定义公式为 $e(k)=F_r(k)-F(k)$，误差变化率定义公式为 $ce(k)=[e(k)-e(k-1)]/\mathrm{d}t$。如果误差的实际变化范围为区间[$a$, b]，则可通过式（3-3）进行变换：

$$x'=\frac{12}{b-a}\left[x-\frac{a+b}{2}\right] \tag{3-3}$$

将论域 [a,b] 转化为 [−6,+6]。已知输入 E 和 CE，可由模糊控制规则得到输出 U，即

$$\text{IF } E \text{ is } E_i \text{ AND } CE \text{ is } CE_j \text{ THEN } U_{ij} \tag{3-4}$$

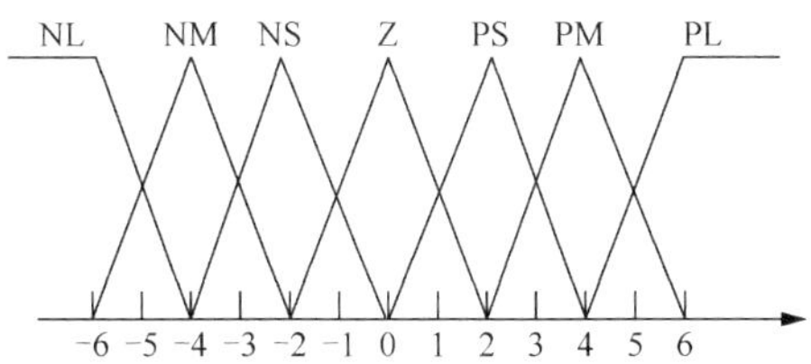

图 3-11　隶属度函数

模糊逻辑控制规则表如表 3-1 所示，i 对应表中的行号，j 对应表中列号，由行和列得到相应的规则 U_{ij}。

模糊控制器的输出为 $U(k)$，被控对象的输入信号为 $u(k)$，用增量形式表示为

$$u(k)=u(k-1)+K_U U(k)$$

表 3-1　模糊逻辑控制规则表

U		CE						
		NL	NM	NS	Z	PS	PM	PL
E	NL	NL	NL	NL	NL	NM	NS	Z
	NM	NL	NL	NL	NM	NS	Z	PS
	NS	NL	NL	NM	NS	Z	PS	PM
	Z	NL	NM	NS	Z	PS	PM	PL
	PS	NM	NS	Z	PS	PM	PL	PL
	PM	NS	Z	PS	PM	PL	PL	PL
	PL	Z	PS	PM	PL	PL	PL	PL

这种离散形式用积分表示为

$$u(k)=K_U T\sum_{i=0}^{k}U(i) \tag{3-5}$$

这里运用 MATLAB 的 Fuzzy Logic Toolbox 建立上述的模糊推理系统。进入 FIS 编辑器窗口之后，选用缺省的 Mamdani 型推理和反模糊化方法，设置两个输入：*E* 和 *CE* 以及一个输出 *U*，并按图 3-11 设置输入、输出变量的隶属度函数，以及按表 3-1 设定模糊控制规则，建立了一个名称为 FC 的 FIS 系统文件，并作为以图 3-12 为控制系统所建立的模糊控制器推理机。

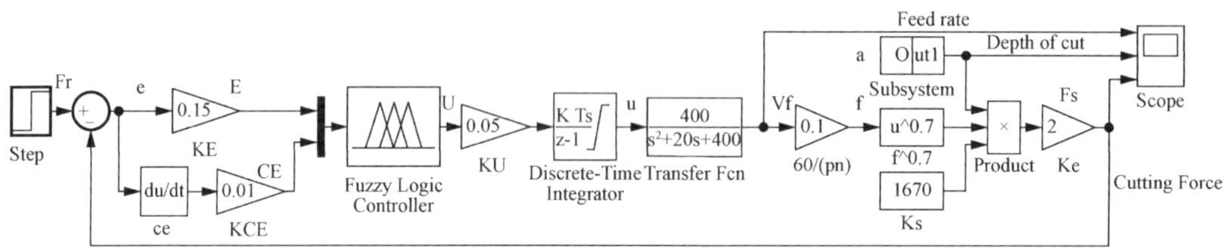

图 3-12　用 MATLAB/Simulink 模糊推理方法实现的加工过程控制

MATLAB/Simulink 所建立的模糊推理机以及图 3-12 所示控制系统的仿真结果分别如图 3-13 和图 3-14 所示。

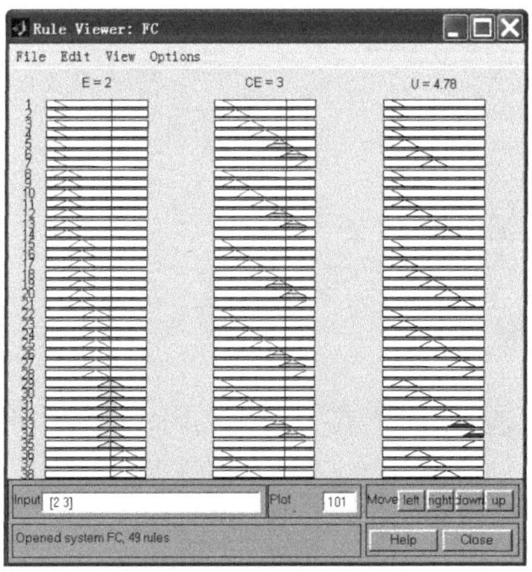

图 3-13　模糊推理机

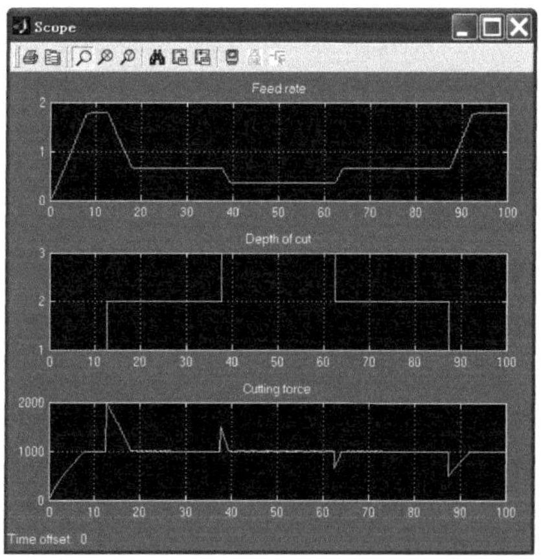

图 3-14　车削加工过程的模糊控制仿真结果

3.4 寻路问题

寻路问题，也是路径规划问题，是指在有障碍物的环境中，按照一定的评价标准（如距离、时间、代价等），寻找到一条从起始点到目标点的无碰撞路径，广泛应用于游戏、移动机器人、无人机等领域。

路径规划的核心是路径规划算法，常用的路径规划算法有人工势场法、A^*算法等。随着人工智能技术的不断发展，一些智能算法在路径规划中也得到了广泛的应用，如遗传算法、粒子群算法、神经网络算法等。

在寻路（路径规划）问题中，首先需要建立一个表示周围环境的地图模型。可以将环境地图表示为图（Graph）或网格，如图 3-15 所示。图是由一组位置（“结点”）和它们之间的连接（“边”）组成的。网格法将移动机器人的工作环境用一系列具有相同尺寸的网格表示。

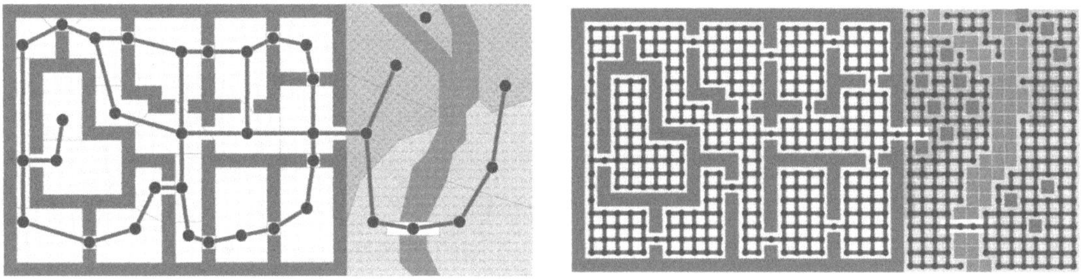

（a）图表示　　（b）网格表示

图 3-15　地图模型

3.4.1 A^*算法

下面以网格法构建环境模型为例，介绍寻路问题。基于网格法的路径规划算法有很多，如 Dijkstra 算法、A^*算法、D^*算法、D^*Lite 算法等，其中 D^*算法和 D^*Lite 算法主要应用于环境未知的动态场景。针对已知的静态场景，A^*算法往往能更快、更有效地求解出最优路径。

A^*算法结合了宽度优先搜索（Breadth First Search，BFS）和 Dijkstra（狄拉克斯特）算法的思想，它通过一个估价函数来确定搜索方向，从起点开始向周围扩展，通过估价函数计算得到周围每个结点的代价值，选择最小代价结点作为下一个扩展结点，重复这一过程直到到达目标点，生成最终路径。在搜索过程中，由于路径上的每个结点都是具有最小代价的结点，因此得到的路径代价是最小的。A^*算法的估价函数 $f(n)$ 表示为

$$f(n) = g(n) + h(n) \tag{3-6}$$

式中，$f(n)$表示从起始点经由任意结点n到达目标点的估价函数；$g(n)$表示起始点到结点n的实际代价；$h(n)$表示结点n到目标点的估计代价。常用的两种距离代价函数计算如图3-16所示。

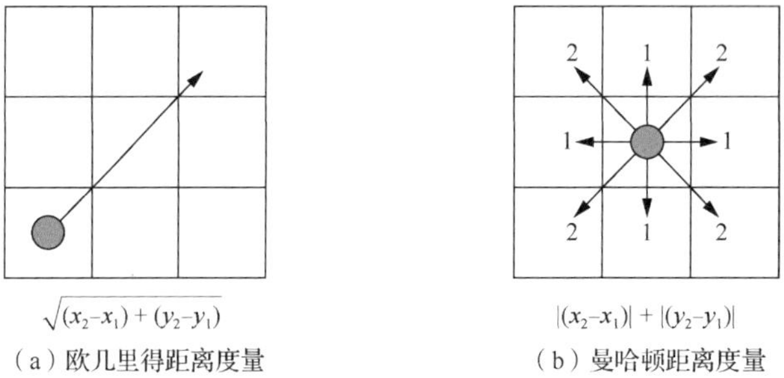

图 3-16　常用的两种距离代价函数计算

以欧几里得距离度量为例，两结点之间的移动代价为

$$d=\sqrt{(x_2-x_1)+(y_2-y_1)} \tag{3-7}$$

式中，(x_1, y_1)、(x_2, y_2)分别表示两结点n_1、n_2的坐标。对于估价函数$f(n)$，当$g(n)=0$时，原式变成了计算结点n到目标点的估价函数$h(n)$，A^*算法变为使用最佳优先搜索，计算速度快，但不一定得到最优解；当$h(n)=0$时，原式变为计算起始点到结点n的估价函数$g(n)$，此时A^*算法转化为Dijkstra算法，需要计算大量结点，效率低下。因此A^*算法在搜索过程中同时计算$g(n)$和$h(n)$，在考虑搜索效率的同时保证找到最优路径。

A^*算法与 BFS 算法和 Dijkstra 算法相比，如图 3-17 所示。BFS 算法又称广度优先搜索算法，是一种盲目搜寻法，目的是系统地展开并检查图中的所有结点，以找寻结果。广度优先搜索算法在所有方向上都进行了平等的搜索，从初始结点出发，一层一层向外拓展，如同以起点为源点，不断扩大半径的一个圆，到该圆的边触碰到终点为止。Dijkstra 算法倾向于探索成本较低的路线，它考虑每一步的成本，例如，不同的地形移动相同的距离产生的代价会不同，最终将代价函数最低的路径作为问题求解的答案，显然 BFS 算法不考虑地形这些影响因素，如果要走的地图每步的移动成本都相同，那么 BFS 算法就和 Dijkstra 算法一样了。A^*算法是一种启发式算法，它对 Dijkstra 算法进行了改进，对路径上的当前点，优先考虑似乎更接近目标的路径，不但记录其到源点的代价（这与 Dijkstra 算法相同），还计算当前点到目标点的期望代价（采用贪心最佳优先搜索，比 Dijkstra 算法多了此项）。

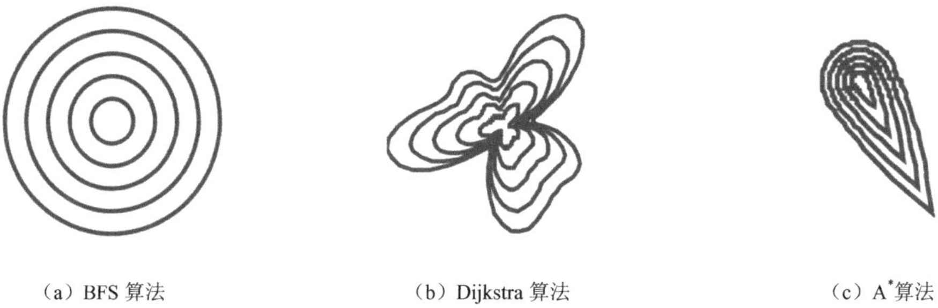

图 3-17　A^*算法与 BFS 算法和 Dijkstra 算法的对比示意图

Dijkstra 算法可以很好地找到最短路径，但却浪费了很多时间在探索各个没有可能的方向上。贪心最佳优先搜索算法在最可能的方向上进行探索，但可能找到的路径并不是最短路径。A^*算法同时使用从起点到目标的实际距离以及到目标的估计距离。其对比如图 3-18 所示。

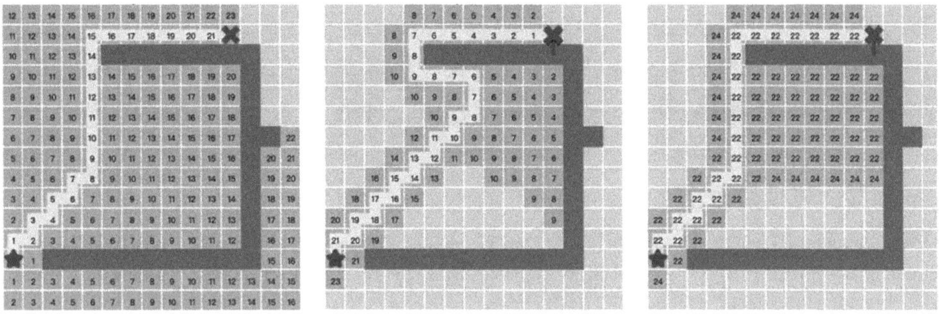

（a） Dijkstra算法　　　　（b）贪心最佳优先搜索算法　　　　（c）A*算法

图 3-18　A^*算法与 Dijkstra 算法和贪心最佳优先搜索算法的对比示意图

对于给定的图，BFS 算法和 Dijkstra 算法能够保证找到最短路径，但贪心最佳优先搜索算法不保证，对于 A^*算法来说，如果启发式算法给出的成本永远不大于真实的距离，那么它也可以保证给出最短路径。随着启发式算法给出的成本越来越小，A^*算法退化成 Dijkstra 算法；随着启发式算法给出的成本越来越高，A^*算法退化成贪心最佳优先搜索算法。

对于搜索地图上任意一个位置到另一个位置的路径，可以使用 BFS 算法或 Dijkstra 算法。如果移动成本相同，则使用 BFS 算法；如果移动成本不同，则使用 Dijkstra 算法。虽然 A^*算法结合了 BFS 算法和 Dijkstra 算法的优点，但在对较大场景进行路径规划时存在一些缺陷，如计算量大、内存消耗严重且效率不高等问题，还存在进一步改进的空间，此时可采用遗传算法（Genetic Algorithm，GA）、蚁群优化算法、蜂群优化算法、粒子群算法等智能算法进行求解。

3.4.2　基于改进遗传算法的移动机器人路径规划

移动机器人（AGV）路径规划问题属于 NP-Hard 问题，问题的复杂性高，可行解的空间大，高效地求解该问题仍然有很大的挑战，而遗传算法对于 NP-Hard 优化问题已经被证明有很强的全局搜索能力和并行处理特点。但传统的遗传算法种群多样性随着迭代很快变差，易于陷入局部最优、收敛速度慢等缺陷，为此人们对 GA 进行了各种改进。

针对 AGV 全局路径 GA 收敛速度慢和容易陷入局部最小值问题，这里给出一种基于改进的遗传算法：一方面利用灰狼（优化）算法改进传统的精英保留策略，避免了传统精英保留策略使种群多样性变差的特点，增强了全局搜索能力；另一方面为了防止染色体上的基因聚集到小的邻域内，提出基于染色体信息熵的自适应变异和基于交叉概率的改进遗传算法，其中对于与障碍物相交的染色体片段采用邻域变异算子，使染色体片段快速避开障碍物。其算法的流程图如图 3-19 所示。

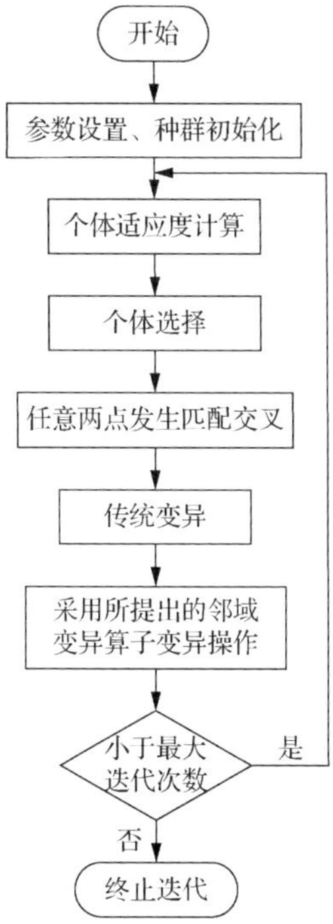

图 3-19　改进遗传算法路径规划流程图

这种改进遗传算法将 AGV 路径规划问题建模成约束优化问题，其适应度函数包括路径长度和惩罚函数，提出新的邻域变异算子改进传统的变异算子，使算法快速找到可行解；把灰狼（优化）算法中的等级制度应用到精英策略中，对精英策略做了改进，确保优良个体遗传到下一代并维持种群多样性。

1. 问题描述与模型建立

在路径规划问题中一条染色体代表一个候选解，一条染色体包含一个起始点、一个目标点和机器人经过的若干点，这些点即基因。编码方法有二进制编码和实数编码，这里采用实数编码方法。如图 3-20 所示的基于遗传算法路径规划建模，p_1 是 AGV 的初始点，p_n 是目标点，随机产生 $n-2$ 个点满足 $\{p_1, p_2, \cdots, p_n\} \in C_{\text{free}}$，这 n 个点依次连接起来便形成一条从起始点到目标点的路径染色体。

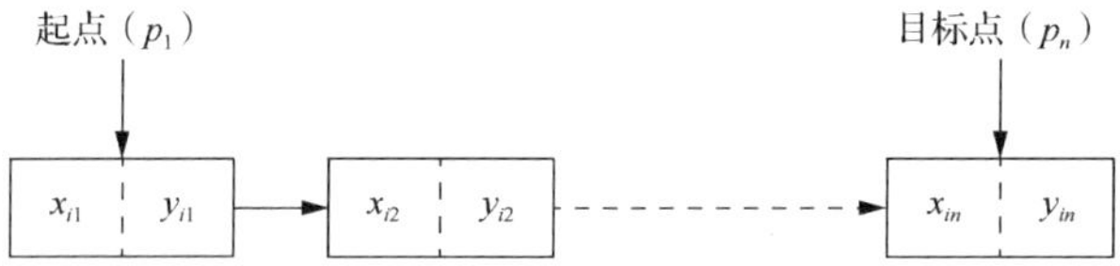

图 3-20　长度为 n 的染色体

2. 选择算子设计

采用轮盘赌和精英选择策略，以防止精英个体的丢失，适应度排名前 10%的直接复制到下一代；然后用与个体适应度成正比的概率选择相应的个体，产生随机数 $\xi \in [0,1]$；若 ξ 满足式（3-8），则选择个体 j 复制到下一代。传统的精英策略只保留适应度值大的一部分，带来的问题是：随着种群的不断进化，每一代个体适应度值大的一部分染色体几乎趋于一致，所以种群的多样性不断在减弱，如果不采用精英选择策略，仅是采用轮盘赌选择算子，这样会导致优良的个体丢失。为了解决这个矛盾引入灰狼优化算法的理念，每一次选择操作保留 α、β 和 δ 三种个体，形成如图 3-21 所示的灰狼内部社会等级地位，三者的适应度关系满足式（3-9），剩余的个体即是 ω，整个种群在 α、β 和 δ 的领导下向全局最优解进化。

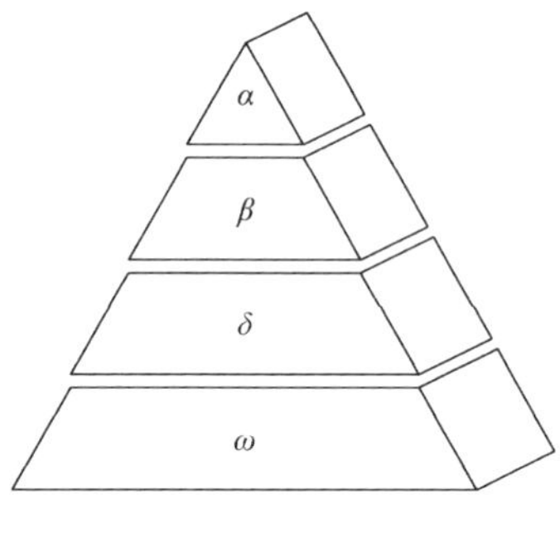

图 3-21　灰狼的层级结构

为了模拟灰狼中的等级制度，在灰狼优化算法建模时把候选解分为四类：α、β、δ 和 ω。在迭代过程中，前三个最好解依次为 α、β、δ，其余的解即是 ω，在这个算法中，α、β、δ 三个解引导其余候选解寻找最优解。灰狼属于群居动物，狼群一般由 5～12 只组成，其内部有明显的社会主导层次关系，如图 3-21 所示。从上到下统治地位逐渐变弱，灰狼的领导者称为 α，主要负责灰狼的捕食、栖息地选择、休息时间等活动的决策；β 是 α 的下属狼，扮演角色是领导者 α 狼的决策顾问和灰狼纪律的约束者，主要帮助领导者 α 狼做决策、命令的传达和信息反馈；ω 是灰狼中地位最低的狼，服从于其他有支配地位的狼。

$$\sum_{i=1}^{j-1} \text{fit}_i \Big/ \sum_{i=1}^{\text{Popsize}} \text{fit}_i < \xi \leqslant \sum_{i=1}^{j} \text{fit}_i \Big/ \sum_{i=1}^{\text{Popsize}} \text{fit}_i \tag{3-8}$$

式中，fit_i 为个体 i 的适应度值；Popsize 是种群数。

$$\text{fit}_\alpha > \text{fit}_\beta > \text{fit}_\delta \tag{3-9}$$

改进之后的选择操作步骤如下：

步骤 1　按式（3-9）选择 α 、β 和 δ 个体直接复制到下一代；

步骤 2　子代中剩余个体采用轮盘赌算法生成，至此完成选择操作。

3. 交叉算子设计

交叉算子设计采用部分映射交叉方式。随机产生两个随机数 $p,q\in[2,n-1]$，交换两个染色体 i 和 j 位于 p 和 q 之间的基因片段，映射交叉操作如图 3-22 所示。为了防止染色体上的基因聚集到一个小的邻域，交叉操作之后要检验子代的染色体上相邻基因的距离，两个基因距离小于一定值时便认为两个基因重复，在原基因的邻域产生一个新的基因替换原来的基因，从而提高基因的多样性和算法的全局搜索能力。

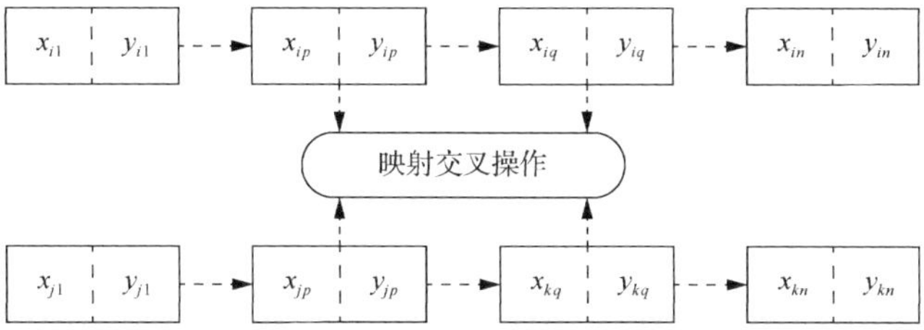

图 3-22　两条染色体部分映射交叉

4. 变异算子设计

在遗传算法中染色体的信息熵决定了该个体发生交叉和变异的概率。这里采用染色体的信息熵来衡量一个染色体每个基因的差异程度，当染色体上每个基因的差异程度较小时，交叉概率 P_c 和变异概率 P_m 的变大增加染色体基因的多样性，使染色体上的每个点尽可能地分布在机器人自由空间，防止基因聚集到一起，增强局部搜索能力。

$$P_\text{c} = p_{\text{c min}} + \frac{p_{\text{c max}} - p_{\text{c min}}}{H_{\max}} H \tag{3-10}$$

$$P_\text{m} = p_{\text{m min}} + \frac{p_{\text{m max}} - p_{\text{m min}}}{H_{\max}} H \tag{3-11}$$

式中，$p_{\text{c min}}$ 和 $p_{\text{m min}}$ 分别是最小交叉概率和最小变异概率；$p_{\text{c max}}$ 和 $p_{\text{m max}}$ 分别是最大交叉概率和最大变异概率；H 的计算如下：

$$H = \frac{1}{2}\sum_{i=1}^{n}\sum_{j=1}^{n} M_{ij} \tag{3-12}$$

式中，H 是一条染色体上重复的基因对数，由式（3-12）得 $H_{\max} = n(n-1)/2$；M_{ij} 是染色体上任意两个基因之间的距离：

$$M_{ij} = \begin{cases} 1, & d(p_i, p_j) \leqslant d_{\text{thre}} \\ 0, & d(p_i, p_j) > d_{\text{thre}} \end{cases} \tag{3-13}$$

式中，$d\left(p_i,p_j\right)$ 表示两个基因点 p_i 和 p_j 之间的距离，当染色体上任意两个基因点之间的距离不大于 d_{thre} 时认为两个基因重复，用 1 表示，否则用 0 表示；d_{thre} 是根据实际情况设置的阈值。

$$d\left(p_i,p_j\right)=\sqrt{\left(x_{ki}-x_{kj}\right)^2+\left(y_{ki}-y_{kj}\right)^2} \tag{3-14}$$

式中，p_i 和 p_j 的坐标分别是 $\left(x_{ki},x_{kj}\right)$ 和 $\left(y_{ki},y_{kj}\right)$；$k$ 表示第 k 条染色体。

传统的变异算子是随机选择染色体上一个基因，然后随机产生一个基因替换原来的基因，这样做的优点是可以增加和保持种群多样性，减小发生早熟的可能性，但是这种做法在路径规划问题中不能使算法快速找到可行解。为了解决这个问题，利用所提出的邻域变异算子，与障碍物相交的路径可分为以下三种情形。

（1）只有一条路径片段与障碍物相交，如图 3-23（a）所示，A 点是机器人的起始点，此时对 B 点进行邻域变异操作；B 点是机器人的目标点，此时对 A 点进行邻域变异操作；A 点和 B 点都是一般点，则对 B 点进行邻域变异操作。

（2）两个连续的路径片段与障碍物相交，如图 3-23（b）所示，A 点是机器人或者 B 点是目标点，对另外两个点进行邻域变异操作，A、B 和 C 三点都是一般点按图 3-23（b）所示变异。

（3）两个不连续的路径片段与障碍物相交，如图 3-23（c）所示，不考虑 A 点和 B 点是不是机器人的起始点和目标点，都按图 3-23（c）所示进行变异。

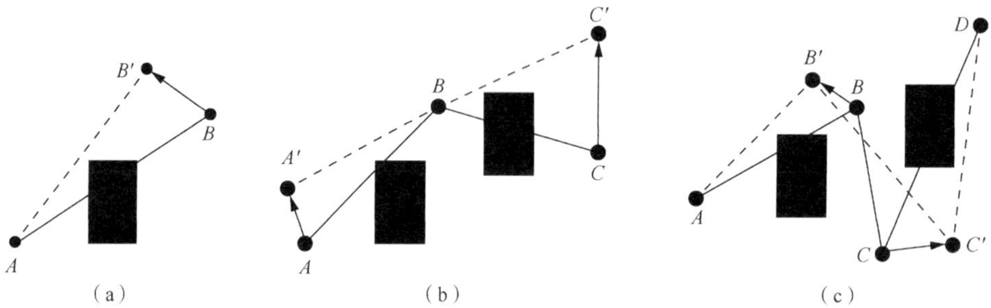

图 3-23　与障碍物相交的基因片段邻域变异

假设两个路径片段分别是 p_ip_{i+1} 和 p_jp_{j+1}，如果 $j=i+1$，则两个路径片段定义为连续的路径片段，如图 3-23（b）中的 AB 和 BC，如果 $j>i+1$，则定义为不连续的路径片段，如图 3-23（c）中的 AB 和 CD。

与障碍物相交的路径片段数目多于两个的可以分解成图 3-23 中三种情形的组合，然后执行相应的变异操作。为了保证每次随机产生的点都在自由工作空间之内，按式（3-15）和式（3-16）随机生成点，并判断该点是否在障碍物空间，若在障碍物空间，则重新产生一个点，直到产生符合要求的点。

$$x=x_{\min}+\text{rand}(x_{\max}-x_{\min}) \tag{3-15}$$

$$y=y_{\min}+\text{rand}(y_{\max}-y_{\min}) \tag{3-16}$$

式中，rand 是一个在 $[0,1]$ 区间内产生均匀分布随机数的函数；$x_{\min}$ 和 $y_{\min}$ 是工作空间左下角点坐标；$x_{\max}$ 和 $y_{\max}$ 是工作空间右上角点坐标。

5. 适应度函数设计

适应度函数应该正比于个体的存活能力。对于路径规划问题，路径长度是适应度函数的首要指标，当然，如路径可行性等其他标准也很重要。这里移动机器人路径规划目标是路径最短且路径与障碍物无碰撞，为此设计如式（3-17）所示的目标函数，引入了路径与障碍物碰撞的惩罚因子 δ，一条路径与障碍物碰撞次数越多则惩罚越大，相应的目标函数值大，适应度值越小，在遗传算法选择操作时，被选择复制到下一代的概率小，在变异操作时有更大的变异概率。适应度函数中引入惩罚因子后可以发现，当两条路径与障碍物相交的路径片段数相同时，选择路径短的概率较大，当两条路径长度相等时，选择操作时与障碍物相交的路径片段数多的路径被选择的概率小，这样可以使算法快速找到可行解，加快算法的进化进程。

$$f=\begin{cases}\sum_{i=1}^{n-1} d\left(p_i,p_{i+1}\right), & p_i p_{i+1}\cap O_{\text{obs}}=\varnothing \\ \sum_{i=1}^{n-1} d\left(p_i,p_{i+1}\right)+\delta\sum_{i=1}^{n-1}\theta_i, & p_i p_{i+1}\cap O_{\text{obs}}\neq\varnothing\end{cases} \tag{3-17}$$

式中，f 为目标函数；O_{obs} 为障碍物所在区域集合；δ 为惩罚因子；$p_i p_{i+1}$ 表示基因点 p_i 和 p_{i+1} 连接形成的线段，并把这样的线段定义为路径片段。

$$\text{fit}=N-f \tag{3-18}$$

式中，N 为足够大的正数；fit 为适应度函数。

$$\theta_i=\begin{cases}1, & p_i p_{i+1}\cap O_{\text{obs}}\neq\varnothing \\ 0, & p_i p_{i+1}\cap O_{\text{obs}}=\varnothing\end{cases} \tag{3-19}$$

式中，1 表示路径片段与障碍物相交，反之用 0 表示。

算法参数设定如下：种群个数为 60，染色体长度为 12，网格细化倍数为 1，迭代次数为 60，最小交叉概率 p_{cmin}=0.7 和最小变异概率 p_{mmin}=0.01，最大交叉概率 p_{cmax}=0.95 和最大变异概率 p_{mmax}=0.1。改进遗传算法与传统的单种群遗传算法和多种群遗传算法得到的结果如图 3-24 所示。

多种群遗传算法与传统的单种群遗传算法的区别在于，前者有移民算子和精英种群。移民算子将各种群在进化过程中出现的最优个体定期地移入其他种群中，实现种群之间的信息交互，具体操作为：用源种群中适应度值最好的个体替代目标种群中适应度最差的个体，移民算子在多种群遗传算法中起到关键作用，如果没有移民算子，各种群之间就没有信息交换，多种群遗传算法将退化为传统的单种群遗传算法。精英种群与一般种群不同，每一次进化之后选取每个种群的最优个体组成精英种群，精英种群不进行选择、交叉、变异等遗传操作，可以保证进化过程中最优基因不会丢失和不被破坏。

需要指出的是，路径规划（寻路）问题仅是移动机器人工作需要做的一部分，但它无法处理如协作移动、越过障碍物、改变地图、避开危险区域、编队、转弯、对象数量、动画、平滑移动等其他事情。

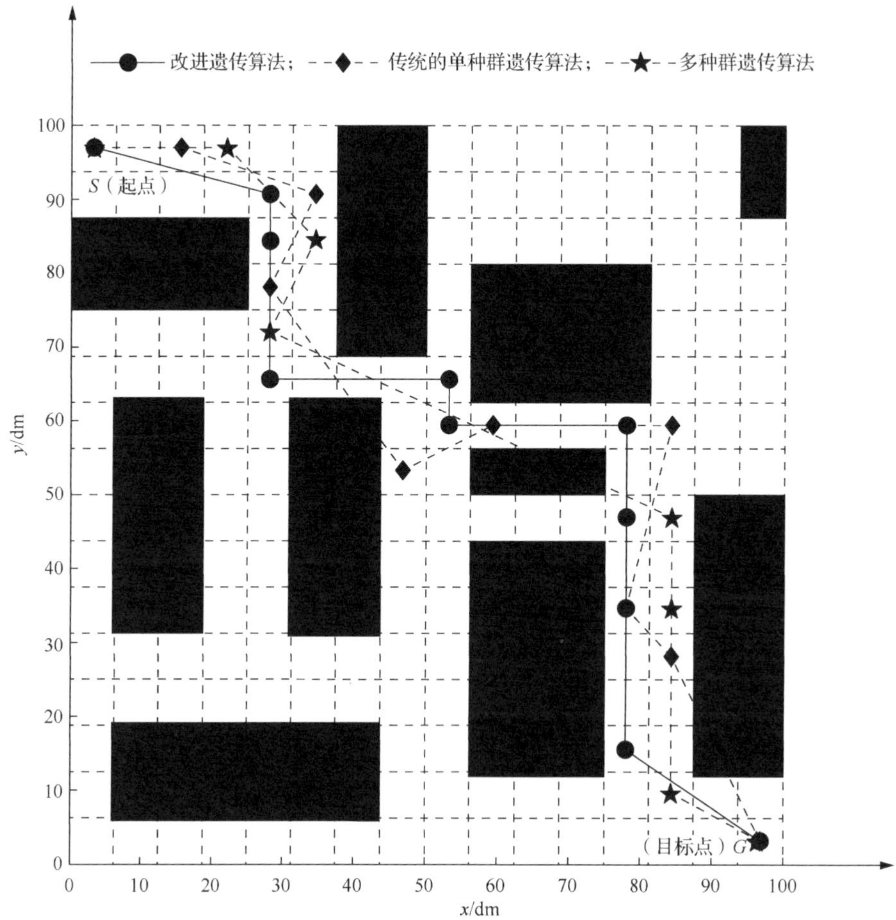

图 3-24　三种遗传算法的求解结果

3.5　知识图谱的构建与应用

知识工程应用于制造，使制造知识的获取、表示，以及存储和推理成为可能，其主要表现形式为专家系统，如基于专家系统的智能设计。

专家系统对人类思维的一般规律研究转为知识的研究，包括知识的表示、知识的获取和基于知识的推理技术等，并导致知识工程学科的诞生。大量的专家系统开发应用与实践证实了专家系统是人工智能的重要部分，但其是建立在符号推理的基础之上的，有其内在的不足之处，主要表现在：专家系统的建立需要相关的专家存在；专家必须明确回答专家系统提出的问题，导致一些模糊或不一致的描述无法明确；要求所建规则必须正确、一致；对于复杂的问题，系统的开发时间长，适应性差；此外，系统运行时间长，难以解决有实时性要求的问题。总之，专家系统存在对领域专家的依赖性、知识获取困难以及解决问题缺乏灵活性等问题，此外还存在通用性差等问题。正是由于符号人工智能进展缓慢，所以传统智能制造技术未能在企业中获得广泛应用。

需要指出的是，在专家系统获得快速发展期间，人工神经网络、模糊逻辑、启发式算法、多智能体分布式人工智能等其他智能技术也获得广泛关注。如前所述，由于专家系统基于符号推理，其对于一些纯符号技术无法解决的问题往往束手无策，这时可用 ANN 来解决。ANN 具有自学习、容错抗错、并行计算和联想等能力，擅于解决模糊非线性映射问题，常应用于有噪声污染环境下的预报或模式识别、制造过程控制和故障诊断领域。但是 ANN 是一种类似于“黑箱”的隐式模型，缺乏透明性，无法解释所获得的结果，虽能逼近任意未知的模型结构，但无法满足对制造过程中各种对象深入的机理研究和定量精确建模需求。模糊逻辑采用模糊集方法，如模糊综合评判、模糊控制、模糊优化等，解决不确定模糊现象，是应用人类思维模糊性的特点模拟人脑感知信息的能力来进行决策的。由于制造过程的复杂性、随机性和不确定性，制造技术中的决策问题大多比较复杂，不确定的因素较多，且难以被精确描述，具有模糊性，因此模糊逻辑常用来处理常规方法难以解决的带有模糊信息的问题，如模糊逻辑故障诊断、模糊生产决策及模糊控制等，但模糊逻辑的学习能力很差，在知识获取方面十分薄弱。模糊逻辑和 ANN 在许多方面具有关联性和互补性，二者有机结合可以弥补模糊系统学习机制的不足和神经网络难以表达基于规则知识的缺点。虽然 ANN 比传统基于人工规则的系统在很多方面显示出优越性，但其实际使用的多数是只含有一层隐含层结点的浅层模型，同时，训练样本特征的好坏成为整个系统性能的瓶颈。

知识图谱是符号人工智能发展的最新代表成果，核心在于对多模、多源异构数据和多维复杂关系的高效处理与可视化展示，将社会生活与生产活动中难以用数学模型直接表示的关联属性，融合成一张以关系为纽带的数据网络。通过对关系的挖掘与分析，能够找到隐藏在行为之下的关联，并进行直观的展示，它融合了大数据深度学习理念。

3.5.1　知识图谱的构建

知识图谱的构建流程是通过知识抽取、知识融合、知识加工和知识更新等构建技术，从原始数据（包括结构化数据、半结构化数据和非结构化数据）和外部知识库中抽取知识（即事实），根据知识的语义信息进行知识的融合、加工，再通过知识更新技术保障知识图谱的时效性，最终得到完整的知识图谱，如图 3-25 所示。

1. 知识抽取

知识抽取是知识图谱构建的首要任务，通过自动化或半自动化的知识抽取技术，从原始数据中获得实体、关系及属性等可用知识单元，为知识图谱的构建提供知识基础。

早期的知识抽取主要是基于规则的知识抽取，通过人工预先定义的知识抽取规则，实现从文本中抽取知识的三元组信息；但是这种传统方法主要依赖具备领域知识的专家手工定义规则，当数据量增大时，规则构建耗时长、可移植性差，难以应对数据规模庞大的知识图谱构建。

与早期基于规则的知识抽取相比，基于神经网络的知识抽取将文本作为向量输入，能够自动发现实体、关系和属性特征，适用于处理大规模知识，已成为知识抽取的主流方法。知识图谱的知识抽取包括实体抽取、关系抽取和属性抽取。

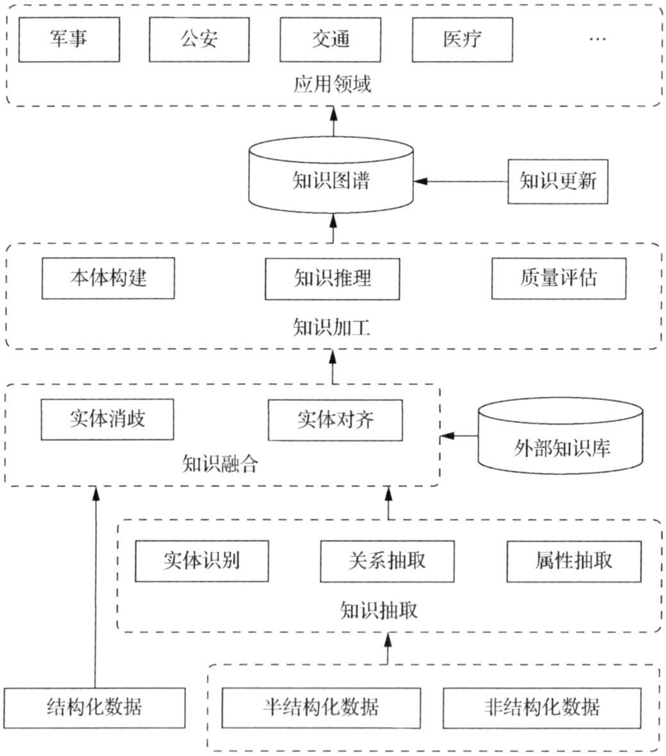

图 3-25　知识图谱构建流程

1）实体抽取

实体抽取又称为实体识别，指的是从原始语料中自动识别出命名实体。由于实体是知识图谱中的最基本元素，其抽取的完整性、准确率、召回率等将直接影响到知识库的质量，因此，实体抽取是知识抽取中最为基础与关键的一步。

实体抽取的方法分为基于规则、基于统计模型和基于神经网络三类。基于规则的方法通常需要为目标实体编写模板，然后在原始语料中进行匹配；基于统计模型的方法主要是通过机器学习的方法对原始语料进行训练，然后利用训练好的模型去识别实体；基于神经网络方法的抽取将是面向开放域的海量的 Web 语料。

基于规则的方法通过专家手工构建规则集，将文本等数据与规则集匹配来得到命名实体信息。该方法在处理小规模的知识图谱时精度较高，但是随着知识图谱规模的增大，规则构建困难，且由于规则是基于人工构建的，难以进行大规模扩展去应用于不同领域的知识图谱。

基于统计模型的方法将实体识别作为序列标注问题，以完全或部分标注的语料进行模型训练。这种方法在构建一个新的领域知识图谱时需要做的改动较少，通用性强；但是统计模型的状态搜索空间庞大、训练时间长，高度依赖特征选取和语料库，难以从海量数据中发现复杂且隐含的关键特征。

由于深度神经网络学习能够自动地从数据中学习复杂的隐藏特征，所需的领域专业知识和经验知识较少，基于神经网络的方法已成为目前主流方法，主要模型有卷积神经网络（Convolutional Neural Network，CNN）和循环神经网络（Recurrent Neural Network，RNN）等。

2）关系抽取

关系抽取旨在解决实体间语义链接的问题，通过获取实体之间的某种语义关系或关系的类别，自动识别实体对及联系这一对实体的关系所构成的三元组。

早期的关系抽取主要是通过人工构造语义规则以及模板的方法识别实体关系。近年来，关系抽取研究大多是基于神经网络的方法，主要包括基于 CNN、基于 RNN、基于注意力机制、基于图卷积网络（Graph Convolutional Network，GCN）、基于对抗训练、基于强化学习的关系抽取以及实体-关系联合抽取。

3）属性抽取

属性抽取通过从不同信息源的原始数据中抽取实体的属性名和属性值，构建实体的属性列表，形成完整的实体概念，实现知识图谱对实体的全面刻画。

属性抽取方法一般可分为传统的监督、无监督和半监督属性抽取，以及基于神经网络的属性抽取和其他类型（如元模式、多模态等）的属性抽取。

目前大部分属性抽取是从文本数据中抽取信息。由于大量的属性数据存在于半结构化、非结构化的大规模开放域数据集中，因此抽取这些属性的方法有两种，一种是将从百科网站上抽取的结构化数据作为可用于属性抽取的训练集，然后将该模型应用于开放域中的实体属性抽取；另一种是根据实体属性与属性值之间的关系模式，直接从开放域数据集上抽取属性。

2. 知识融合

知识融合是融合各个层面的知识，包括融合不同知识库的同一实体、多个不同的知识图谱、多源异构的外部知识等，并确定知识图谱中的等价实例、等价类及等价属性，实现对现有知识图谱的更新。

知识融合主要包含实体对齐和实体消歧。实体对齐旨在发现不同知识图谱中表示相同语义的实体。实体消歧是根据给定文本，消除不同文本中实体指称的歧义（即一词多义问题），将其映射到实际的实体上。

3. 知识加工

知识加工是在知识抽取、知识融合的基础上，对基本的事实进行处理，形成结构化的知识体系和高质量的知识，实现对知识的统一管理。知识加工包括本体构建、知识推理和质量评估。

本体构建是指在模式层构建知识的概念模板，规范化描述指定领域内的概念及概念之间的关系，其过程又包括概念提取和概念间关系提取两部分。

知识推理是针对知识图谱中已有事实或关系的不完备性，挖掘或推断出未知或隐含的语义关系。知识推理主要有逻辑规则、嵌入表示和神经网络三类方法，其对象可以为实体、关系和知识图谱的结构等。

质量评估的研究目的通常为提高知识样本的质量、提升知识抽取的效果、增强模型的有效性。它通常在知识抽取或知识融合阶段进行，对知识的置信度进行评估，保留置信度高的知识，有效保障知识图谱的质量。

4. 知识更新

知识更新是随着时间的推移或新知识的增加，不断迭代更新知识图谱的内容，保障知识的时效性。知识更新包括全面更新和增量更新两种方式，并且可以从模式和数据两个层次进行。

1）知识更新层次

（1）模式层更新。

当新增的知识中包含了概念、实体、关系、属性及其类型变化时，需要在模式层中更新知识图谱的数据结构，包括对实体、概念、关系、属性及其类型的增、删、改操作。

（2）数据层更新。

数据层更新主要是指新增实体或更新现有实体的关系、属性值等信息，更新对象为具体的知识（如三元组），更新操作一般通过知识图谱构建技术自动化完成。

2）知识更新方式

（1）全面更新。

全面更新指将更新知识与原有的全部知识作为输入数据，重新构建知识图谱。全面更新方法操作简单，但消耗资源多。

（2）增量更新。

增量更新只以新增的知识作为输入数据，在已有的知识图谱基础上增加知识，消耗的资源较少，但是技术实现较为困难，且需要大量的人工定义规则。

3.5.2　知识图谱的应用简况

知识图谱历经十余年的发展，部分知识图谱已投入使用，但是应用场景仅仅局限在语义搜索、知识问答、推荐与决策、工业应用等领域，更多领域的知识图谱还处在构建完善阶段。

1. 语义搜索

传统的搜索引擎采用将问题拆分成关键词、使用限定符号等方法。基于知识图谱的语义搜索能处理更加复杂的问题，并且能够更清晰地理解用户的查询意图，返回相关度高、质量好的资源。

基于知识图谱的语义搜索引擎主要以 3 种形式展现知识：①集成的语义数据。例如，当用户搜索梵高时，搜索引擎将以知识卡片的形式给出梵高的详细生平，并配以图片等信息。②直接给出用户查询问题的答案。例如，当用户搜索“姚明的身高是多少？”时，搜索引擎的结果是“226 cm”。③根据用户的查询给出推荐列表等。

国外的搜索引擎以谷歌的 Google Search、微软的 Bing Search 最为典型。谷歌的知识图谱相继融入了维基百科、CIA 世界概览等公共资源以及从其他网站搜集、整理的大量语义数据，微软的 Bing Search 和 Facebook、Twitter 等大型社交服务站点达成了合作协议，在用户个性化内容的搜集、定制化方面具有显著的优势。

国内的主流搜索引擎公司，如百度、搜狗等近年来相继将知识图谱的相关研究从概念转向产品应用。搜狗的知立方是国内搜索引擎行业的第一款知识图谱产品，它通过整合互联网上的碎片化语义信息，对用户的搜索进行逻辑推荐与计算，并将最核心的知识反馈给用户。百度将知识图谱命名为核心，主要致力于构建一个庞大的通用型知识网络，以图文并茂的形式展现知识的方方面面。

2. 知识问答

知识问答是一种将问题带入知识库寻求答案的问答系统。知识问答能将用户输入的问题转换为客观世界的实体，而非抽象的字符串，即将自然语言问题通过不同的方法映射为结构化查询，然后在知识图谱中获取答案。

传统的问答系统基于大量的语法规则，由于缺乏泛化能力，在搭建新领域问答系统时，需要重新定义规则。基于知识图谱的问答提供了实体之间详细的关系，有助于进一步实现隐式推理，提高问答质量、问答速度，适应更通用的场景，使推理具有更强的解释性。未来，基于知识图谱的问答系统可以实现从单轮问答到多轮交互。

3. 推荐与决策

推荐系统是解决信息过载的一种有效方法，可以向没有明确目的的用户推荐可能感兴趣的项目列表。基于知识图谱的方法能够实现个性化推荐，并且使推荐具有可解释性。

传统的推荐系统主要考虑用户序列偏好，却忽略了用户细致偏好，如用户具体喜欢哪个物品的哪些属性等；而知识图谱提供了实体与实体之间更深层次、更大范围的关联，增强了推荐算法的挖掘能力，提高了准确性和多样性，并可以有效弥补交互信息的稀疏或缺失（冷启动问题）。

决策系统主要以决策主题为中心，通过构建决策主题相关知识库、模型库和研究方法库，为决策主题提供全方位、多层次的决策支持和知识服务。知识图谱可以帮助决策沉淀出规则，提高决策模型的准确性和关联性。

4. 工业应用

当前人们尝试将知识图谱的相关理论应用于智能制造领域，包括知识发现、知识重用、设计方案生成、过程监控、质量分析、故障分析、人机协同与交互、物流配送、智慧工厂等方面。基于知识图谱的设计方案生成系统的结构与流程如图 3-26 所示。

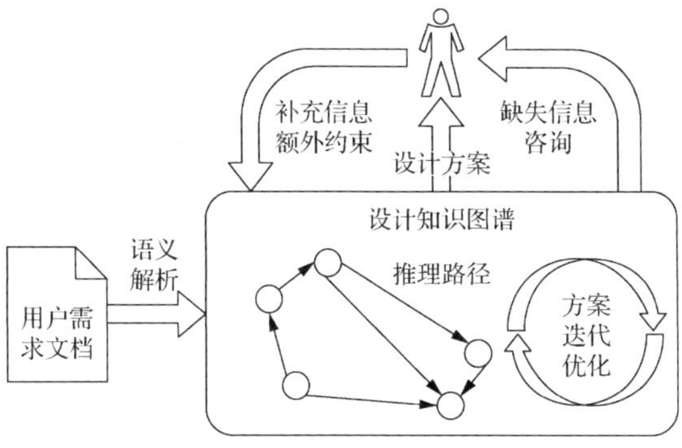

图 3-26　基于知识图谱的设计方案生成系统的结构与流程

下面以数控车床故障分析为例详细说明知识图谱的应用，通过收集数控车床设备故障记录文本、数控车床设备信息与设备故障相关网页、书籍和文献中抽取到所需的数控车床结构知识、故障模式知识、故障机理知识、故障应对措施知识，构建如图 3-27 所示的数控车床故障分析知识图谱，具体故障分析应用如下。

（1）灵活的信息查询。基于知识图谱的故障分析系统可以利用命名实体识别技术和语义解析技术，实现非结构化文本式的故障分析。例如，员工输入“数控车床主轴振动”便可以解析出话语中所包含的部件实体有“数控车床”和“主轴”，事件实体有“振动”，进而便可以在知识图谱中实现进一步的搜索和推理。

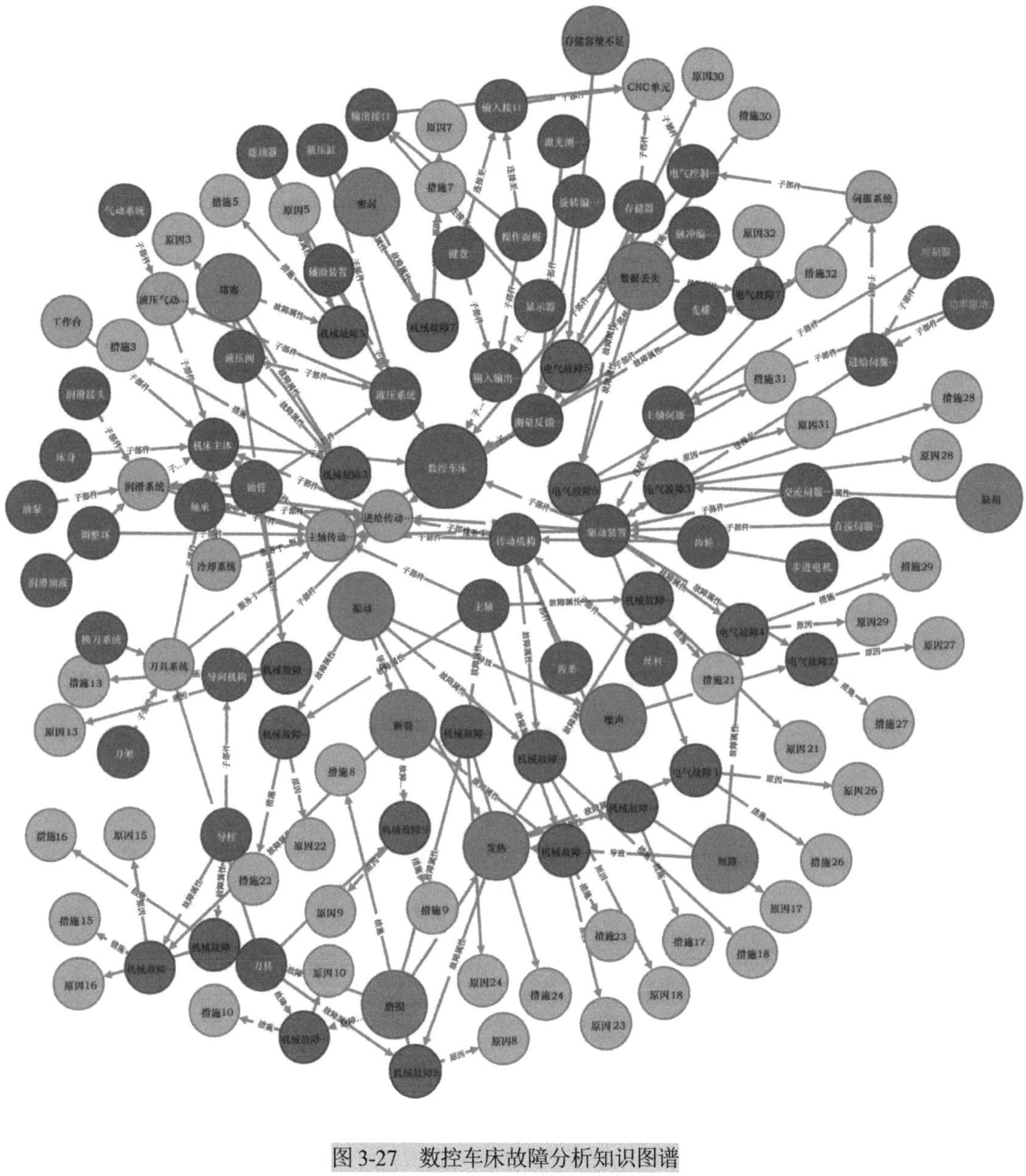

图 3-27 数控车床故障分析知识图谱

（2）故障原因、处理措施推理。故障原因与处理措施推理对故障分析十分关键，指引着专家对故障的解决方式。与传统关键词检索不同，基于知识图谱的故障分析，通过对语句的实体与关系分析找到答案。

（3）故障影响范围推理。在故障分析知识图谱中，耦合了数控车床中各个部件的连接关系以及部件的层级关系，因此可以用于推理故障部件所影响的其他部件。例如，从知识图谱中可以得到主轴部件的故障可能会影响其相连的轴承、挡圈等部件的工作情况，以提示操作人员进行进一步的检查。

（4）隐式故障模式推理。操作人员往往只能观察到故障发生时带来的表面现象，而不确定该故障现象对应的实际故障现象，因此需要指引操作人员进一步探索真正的故障原因。基于知识图谱的故障分析系统实现了这一目标。在知识图谱内部可以耦合故障现象之间的关联关系，例如，部件的“发热”故障事件可能是由“磨损”“振动”“短路”等事件造成的，而“振动”事件还可能导致“噪声”“断裂”等事件发生。当相关现象链接到知识图谱中的事件实体后，可以实现隐式事件的挖掘以及事件可能造成的后续影响的提示。例如，员工输入“驱动装置发热”，经过知识图谱的事件关系推理后，可以得出可能的故障模式是短路或负载高等，从而进一步可以推理更精确的故障原因、处理措施等。

面向工业领域的知识图谱，总体上处于起步阶段。制造业体系庞大、场景丰富、产品类型多、定制化程度高，具有数据庞大且知识结构复杂的特性，存在着如工序流程和工艺制造知识等事理知识，同时也存在大量的定量知识；事件之间存在着大量的事理逻辑关系，而不同角色本体构造提出的需求也不尽相同。因此构建面向制造领域的知识图谱是十分困难而又值得深入探讨的问题。

引入知识图谱技术，将工厂车间、人力资源、设备资源、物料、工艺流程等制造业的基础数据进行知识分类和建模。通过对知识的抽取，对定量知识与事理知识的融合以及对实体之间复杂关系的挖掘，构建制造业知识服务平台，建立产品规划、设计、生产、试制、量产、使用、服务、营销和企业管理等全生命周期的互联，同时融合金融、水电、能源管理等多个相关行业的知识内容。通过快速搜索和推理关系中的趋势、异常和共性，更好地组织、管理和理解制造业体系的内部联系，将知识转化为决策依据，破除产品封闭式的重复研发从而实现创新，进行全流程多方面的协调管控，提高制造流程中问题的预见和解决能力，提升资源管理能力、生产效率和产品质量。

第 4 章　数据驱动的机器学习

深度学习是新一代 AI（AI2.0）兴起的主要体现，也是以连接主义为代表的数据驱动机器学习方法超越以符号主义为代表的传统知识驱动 AI 方法的体现。数据驱动的机器学习是现代智能技术中的重要方法之一，研究从观测数据（样本）出发寻找规律，并利用这些规律对未来数据或无法观测的数据进行预测。本章主要介绍数据驱动的机器学习方法及其相关技术，尤其是深度学习方法及其应用。

4.1　机器学习概述

机器学习是人工智能的一个分支，也是人工智能技术的核心，它能使计算机直接从样本、数据和经验中进行学习。通过使计算机智能地完成特定任务，机器学习系统能通过学习数据执行复杂的流程，而不是提前编程规则。

机器学习是人工智能发展中一个极其重要也是应用潜力最大的研究领域，其专门研究计算机怎样模拟或实现人类的学习行为，以从纷繁复杂的现实世界中通过识别、利用现有知识来获取新的知识或技能，并建立学习的计算理论，重新组织已有的知识结构，使其不断提升和完善自身的性能，从而构造各种新的学习系统并将其应用到各个领域中。

4.1.1　机器学习的分类

1. 根据学习模式分类

根据学习模式可将机器学习分类为监督学习、无监督学习和强化学习等。

（1）监督学习，是利用已标记的有限训练数据集，通过某种学习策略/方法建立一个模型，实现对新数据/实例的标记（分类）/映射，最典型的监督学习算法包括回归和分类。监督学习要求训练样本的分类标签已知，分类标签的精确度越高，样本越具有代表性，学习模型的准确度越高。监督学习在自然语言处理、信息检索、文本挖掘、手写体辨识、垃圾邮件侦测等领域获得了广泛应用。

（2）无监督学习，是利用无标记的有限数据描述隐藏在未标记数据中的结构/规律，最典型的无监督学习算法包括单类密度估计、单类数据降维、聚类等。无监督学习不需要训练样本和人工标注数据，便于压缩数据存储、减少计算量、提升算法速度，还可以避免正、负样本偏移引起的分类错误问题，主要用于经济预测、异常检测、数据挖掘、图像处理、模式识别等领域，如组织大型计算机集群、社交网络分析、市场分割、天文数据分析等。

（3）强化学习，是智能系统从环境到行为映射的学习，以使强化信号函数值最大。由于外部环境提供的信息很少，强化学习系统必须靠自身的经历进行学习。强化学习的目标是学习从环境状态到行为的映射，使智能体选择的行为能够获得环境最大的奖赏，以及外部环境对学习系统在某种意义上的评价为最佳。强化学习在机器人控制、无人驾驶、下棋、工业控制等领域获得成功应用。

2. 根据学习方法分类

根据学习方法可以将机器学习分为传统机器学习和深度学习。

（1）传统机器学习，是从一些观测（训练）样本出发，试图发现不能通过原理分析获得的规律，实现对未来数据行为或趋势的准确预测。相关算法包括逻辑回归、隐马尔可夫方法、支持向量机方法、K-近邻方法、浅层人工神经网络方法、Adaboost 算法、贝叶斯方法以及决策树方法等。传统机器学习平衡了学习结果的有效性与学习模型的可解释性，为解决有限样本的学习问题提供了一种框架，主要用于有限样本情况下的模式分类、回归分析、概率密度估计等。传统机器学习方法共同的重要理论基础之一是统计学，其在自然语言处理、语音识别、图像识别、信息检索和生物信息等领域获得了应用。

（2）深度学习，是建立深层结构模型的学习方法，典型的深度学习算法包括深度置信网络、卷积神经网络、受限玻尔兹曼机和循环神经网络等。深度学习又称为深度神经网络（指层数为3层以上的神经网络）。深度学习作为机器学习研究中的一个新兴领域，由 Hinton 等于2006年提出。深度学习源于多层神经网络，其实质是给出了一种将特征表示和学习合二为一的方式。深度学习经过多年的摸索尝试和研究，已经产生了诸多深度神经网络的模型，其中卷积神经网络、循环神经网络是两类典型的模型。卷积神经网络常被应用于空间性分布数据；循环神经网络在神经网络中引入了记忆和反馈，常被应用于时间性分布数据。深度学习框架是进行深度学习的基础底层框架，一般包含主流的神经网络算法模型，它能提供稳定的深度学习的应用程序编程接口（Application Programming Interface，API），支持训练模型在服务器和图形处理器（Graphics Processing Unit，GPU）、张量处理器（Tensor Processing Unit，TPU）间的分布式学习，部分框架还具备在包括移动设备、云平台在内的多种平台上运行的移植能力，从而为深度学习算法带来前所未有的运行速度和实用性。

深度学习的实质是通过构建具有很多隐含层的多层感知学习模型和海量的训练数据，从大量输入数据中学习有效的特征表示，并对未来或未知事件做更精准的预测。区别于传统的ANN，深度学习的不同在于：①强调了模型结构的深度，通常有5层、6层甚至10多层的隐含层；②突出了特征学习的重要性，通过逐层特征变换，对输入数据逐级提取从底层到高层的特征，避免显式的特征提取，学习得到的特征对数据有更本质的刻画，从而深刻揭示海量数据里所承载的丰富信息。

深度学习方法与传统机器学习方法的对比如图4-1所示。

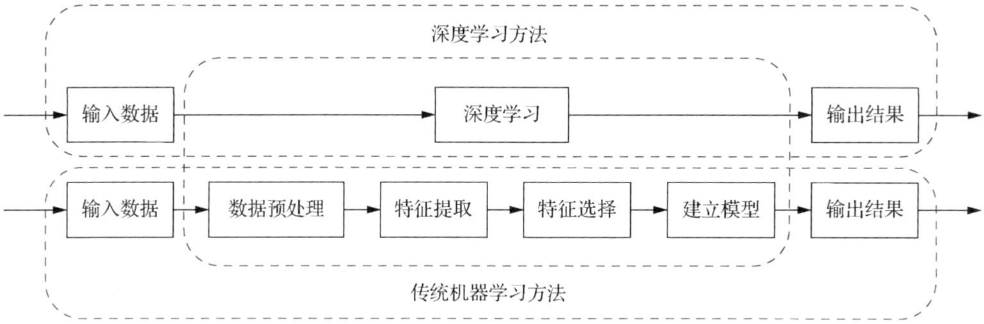

图 4-1　深度学习方法与传统机器学习方法的对比

4.1.2　人工智能与机器学习和深度学习的关系

人工智能与机器学习和深度学习的关系如图 4-2 所示。人工智能是最早出现的，其外延也是最广的；机器学习是人工智能的子集，而深度学习又是机器学习的子集，即人工智能⊃机器学习⊃深度学习。

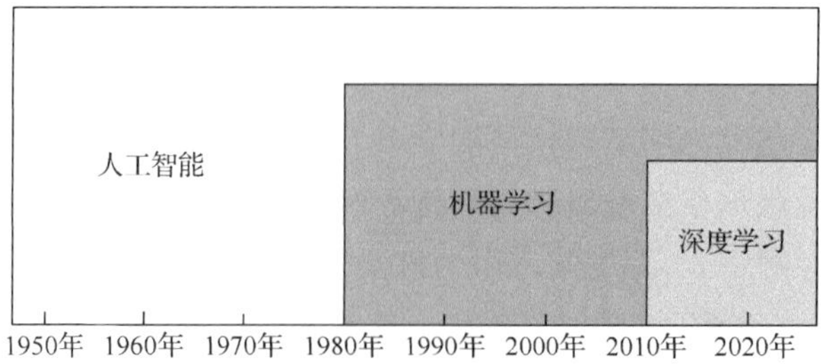

图 4-2　人工智能与机器学习和深度学习的关系

根据中国科学技术信息研究所的《人工智能研究进展分析报告（2017—2020）》，得到以下启示。

（1）机器学习和深度学习是近几年人工智能的核心研究领域，其词频相对于其他关键词来说高很多。

（2）人工智能算法研究：围绕着算法优化、分类、特征选择进行的相关研究，如遗传算法、随机森林、支持向量机、深度神经网络等。

（3）人工智能的应用：一些其他应用领域的关键词，如脑电图（EEG）、电动汽车、机器人、FPGA、目标跟踪、人工交互等，侧面反映出人工智能在这些领域的应用也是近几年的研究热点。

4.1.3　机器学习的方法

1. 线性模型

给定由 d 个属性描述的示例 $x=(x_1;x_2;\cdots;x_d)$，其中 x_i 是 x 在第 i 个属性上的取值，线性模型（Linear Model）试图学得一个通过属性的线性组合来进行预测的函数，即

$$f(x)=\omega_1 x_1+\omega_2 x_2+\cdots+\omega_d x_d+b \tag{4-1}$$

用一般用向量形式写为

$$f(x)=\boldsymbol{\omega}^{\mathrm{T}}\boldsymbol{x}+b \tag{4-2}$$

式中，$\boldsymbol{\omega}=(\omega_1;\omega_2;\cdots;\omega_d)$，$\boldsymbol{\omega}$ 和 b 学得后，模型就得以确定。

线性模型形式简单、易于建模，但却蕴含着机器学习中一些重要的基本思想。许多功能更为强大的非线性模型（Nonlinear Model）可在线性模型的基础上通过引入层级结构或高维映射而得到。此外，由于 ω 直观地表达了各属性在预测中的重要性，因此线性模型有很好的可解释性（Comprehensibility）。

2. 决策树

决策树（Decision Tree）是一类常见的机器学习方法。它是基于树结构来进行决策的，这正是人类在面临决策问题时一种很自然的处理机制。一般地，一棵决策树包含一个根结点、若干个内部结点和若干个叶结点；叶结点对应于决策结果，其他每个结点则对应于一个属性测试；每个结点包含的样本集合根据属性测试的结果被划分到子结点中；根结点包含样本全集，从根结点到每个叶结点的路径对应了一个判定测试序列。决策树学习的目的是产生一棵泛化能力强，即处理未见示例能力强的决策树，其基本流程遵循简单且直观的“分而治之”（Divide-and-Conquer）策略，如图 4-3 所示。

输入: 训练集 $D=\{(x_1,y_1),(x_2,y_2),\cdots,(x_m,y_m)\}$;
属性集 $A=\{a_1,a_2,\cdots,a_d\}$.
过程: 函数 TreeGenerate(D, A)

```
生成结点 node;
if D 中样本全属于同一类别 C  then
    将 node 标记为 C 类叶结点; return
end if
if A = ∅  OR D 中样本在 A 上取值相同 then
    将 node 标记为叶结点, 其类别标记为 D 中样本数最多的类; return
end if
从 A 中选择最优划分属性 a_*;
for a_* 的每一个值 a_*^v do
    为 node 生成一个分支; 令 D_v 表示 D 中在 a_* 上取值为 a_*^v 的样本子集;
    if D_v 为空 then
        将分支结点标记为叶结点, 其类别标记为 D 中样本数最多的类; return
    else
        以 TreeGenerate(D_v, A \ {a_*})为分支结点
    end if
end for
```

输出: 以 node 为根结点的一棵决策树

图 4-3　决策树基本算法伪代码

3. 支持向量机

给定训练样本集 $D=\{(x_1,y_1),(x_2,y_2),\cdots,(x_m,y_m)\}$，$y_i\in\{-1,+1\}$，分类学习最基本的想法就是基于训练样本集 D 在样本空间中找到一个划分超平面，将不同类别的样本分开。

在样本空间中，划分超平面可通过如下线性方程来描述：

$$\boldsymbol{\omega}^{\mathrm{T}}\boldsymbol{x}+b=0 \tag{4-3}$$

式中，$\boldsymbol{\omega}=(\omega_1;\omega_2;\cdots;\omega_d)$ 为法向量，决定了超平面的方向；b 为位移项，决定了超平面与原点之间的距离。显然，划分超平面可被法向量 $\boldsymbol{\omega}$ 和位移 b 确定，下面我们将其记为（$\boldsymbol{\omega},b$）。样

本空间中任意点 x 到超平面（$\boldsymbol{\omega}, b$）的距离可写为

$$r=\frac{\left|\boldsymbol{\omega}^{\mathrm{T}}\boldsymbol{x}+b\right|}{\|\boldsymbol{\omega}\|} \tag{4-4}$$

假设超平面（$\boldsymbol{\omega}, b$）能将训练样本正确分类，即对于$(x_i, y_i)\in D$，若 $y_i=+1$，则有 $\boldsymbol{\omega}^{\mathrm{T}}x_i+b>0$；若 $y_i=-1$，则有 $\boldsymbol{\omega}^{\mathrm{T}}x_i+b<0$。令

$$\begin{cases}\boldsymbol{\omega}^{\mathrm{T}}x_i+b\geqslant +1, & (y_i=+1)\\ \boldsymbol{\omega}^{\mathrm{T}}x_i+b\leqslant -1, & (y_i=-1)\end{cases} \tag{4-5}$$

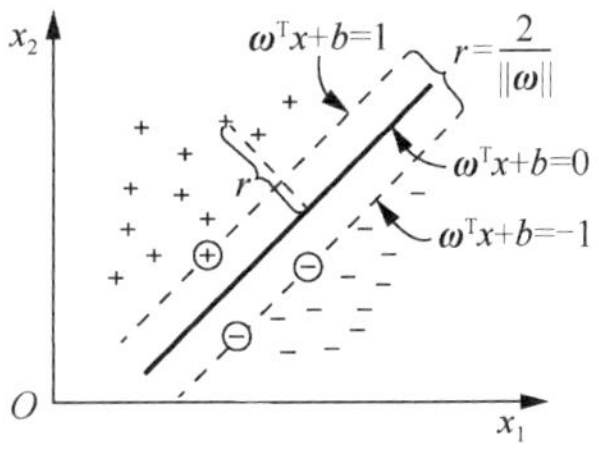

图 4-4　支持向量与间隔

如图 4-4 所示，距离超平面最近的几个训练样本点使式（4-5）的等号成立，它们被称为“支持向量”（Support Vector），两个异类支持向量到超平面的距离之和为

$$\gamma=\frac{2}{\|\boldsymbol{\omega}\|} \tag{4-6}$$

它被称为“间隔”（Margin）。

欲找到具有“最大间隔”（Maximum Margin）的划分超平面，也就是要找到能满足式（4-5）中约束的参数 $\boldsymbol{\omega}$ 和 b，使得 γ 最大，即

$$\begin{aligned}&\max_{\boldsymbol{\omega},b}\frac{2}{\|\boldsymbol{\omega}\|}\\ &\text{s.t.}\,y_i\left(\boldsymbol{\omega}^{\mathrm{T}}x_i+b\right)\geqslant 1,\quad (i=1,2,\cdots,m)\end{aligned} \tag{4-7}$$

显然，为了最大化间隔，仅需最大化$\|\boldsymbol{\omega}\|^{-1}$，这等价于最小化$\|\boldsymbol{\omega}\|^{2}$。于是，式（4-7）可重写为

$$\begin{aligned}&\min_{\boldsymbol{\omega},b}\frac{1}{2}\|\boldsymbol{\omega}\|^{2}\\ &\text{s.t.}\,y_i\left(\boldsymbol{\omega}^{\mathrm{T}}x_i+b\right)\geqslant 1,\quad (i=1,2,\cdots,m)\end{aligned} \tag{4-8}$$

这就是支持向量机（Support Vector Machine，SVM）的基本型。

4. 贝叶斯分类器

贝叶斯决策论（Bayesian Decision Theory）是概率框架下实施决策的基本方法，假设有 N 种可能的类别标记，即 $Y=\{c_1,c_2,\cdots,c_N\}$，λ_{ij} 是将一个真实标记为 c_j 的样本误分类为 c_i 所产生的损失，基于后验概率 $P\left(c_i\mid x\right)$ 可获得将样本 x 分类为 c_i 所产生的期望损失（Expected Loss），即在样本 x 上的“条件风险”（Conditional Risk）为

$$R\left(c_i|x\right)=\sum_{j=1}^{N}\lambda_{ij}P\left(c_j|x\right) \tag{4-9}$$

任务是寻找一个判定准则 h：$X\rightarrow Y$ 以最小化总体风险为

$$R\left(h\right)=E_x\left[R\left(h\left(x\right)|x\right)\right] \tag{4-10}$$

显然，对每个样本 x，若 h 能最小化条件风险 $R\left(h\left(x\right)|x\right)$，则总体风险 $R\left(h\right)$ 也将被最小化。这就产生了贝叶斯判定准则（Bayesian Decision Rule）：为了最小化总体风险，只需在每个样

本上选择那个能使条件风险 $R(c|x)$ 最小的类别标记，即

$$h^*(x) = \underset{c \in Y}{\arg\min} R(c \mid x) \tag{4-11}$$

此时，h^* 称为贝叶斯最优分类器（Bayesian Optimal Classifier），与之对应的总体风险 $R(h^*)$ 称为贝叶斯风险（Bayes Risk）。$1-R(h^*)$ 反映了分类器所能达到的最好性能，即通过机器学习所能产生的模型精度的理论上限。

4.2　深度学习模型

常见的深度学习模型有堆栈式自动编码器、深度置信网络、深度递归神经网络、深度强化学习、卷积神经网络等。

4.2.1　堆栈式自动编码器

堆栈式自动编码器是没有配分函数的模型，最初是用于降低变量维度。对于单隐含层稀疏自动编码器，设有显（输入）层单元 x，隐含层单元 h，重构（输出）层单元 $\hat{x}$，显层与隐含层权重矩阵 $\boldsymbol{W}^{(1)}$，隐含层与重构层权重矩阵 $\boldsymbol{W}^{(2)}$，隐含层内偏置向量为 $\boldsymbol{b}^{(1)}$，重构层内偏置向量为 $\boldsymbol{b}^{(2)}$，并且 $\boldsymbol{W}^{(2)}=(\boldsymbol{W}^{(1)})^{\mathrm{T}}$，则隐含层函数 h 与输出 $\hat{x}$ 计算如下：

$$h_j = \sigma\left(\sum_i W_{ji}^{(1)} x_i + b_j^{(1)}\right) \tag{4-12}$$

$$\hat{x}_i = \sigma\left(\sum_j W_{ij}^{(2)} h_j + b_i^{(2)}\right) \tag{4-13}$$

式中，$\sigma(\cdot)$ 是激活函数。

代价函数的表达式为

$$J(\theta) = \frac{1}{2N}\sum_{n=1}^{N}\sum_i\left[x_i^{(n)} - \hat{x}_i^{(n)}\right]^2 + \frac{\lambda}{2}\sum_l\sum_i\sum_j\left[W_{ij}^{(l)}\right]^2 + \beta\sum_l\sum_j \mathrm{KL}\left(\rho p_j^l\right) \tag{4-14}$$

式中，p_j^l 是层内神经单元 j 在层 l 的实际平均激活度；ρ 是期望平均激活度；N 是训练样本数量；KL 是 Kullback-Leibler 散度，其定义为

$$\mathrm{KL}\left(\rho p_j^l\right) = \rho\log\frac{\rho}{p_j^l} + (1-\rho)\log\frac{1-\rho}{1-p_j^l} \tag{4-15}$$

代价函数包含均方误差、权重衰减和稀疏惩罚项，目标是实现重构误差最小、权重矩阵趋近于零和超参数 ρ 激活神经单元。

堆叠扩展稀疏自动编码器形成的堆栈式自动编码器，是由多个自动编码器组成的深度神经网络，由 2 个自动编码器组成的网络结构如图 4-5 所示，设 $W^{(k,1)}$，$W^{(k,2)}$，$b^{(k,1)}$，$b^{(k,2)}$ 是第 k 个编码器的权重与偏置参数，堆栈式自动编码器的编码是按照前向顺序依次对每一层编码，计算公式如下：

$$\boldsymbol{a}^{(l)} = f\left(z^{(l)}\right) \tag{4-16}$$

$$z^{(l+1)} = W^{(l,1)}\boldsymbol{a}^{(l)} + b^{(l,1)} \tag{4-17}$$

其解码是按照相反顺序依次对每一层解码，计算公式如下：

$$a^{(n+l)} = f\left(z^{(n+l)}\right) \tag{4-18}$$

$$z^{(n+l+1)} = W^{(n-l,2)} a^{(n+l)} + b^{(n-l,2)} \tag{4-19}$$

式中，n 为堆栈式自动编码器层数；$\boldsymbol{a}^{(n)}$是最深隐含层单元的激活值，该向量是输入数据的更高阶特征表示。

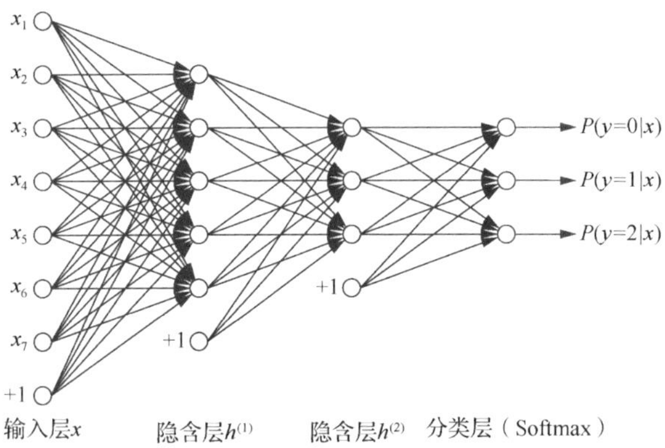

图 4-5　堆栈式自动编码器结构

堆栈式自动编码器对每个编码器的参数采用逐层贪婪算法训练，首先用原始输入数据训练第 1 层，获得参数 $W^{(1,1)}$, $W^{(1,2)}$, $b^{(1,1)}$, $b^{(1,2)}$，该层将原始输入数据转变为由隐含层单元激活值组成的向量（设为 $\boldsymbol{A}$）；然后 $\boldsymbol{A}$ 向量作为第 2 层的输入，继续训练得到第 2 层的参数 $W^{(2,1)}$, $W^{(2,2)}$, $b^{(2,1)}$, $b^{(2,2)}$；最后，对后面的各层采用同样的策略，即将前一层的输出作为下一层的输入依次训练。

逐层贪婪算法在训练每一层的参数时，其他层的参数保持不变，在所有层都训练完后，为得到更好的结果，需要通过反向传播算法微调所有层的参数，其将网络的所有层看作一个模型，常用方法是舍弃解码层，将最深隐含层的输出 $a^{(n)}$输入分类器（Softmax）分类，分类误差的梯度将反向传播给编码层。

堆栈式自动编码器具有深度神经网络表征能力强大的特点，能更好地表示输入数据的特征，如第 1 层学习得到输入数据的一阶特征，第 2 层学习得到对应一阶特征的二阶特征，更高层次学习得到包含前面特征模式的更高阶特征。

4.2.2　深度置信网络

深度置信网络由多个受限玻尔兹曼机（Restricted Boltzmann Machine，RBM）堆叠组成，受限玻尔兹曼机是一个概率模型，每个受限玻尔兹曼机由输入层和隐含层构成，每层（输入层或隐含层）中结点之间没有连接（受限），数据通过 Sigmoid 激活函数从输入层传输到隐含层，设输入层与隐含层之间的权重矩阵为 $\boldsymbol{W} = w_{i,j}$，输入层单元 v_i（二元状态）的偏置为 a_i，隐含层单元 h_j（二元状态）的偏置为 b_j，则能量函数定义为

$$E(v,h) = -\sum_i a_i v_i - \sum_j b_j h_j - \sum_i \sum_j v_i w_{i,j} h_j \tag{4-20}$$

其矩阵形式为

$$\boldsymbol{E}(v,h) = -\boldsymbol{a}^{\mathrm{T}} v - \boldsymbol{b}^{\mathrm{T}} h - v\boldsymbol{W}\boldsymbol{h}^{\mathrm{T}} \tag{4-21}$$

每对输入层和隐含层之间的联合概率分布为

$$P(v,h) = \frac{1}{Z} \mathrm{e}^{-E(v,h)} \tag{4-22}$$

式中，Z 为配分函数，是网络中所有输入层和隐含层对之间能量之和，其计算公式为

$$Z = \sum_{v,h} \mathrm{e}^{-E(v,h)} \tag{4-23}$$

输入层和隐含层的边缘分布分别为

$$P(v)=\frac{1}{Z}\sum_{h}\mathrm{e}^{-E(v,h)} \tag{4-24}$$

$$P(h)=\frac{1}{Z}\sum_{v}\mathrm{e}^{-E(v,h)} \tag{4-25}$$

受限玻尔兹曼机层内没有连接，输入层（隐含层）是否激活，在隐含层（输入层）结点取值的情况下是条件独立的，输入层（隐含层）对于隐含层（输入层）的条件概率分别为

$$P(v|h)=\frac{P(v,h)}{P(v)}=\prod_{i=1}^{m}P(v_i|h) \tag{4-26}$$

$$P(h|v)=\frac{P(v,h)}{P(h)}=\prod_{j=1}^{n}P(h_j|v) \tag{4-27}$$

其中，单个结点的激活概率为

$$P(v_i=1|h)=\sigma\left(a_i+\sum_{j=1}^{n}w_{i,j}h_j\right) \tag{4-28}$$

$$P(h_j=1|v)=\sigma\left(b_j+\sum_{i=1}^{m}w_{i,j}v_i\right) \tag{4-29}$$

式中，σ 为激活函数，通常 $\sigma=1/(1+\mathrm{e}^{-x})$。

深度置信网络结构如图 4-6 所示，其包含 3 个堆叠的受限玻尔兹曼机（RBM），如第 1 层（输入层）和第 2 层（隐含层 1）组成第 1 个受限玻尔兹曼机（RBM1），其他依次类推。

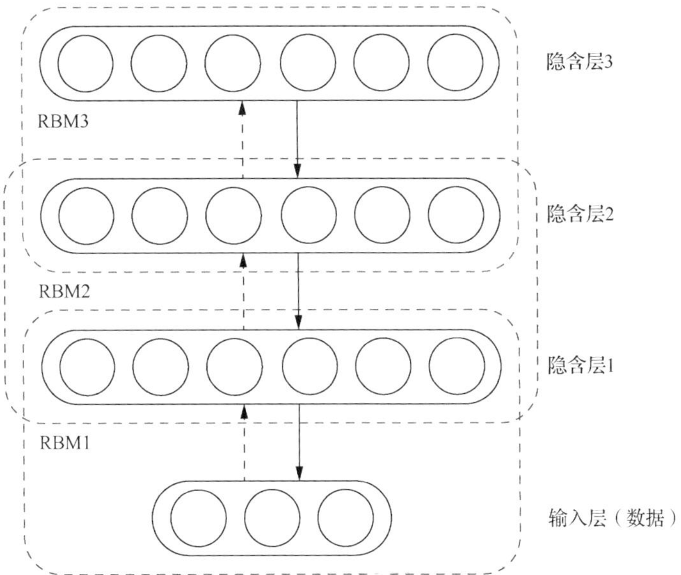

图 4-6　深度置信网络结构

4.2.3　深度递归神经网络

深度递归神经网络用于处理序列数据，是基于时间与网络结构深度的递归神经网络，常用于手写识别、语音识别、语言翻译等领域。

设一个输入序列 $x=[x_1,x_2,\cdots,x_T]$，隐含层向量 $\boldsymbol{h}=[h_1,h_2,\cdots,h_T]$，输出层向量 $\boldsymbol{y}=[y_1,y_2,\cdots,y_T]$，传统的递归神经网络通过以下计算公式迭代获得 h 和 y:

$$h_t = H\left(\boldsymbol{W}_{xh}x_t + \boldsymbol{W}_{hh}x_{t-1} + \boldsymbol{b}_h\right) \tag{4-30}$$

$$y_t = \boldsymbol{W}_{hy}h_t + \boldsymbol{b}_y \tag{4-31}$$

式中，$\boldsymbol{W}$ 是权重矩阵（如 $\boldsymbol{W}_{xh}$ 是输入层-隐含层的权重矩阵）；$\boldsymbol{b}$ 是偏置向量（如 $\boldsymbol{b}_h$ 是隐含层偏置向量）；H 是隐含层函数（通常是 Sigmoid 激活函数）。

深度递归神经网络通过互相堆叠多个递归神经网络隐含层而创建，上一层的输出序列是下一层的输入序列，设 N 个隐含层函数 H 都相同，网络根据 n 从 1 到 N 迭代，t 从 1 到 T 迭代，隐含层向量序列 h^n 计算如下：

$$h_t^n = H\left(\boldsymbol{W}_{h^{n-1}h^n}h_t^{n-1} + \boldsymbol{W}_{h^n h^n}h_{t-1}^n + \boldsymbol{b}_h^n\right) \tag{4-32}$$

设 $\boldsymbol{h}^0=x$，则网络输出 y_t 为

$$y_t = \boldsymbol{W}_{h^N y}h_t^N + \boldsymbol{b}_y \tag{4-33}$$

多个双向递归神经网络堆叠构建深度双向递归神经网络（Deep Bidirectional Recurrent Neural Network，DBRNN），并确保每个隐含层都能接收到上一隐含层的正向与反向输出序列，其具有 3 个隐含层的网络结构如图 4-7 所示，正向隐含层序列 $\vec{h}^n$、反向隐含层序列 $\overleftarrow{h}^n$ 与网络输出 y_t 计算如下：

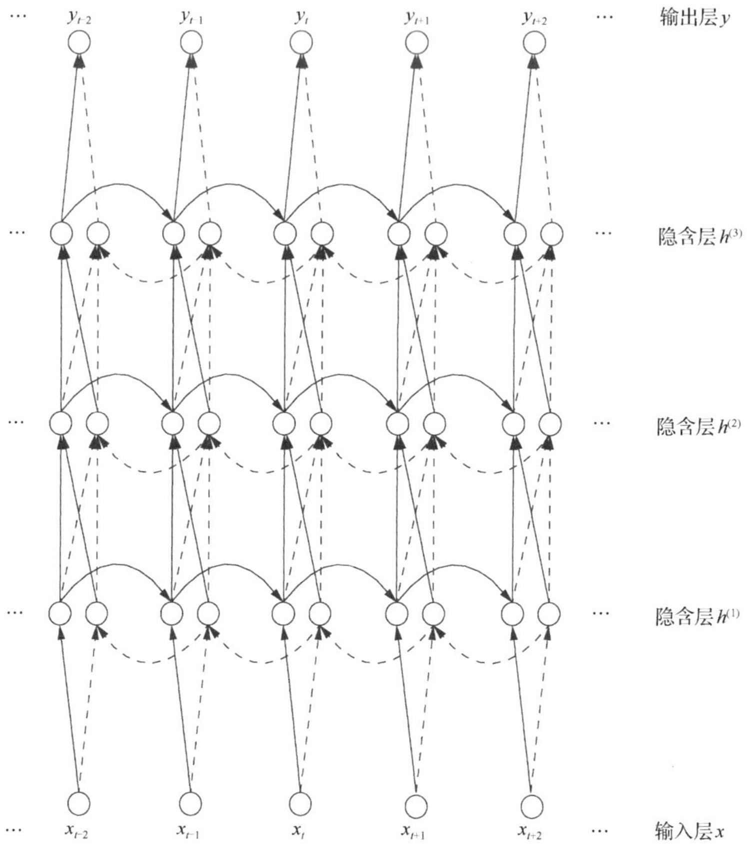

图 4-7　深度双向递归神经网络结构

$$\vec{h}_t^n = H\left(\boldsymbol{W}_{\vec{h}^{n-1}\vec{h}^n}\vec{h}_t^{n-1} + \boldsymbol{W}_{\vec{h}^n\vec{h}^n}\vec{h}_{t-1}^n + \boldsymbol{b}_{\vec{h}}^n\right) \tag{4-34}$$

$$\overleftarrow{h}_t^n = H\left(\boldsymbol{W}_{\overleftarrow{h}^{n+1}\overleftarrow{h}^n}\overleftarrow{h}_t^{n+1} + \boldsymbol{W}_{\overleftarrow{h}^n\overleftarrow{h}^n}\overleftarrow{h}_{t+1}^n + \overleftarrow{\boldsymbol{b}}_h^n\right) \tag{4-35}$$

$$y_t = \boldsymbol{W}_{\vec{h}^N y}\vec{h}_t^N + \boldsymbol{W}_{\overleftarrow{h}^N y}\overleftarrow{h}_t^N + \boldsymbol{b}_y \tag{4-36}$$

深度递归神经网络还有很多变体，如双向长短期记忆递归神经网络堆叠，可以构建深度双向长短期记忆（Deep Bidirectional Long Short-Term Memory，DBLSTM）递归神经网络。

4.2.4 深度强化学习

深度强化学习将深度学习和强化学习（Reinforcement Learning，RL）结合，实现从感知到动作再到反馈的端对端学习。例如，在人工智能领域，智能体（Agent）表示某环境（Environment）中具备行为能力的物体，强化学习解决的就是智能体和周围环境交互的问题。如图 4-8 所示，智能体与环境的交互包含观察到的环境状态（State），智能体对环境执行的动作（Action），环境对智能体动作的回报（Reward）。设交互时间步长为 t；环境任务是发出状态 s_t、接收动作 a_t 和发出回报 r_t；智能体任务是感知状态 s_t、执行动作 a_t 和接收回报 r_t；设动作为实值，即 $a_t \in \mathrm{IR}^N$，整个交互过程的状态和动作序列为$(s_1, a_1, s_2, a_2, \cdots, s_t, a_t)$，智能体行为定义为策略 π，其映射状态为动作的概率分布：$S \to P(A)$，环境为 E，以状态空间 S、动作空间 A、初始状态概率分布 $p(s_1)$、转移概率 $p(s_{t+1|}\, s_t, a_t)$ 和回报函数 $r(s_t, a_t)$ 建立马尔可夫决策过程（Markov Decision Process，MDP）模型。

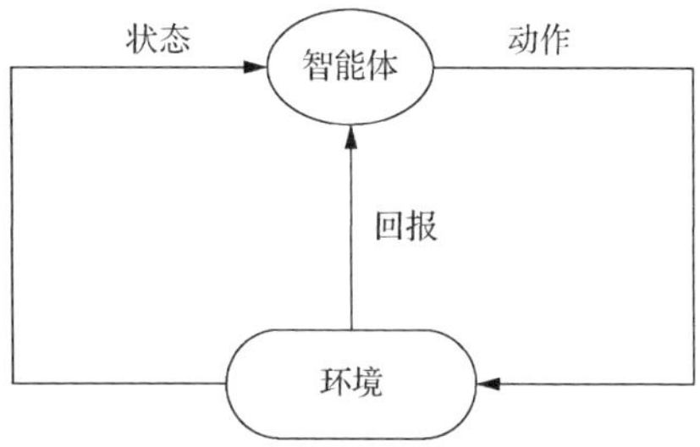

图 4-8　智能体与环境的交互

感知一个状态并执行动作，返回的回报定义为

$$R_t = \sum_{i=1}^{T} \gamma^{(i-t)} r(s_i, a_i) \tag{4-37}$$

式中，γ 为折扣因子，$\gamma \in [0, 1]$。

强化学习的目标是根据序列样本学习策略，以极大化期望的回报，定义初始概率分布为

$$J = \boldsymbol{E}_{r_i, s_i \sim E, a_i \sim \pi}\left[R_1\right] \tag{4-38}$$

在状态 s_t 和相应策略 π 时，用动作价值函数描述期望的回报，计算公式为

$$Q^{\pi}(s_t, a_t) = \boldsymbol{E}_{r_{i \geqslant t}, s_{i>t} \sim E, a_{i>t} \sim \pi}\left[R_t \mid s_t, a_t\right] \tag{4-39}$$

在强化学习中利用递归关系作为贝尔曼等式：

$$Q^{\pi}(s_t, a_t) = \boldsymbol{E}_{r_t, s_{t+1} \sim E}\left[r(s_t, a_t) + \gamma \boldsymbol{E}_{a_{t+1} \sim \pi}\left[Q^{\pi}(s_{t+1}, a_{t+1})\right]\right] \tag{4-40}$$

若目标策略是确定的，其作为一个函数 μ，则有等式：

$$Q^{\mu}(s_t, a_t) = \boldsymbol{E}_{r_t, s_{t+1} \sim E}\left[r(s_t, a_t) + \gamma Q^{\mu}(s_{t+1}, \mu(s_{t+1}))\right] \tag{4-41}$$

期望仅依赖于环境，用 Q 学习（Q-learning）算法完成学习策略，深度 Q 学习网络（Deep Q-learning Network，DQN）结构如图 4-9 所示，每一对状态和动作向量作为深度网络的输入，设贪婪策略 $\mu(s) = \mathrm{argmax}_a Q(s, a)$，最小化损耗优化策略为

$$L\left(\theta^{Q}\right)=\boldsymbol{E}_{s_t\sim\rho^{\beta},a_t\sim\beta,r_t\sim E}\left[\left(Q\left(s_t,a_t\mid\theta^{Q}\right)-y_t\right)^2\right] \tag{4-42}$$

式中，θ^Q 为函数近似值参数；y_t 为

$$y_t=r\left(s_t,a_t\right)+\gamma Q\left(s_{t+1},\mu s_{t+1}\mid\theta^{Q}\right) \tag{4-43}$$

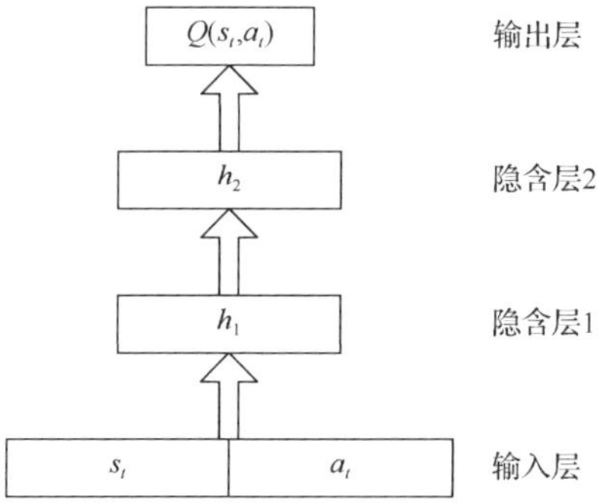

图 4-9　深度 Q 学习网络结构

由于在每个时间步长 t，连续动作空间的贪婪策略需要优化动作 a_t，因此，Q 学习不能直接用于连续动作空间，贪婪策略对无约束近似值和重要的动作空间优化时非常慢，Silver 等建议用基于执行器-评价器（Actor-Critic）方法的决定性策略梯度（Deterministic Policy Gradient，DPG）算法优化。

DPG 算法保持一个参数化的执行函数 $\mu(s\mid\theta^{\mu})$，其是将状态映射到特定动作的当前策略，评价函数 $Q(s,a)$ 用贝尔曼等式学习，设 J 为执行参数的初始概率，将链式法则应用于期望的回报，执行函数用以下计算公式更新：

$$\nabla_{\theta^{\mu}}J=\boldsymbol{E}_{s_t\sim\rho^{\beta}}\left[\nabla_a Q\left(s,a\mid\theta^{Q}\right)\Big|_{s=s_t,a=\mu(s_t)}\nabla_{\theta^{\mu}}\mu\left(s\mid\theta^{\mu}\right)\Big|_{s=s_t}\right] \tag{4-44}$$

4.2.5　卷积神经网络

卷积神经网络的应用比较成熟，尤其是在图像分类方面。Hube 和 Wiesel 在研究猫脑皮层中的神经元时，首先提出卷积神经网络的概念，它是一种前向神经网络。卷积神经网络由许多卷积层（Convolutional Layer）、池化层（Pooling Layer）和全连接层（Fully Connected Layer）组成，其结构如图 4-10 所示。

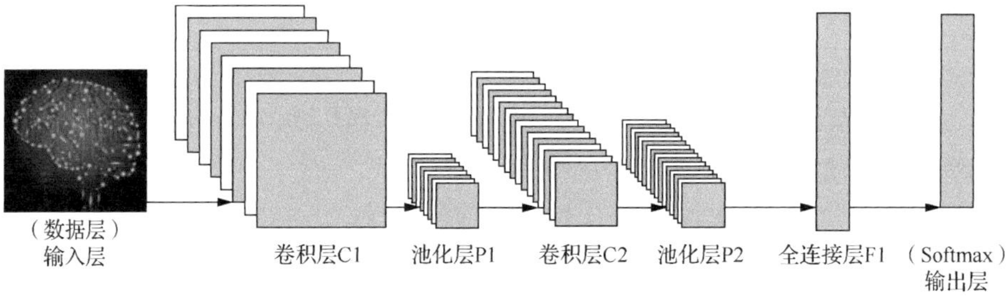

图 4-10　卷积神经网络结构

1. 卷积层

由于图片都具有固有属性，任意从较大尺寸图片学习到一些子块特征后，可以将学习到的特征作为探测器，应用在图片的任何部位，即学习到的特征子块与图片卷积，因此可以在图片的各个部位获得不同的特征激活值。在卷积层，上一层的特征映射与卷积核卷积，再通过激活函数得到输出的特征映射，每个输出映射可以是组合卷积多个输入映射的值，计算如下：

$$x_j^l = f\left(\sum_{i\in M_j} x_i^{l-1} k_{ij}^l + b_j^l\right) \tag{4-45}$$

式中，M_j 是输入特征映射的集合；l 是网络表示层；k 是尺寸为 $w\times h$ 的卷积核；f 是非线性激活函数（通常为双曲正切函数或 Sigmoid 函数），每个输出映射都会附加偏置 b。

2. 池化层

通过卷积提取到大量的特征，若将这些特征全部输入用于分类，容易导致过拟合。为了描述某个较大尺寸的图片，可以通过聚合不同部位的特征，例如，计算某个图片某个区域特征值的平均值或最大值，这个概要统计量的维度远远低于提取的原始特征值，而且能够提高分类结果（防止过拟合）。池化层即子采样层，分为上采样（Upsample）和下采样（Downsample），这里只讨论下采样，若有 N 个输入特征映射，就有 N 个输出特征映射，只是缩小了输出特征值的尺寸，计算公式如下：

$$x_j^l = f\left(\beta_j^l \text{downsample}\left(x_i^{l-1}\right) + b_j^l\right) \tag{4-46}$$

式中，downsample (·)是下采样函数；β 是输出特征映射的倍数偏置。

3. 全连接层

全连接层实现分类决策，此时不存在特征映射的空间顺序，变为一维特征向量，分类计算公式如下：

$$y = \text{softmax}\left(\boldsymbol{W}x + b\right) \tag{4-47}$$

式中，$\boldsymbol{W}$ 为权重矩阵；b 为偏置。

在典型的卷积神经网络中，最初几层是卷积层和池化层的相互交替，在最后靠近输出的几层是全连接的一维网络层（二维特征转换为一维特征向量），将所有输出的特征映射连接成长的输入向量，应用正向与反向传播算法训练网络。

正向传播中，关注方差损耗函数，对于 N 个训练样本分为 C 类的卷积神经网络，其方差为

$$E^N = \frac{1}{2}\sum_{n=1}^{N}\sum_{k=1}^{C}\left(t_k^n - y_k^n\right)^2 \tag{4-48}$$

式中，t_k^n 是训练样本中的标签值；y_k^n 是卷积神经网络的输出值。

整个训练样本集的误差是各个样本误差之和，若考虑单个样本，则第 n 个训练样本的误差为

$$E^N = \frac{1}{2}\sum_{k=1}^{C}\left(t_k^n - y_k^n\right)^2 = \frac{1}{2}\left\|t^n - y^n\right\|_2^2 \tag{4-49}$$

当前层的网络输出可以表示为

$$u^l = W^l x^{l-1} + b^l \tag{4-50}$$

反向传播中，误差向后传播，认为是相对于偏置的灵敏度，计算公式如下：

$$\delta = \frac{\partial E}{\partial b} = \frac{\partial E}{\partial u}\frac{\partial u}{\partial b} \tag{4-51}$$

由于 $\frac{\partial u}{\partial b} = 1$，则有

$$\frac{\partial E}{\partial b} = \frac{\partial E}{\partial u} \tag{4-52}$$

灵敏度（导数）从输出层向输入层往后传播，遵循以下递归关系：

$$\delta^{l} = \left(W^{l+1}\right)^{\mathrm{T}} \delta^{l+1} \bullet f'\left(u^{l}\right) \tag{4-53}$$

式中，“•”表示按元素相乘。

最后用 Delta 规则更新权重，误差对权重的偏导就是输入向量（上一层的输出向量）和灵敏度向量的外积，计算公式如下：

$$\frac{\partial E}{\partial W^{l}} = x^{l-1}\left(\delta^{l}\right)^{\mathrm{T}} \tag{4-54}$$

$$\Delta W^{l} = -\eta \frac{\partial E}{\partial W^{l}} \tag{4-55}$$

式中，η 是学习率。

4.3　深度学习的主要开发框架

目前主流的开源算法框架有 TensorFlow、Caffe/Caffe2、CNTK、MXNet、Paddle-Paddle、Torch/PyTorch、Theano、Neon 等，如表 4-1 所示。

表 4-1　深度学习主要开发框架

库名	发布者	支持语言	支持系统
TensorFlow	Google	Python/C++/Java/Go	Linux/mac OS/Android/i OS/Windows
Caffe	UC Berkeley	Python/C++/MATLAB	Linux/mac OS/Windows
CNTK	Microsoft	Python/C++/BrainScript	Linux/Windows
MXNet	DMLC（分布式机器学习社区）	Python/C++/MATLAB/Julia/Go/R/Scala	Linux/mac OS/Windows/Android/i OS
Torch	Facebook	C/Lua/Python	Linux/mac OS/Windows/Android/i OS
Theano	蒙特利尔大学	Python	Linux/mac OS/Windows
Neon	Intel	Python	Linux

1. TensorFlow

TensorFlow 的前身是 2011 年 Google Brain 内部孵化项目 DistBelief，这是一个为深度神经网络构建的机器学习系统。经过 Google 内部的锤炼后，在 2015 年 11 月 9 日，以 Apache License 2.0 的开源协议对外发布了 TensorFlow，并于 2017 年 2 月发布了 1.0.0 版本，这标志着 TensorFlow 稳定版的诞生。2018 年 9 月 TensorFlow 1.2 版本发布，将 Keras 融入 TensorFlow，作为 TensorFlow 的高级 API，这也标志着 TensorFlow 在面向数百万新用户开源的道路上迈出

重要的一步。2019 年 9 月正式发布 TensorFlow 2.0 版本，紧接着在 11 月，公布了 TensorFlow 2.1 的 RC 版本，不仅兼容之前的流行库，还引入了众多新库，使得 TensorFlow 的功能空前强大。

TensorFlow 的核心代码是用 C++编写的，方便在不同的平台上进行线上部署，并使得 CPU 和内存不充裕的移动设备（如平板计算机）得以运行复杂的模型。除此之外，还有官方的 Java、Go 和 Python 接口，通过 SWIG 实现。另外，TensorFlow 还提供 C/C++代码的其他语言接口，方便后续的开发。TensorFlow 特别优化了生产环境，它的设计和代码都是产品级的用以更好地在生产环境中使用。事实上，TensorFlow 已经广泛地应用于工业界，成为深度学习框架的事实标准。

2. Caffe/Caffe2

Caffe 是一个深度学习框架，最初开发于加利福尼亚大学伯克利分校。Caffe 在 BSD 许可下开源，使用 C++编写，带有 Python 接口，它是贾扬清在加利福尼亚大学伯克利分校攻读博士期间创建的项目。项目托管于 GitHub，拥有众多贡献者。Caffe 应用于学术研究项目、初创原型甚至视觉、语音和多媒体领域的大规模工业领域。雅虎还将 Caffe 与 Apache Spark 集成在一起，创建了一个分布式深度学习框架——CaffeOnSpark。2017 年 4 月，Facebook 发布 Caffe2，其加入了递归神经网络等新功能。2018 年 3 月底，Caffe2 并入 PyTorch。

Caffe 还具有以下特点。①模块性：Caffe 以模块化原则设计，实现了对新的数据格式、网络层和损失函数轻松扩展；②表示和实现分离：Caffe 已经用谷歌的 Protocl Buffer 定义模型文件，使用特殊的文本文件 prototxt 表示网络结构，以有向非循环图形式构建网络；③Python 和 MATLAB 结合：Caffe 提供了 Python 和 MATLAB 接口，供使用者选择熟悉的语言调用部署算法应用；④GPU 加速：利用了 MKL、Open BLAS、cu BLAS 等计算库，利用 GPU 实现计算加速。

3. CNTK

CNTK（Computational Network Toolkit）是微软研究院（MSR）开源的深度学习框架。它最早由 *start the deep learning craze* 的演讲人创建，目前已经发展成一个通用的、跨平台的深度学习系统，在语音识别领域的使用尤其广泛。CNTK 通过一个有向图将神经网络描述为一系列的运算操作，这个有向图中的子结点代表输入或网络参数，其他结点代表各种矩阵运算。CNTK 支持各种前馈网络，包括 MLP、CNN、RNN、LSTM、Sequence-to-Sequence 模型等，也支持自动求解梯度；有丰富的细粒度的神经网络组件，使得用户不需要写底层的 C++或 CUDA，就能通过组合这些组件设计新的、复杂的 Layer；拥有产品级的代码质量，支持多机、多 GPU 的分布式训练。

CNTK 设计是性能导向的，它在 CPU、单 GPU、多 GPU，以及 GPU 集群上都有非常优异的表现。同时微软推出的 1-bit compression 技术大大降低了通信代价，使大规模并行训练拥有了很高的效率。CNTK 同时宣称拥有很高的灵活度，它和 Caffe 一样通过配置文件定义网络结构，再通过命令行程序执行训练，支持构建任意的计算图，支持 AdaGrad、RmsProp 等优化方法。它的另一个重要特性就是拓展性，CNTK 除了内置的大量运算核，还允许用户定义他们自己的计算结点，支持高度的定制化。CNTK 在 2016 年 9 月发布了对强化学习的支持，同时，除了通过写配置文件的方式定义网络结构，CNTK 还将支持其他语言的绑定，包括 Python、C++和 C#，这样用户就可以用编程的方式设计网络结构。CNTK 与 Caffe 一样也基于

C++并且跨平台，大部分情况下，它的部署非常简单。

4. MXNet

MXNet是DMLC（Distributed Machine Learning Community）开发的一款开源的、轻量级的、可移植的、灵活的深度学习库，它让用户可以混合使用符号编程模式和指令式编程模式来最大化效率和灵活性，目前已经是AWS官方推荐的深度学习框架。MXNet的核心是一个动态的依赖调度器，支持自动将计算任务并行化到多个GPU或分布式集群（支持AWS、Azure、Yarn等）。

MXNet上层的计算图优化算法可以让符号计算执行得非常快，而且节约内存，开启mirror模式会更加省内存，甚至可以在某些小内存GPU上训练其他框架因显存不够而训练不了的深度学习模型，也可以在移动设备（Android、iOS）上运行基于深度学习的图像识别等任务。此外，MXNet的一个很大优点是支持非常多的语言封装，如C++、Python、R、Julia、Scala、Go、MATLAB和JavaScript等，非常全面，基本主流的脚本语言全部都支持。

5. Paddle-Paddle

飞桨（Paddle-Paddle）以百度多年的深度学习技术研究和业务应用为基础，集深度学习核心训练和推理框架、基础模型库、端到端开发套件、丰富的工具组件于一体，是中国首个自主研发、功能丰富、开源开放的产业级深度学习平台。

Paddle-Paddle具有的特征包括以下方面。①开发便捷的深度学习框架：飞桨深度学习框架基于编程一致的深度学习计算抽象以及对应的前后端设计，拥有易学、易用的前端编程界面和统一高效的内部核心架构，对普通开发者而言更容易上手并具备领先的训练性能；②超大规模深度学习模型训练技术：飞桨突破了超大规模深度学习模型训练技术，率先实现了千亿稀疏特征、万亿参数、数百结点并行训练的能力，解决了超大规模深度学习模型的在线学习和部署难题；③多端多平台部署的高性能推理引擎：飞桨对推理部署提供全方位支持，可以将模型便捷地部署到云端、边缘端和设备端等不同平台上，结合训推一体的优势，使开发者拥有一次训练、随处部署的体验；④产业级开源模型库：飞桨建设了大规模的官方模型库，算法总数达到500多个，包含经过产业实践长期打磨的主流模型以及在国际竞赛中的夺冠模型；提供面向语义理解、图像分类、目标检测、图像分割、文字识别（OCR）、语音合成等场景的多个端到端开发套件，满足企业低成本开发和快速集成的需求，助力快速的产业应用。

6. Torch/PyTorch

Torch是一个基于LuaJIT的包含大量机器学习算法的科学计算库，对异构计算有良好的支持。Facebook开源了Torch深度学习的组件之后得到广泛的应用。Torch的初衷是简化数值计算算法的设计过程。Torch包含了大量应用计算、信号处理、计算机仿真、机器学习、计算机视觉和并行计算的库。Torch的nn库支持神经网络、自编码器、线性回归、卷积网络、循环神经网络等，同时支持定制的损失函数及梯度计算。Torch由于使用了LuaJIT，因此用户在Lua中做数据预处理等操作可以随意使用循环等操作，而不必像在Python中那样担心性能问题，也不需要学习Python中各种加速运算的库。

2017年1月，Facebook人工智能研究院（FAIR）基于Torch推出了PyTorch，并于2018年5月正式公布PyTorch 1.0版本，这个新的框架将PyTorch 0.4与贾扬清的Caffe2合并，并整合ONNX格式，使开发者可以无缝地将AI模型从研究转到生产，而无须处理迁移。PyTorch

更新增加了很多新特性，包括无缝移动设备部署、量化模型以加速推断、前端改进（如对张量进行命名和创建更干净的代码）等，PyTorch 官方同时还开源了很多新工具和库，使得 PyTorch 的众多功能向 TensorFlow 趋同，同时保有自身原有特性，竞争力得到极大增强。

7. Theano

Theano 诞生于 2008 年，由蒙特利尔大学 Lisa Lab 团队开发并维护，是一个高性能的符号计算及深度学习库。因其出现时间早，可以算是这类库的始祖之一，所以一度被认为是深度学习研究和应用的重要标准之一。Theano 的核心是一个数学表达式的编译器，专门为处理大规模神经网络训练的计算而设计。它可以将用户定义的各种计算编译为高效的底层代码，并链接各种可以加速的库，如 BLAS、CUDA 等。Theano 允许用户定义、优化和评估包含多维数组的数学表达式，它支持将计算装载到 GPU（Theano 在 GPU 上的性能优良，但是在 CPU 上较差）。与 Scikit-learn 一样，Theano 也很好地整合了 NumPy，对 GPU 的透明让 Theano 可以较为方便地进行神经网络设计，而不必直接写 CUDA 代码。

Theano 的主要优势包括：①集成 NumPy，可以直接使用 NumPy 的 ndarray，API 学习成本低；②计算稳定性好，如可以精准地计算输出值很小的函数（如 $\log(1+x)$）；③动态地生成 C 或者 CUDA 代码，用以编译成高效的机器代码。

8. Neon

Neon 是英特尔的参考深度学习框架，致力于在所有硬件上实现最佳性能，专为易用性和可扩展性而设计。Neon 的优点有以下方面。①支持常用层：卷积、RNN、LSTM、GRU、批处理规范等；②模型库包含用于最新模型的预训练权重和示例脚本，包括 VGG、强化学习、深度残差网络、图像字幕、情绪分析等；③可交换硬件后端：编写代码一次，然后部署在 CPU、GPU 或 Nervana 硬件上，但该项目已经不再由英特尔维护。

各类深度学习框架的教程与可利用的资源在质量和数量上有着显著的不同，如表 4-2 所示。Theano、TensorFlow 和 MXNet 有着很详尽的文档教程，很容易被初学者理解和实现。与此相比，虽然微软的 CNTK 和英特尔的 Nervana Neon 也是强大的工具，但却很少能见到有关它们的新手级资料。

表 4-2　深度学习框架比较

库名	学习材料丰富程度	CNN 建模能力	RNN 建模能力	易用程度	运行速度	多 GPU 支持程度
TensorFlow	★★★	★★★	★★	★★★	★★	★★
Caffe	★	★★	★	★	★	★
CNTK	★	★★★	★★★	★	★★	★
MXNet	★★	★★	★	★★	★★	★★★
Torch	★	★★★	★★	★★	★★★	★★
Theano	★★	★★	★★	★	★★	★★
Neon	★	★★	★	★	★★	★★

注：★多为优。

卷积神经网络（CNN）经常被用于图像识别、推荐引擎和自然语言识别等方向，Theano、Caffe 和 MXNet 都有很好的 CNN 建模能力。其中，TensorFlow 因为易于建立的 Inception V3 模型，Torch 因为其丰富的 CNN 资源——包括易于使用的时间卷积集，在 CNN 建模能力上脱颖而出。

循环神经网络（RNN）常用于语音识别、时间序列预测、图像字幕和其他需要处理顺序信息的任务。目前，Caffe 上的 RNN 资源最少，而微软的 CNTK 和 Torch 有丰富的 RNN 教程和预构建模型。

为在特定框架中构建和训练新模型，易于使用和模块化的前端是至关重要的。TensorFlow、Torch 和 MXNet 都有直观而模块化的架构，因此开发变得相对简单。

4.4 深度学习的应用

随着人工智能尤其是深度学习的蓬勃发展，其在各领域逐渐得到应用，如图像分类（工件识别）、机器视觉（如轴承圈识别定位与抓取）、语音处理（如特种车辆警笛识别）、智能交通（如车辆识别与测距）等方面。

4.4.1 图像分类与模式识别

工件识别是自动化生产线的一个基础环节，对后续工件的分拣或夹取是必不可少的，基于深度学习的目标识别算法则是目前主流的工件识别方法。基于深度学习算法的目标识别算法可以分为单目标识别算法和多目标识别算法，其中多目标识别算法不仅需要给出目标的类别，还要对目标的位置进行检测，因此也称为目标检测算法。在实际的工业生产中，一些生产线的工件在被识别之前就已经单独排列好了，对于这种情况，可以使用单目标识别算法进行工件识别；而对于工件在识别前没有被单独排列开的情况，如果仍然使用单目标识别算法来识别工件，那么当识别区域出现多个工件时便无法有效地识别，这时便需要用到多目标识别算法。基于深度学习的目标识别算法对设备的计算能力要求较高，如果能够减小算法模型，提高算法速度，那么在降低设备的成本支出的同时也能提高识别的效率，有利于提高经济效益。

1. 数据集制作

为了获取模型所需的工件图像，对螺栓、螺母、齿轮、轴承和扳手共五类工件进行随机的组合摆放。为了丰富图像的背景，提高模型的鲁棒性，增加了其他种类的工件作为图像背景的一部分，然后用相机进行拍摄，最终得到 2500 张图像，部分图像如图 4-11 所示。随机选取其中 2000 张用于模型的训练，剩余 500 张用于模型的测试。

得到的 2000 张用于训练的图像需要使用 LabelImg 进行标注，获得图像的 xml 文件，其内容为目标的类别以及目标边界框的坐标和大小。之后使用脚本程序将 2000 张训练图像以 8:1:1 的比例分成训练集、验证集和测试集，并将 xml 文件转变为模型需要的 txt 文件。

（a）齿轮×1，螺栓×2　（b）齿轮×1，螺母×1，轴承×2　（c）齿轮×1，螺栓×3，扳手×2

图 4-11　部分数据集图像

2. 应用环境与参数设置

搭建模型所使用的架构为 PyTorch。运行环境：计算机操作系统为 Windows10，CPU 为 Intel（R）Core（TM）i5-8300H，内存配置为 8G，GPU 型号为 NVIDIA GeForce GTX 1050Ti，GPU 内存为 4095MB，CUDA 版本为 10.2，Cudnn 版本为 8.3.2，Python 版本为 3.9.7，PyTorch 版本为 1.10.2，模型运行软件为 PyCharm。

所有模型的输入均为 640×640×3，并且训练参数的设置保持一致，权重使用各自官方的初始权重。如表 4-3 所示，训练次数 epoch 设为 25；由于显卡内存有限，批次数量 batch_size 设为 3；初始学习率 lr0 为 0.01；权值衰减系数 weight_decay 为 0.0005，权值衰减的目的是防止模型过拟合；动量 momentum 为 0.937，作用是加速梯度下降。

表 4-3　训练参数设置

参数名称	参数符号	参数值
训练次数	epoch	25
批次数量	batch_size	3
初始学习率	lr0	0.01
权值衰减系数	weight_decay	0.0005
动量	momentum	0.937

3. 模型优化与测试

深度学习模型 YOLOv5n 与 YOLOv3-tiny 都具有很高的识别准确率，而前者具有更小的模型和更快的速度。与 YOLOv3-tiny 相比，YOLOv5n 的速度优势主要来自于它的 Backbone，而 YOLOv5n 的 Neck 由于使用了两次上采样和两次下采样，速度其实是比 YOLOv3-tiny 只使用两次上采样的 Neck 要慢的。虽然只使用两次上采样的 YOLOv3-tiny 特征融合效果没有 YOLOv5n 的好，但是对工件识别这种背景比较单一的问题来说，只使用两次上采样对最终的检测准确度影响不大。因此最终的改进为：将 YOLOv5n 的 Neck 由两次上采样与两次下采样改为两次上采样，同时将模型的输入由原来的 640×640×3 改为 320×320×3，最后得到 my-YOLOv5n。

优化前的 YOLOv5n 有 1765930 个参数，优化后的 my-YOLOv5n 有 1269418 个参数，减少了约 28.12%。训练开始后，YOLOv5n 的平均精度比 my-YOLOv5n 的要高，在迭代次数达到约 4000 次后，两者基本保持稳定，最终都达到 99.5%，在损失函数值方面，YOLOv5n 从训练开始到结束都比 my-YOLOv5n 要高，可见在去掉了 Neck 中的下采样操作以及减小模型的 Input 后，模型收敛效果有一定折损，但是对最终的平均精度影响不大，两者比较如图 4-12 所示。

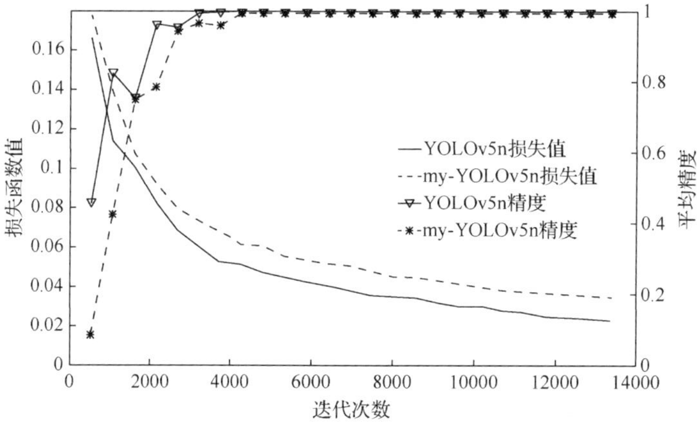

图 4-12　YOLOv5n 与 my-YOLOv5n 训练过程对比图

4. 结论

针对多工件识别的问题，基于 YOLOv5n 提出一种改进的工件检测模型，并对改进前后的模型进行对比试验。介绍了 One-stage 目标检测算法和目标检测算法的性能指标，针对多工件识别的问题，使用工件数据集对目前主流的目标检测算法进行训练。试验结果表明，YOLOv5n 在平均精度均值 mAP（mean Average Precision）达到 95.5%的情况下，仍然具有很快的运算速度。基于 YOLOv5n 提出一种优化的工件检测模型 my-YOLOv5n，并进行训练与检测，试验结果表明，my-YOLOv5n 检测的平均精确率达到 100%，平均召回率达到 99.81%，检测单个工件仅需 2.24ms，与 YOLOv5n 相比，训练时间减少了 43%，权重文件大小缩小了 30.8%，在精确率与召回率没有明显折损的情况下，检测时间缩短了 0.91ms，表现更好。

4.4.2　计算机视觉与机器视觉

基于 YOLOv5n 与双目线激光实现轴承圈识别定位与抓取，整个抓取平台由抓取系统、双目视觉系统、线激光投射系统、计算机系统等组成，如图 4-13 所示。基于双目立体视觉的轴承圈机器人抓取平台由 1 台六自由度机器人、2 个同型号的工业相机、夹具、计算机、伺服电机、线激光器等组成。2 个同型号的工业相机组成双目视觉系统负责环境信息采集，扮演着“眼睛”的角色；计算机处理“眼睛”采集到的信息，扮演着“大脑”的角色；机器人及夹具负责接收“大脑”的指令对轴承圈进行夹取操作，扮演着“手”的角色。

1. 抓取系统

抓取系统由 1 台六自由度的机器人和抓取轴承圈的夹具组成。机器人接收到计算机发送过来的轴承圈位姿信息，便移动到指定位置对轴承圈执行夹取操作。夹具采用气动的形式进行夹取。

（1）六自由度机器人。六自由度机器人采用国产伯朗特机器人，具体型号为 BRTIRUS1820A，此款机器人的最大负载为 20kg，臂展为 1850mm，重复定位精度达到±0.05mm，其运动范围如图 4-14 所示。作为本书讲解对象的轴承圈最大重量为 10kg，选用此款机器人满足使用需求。

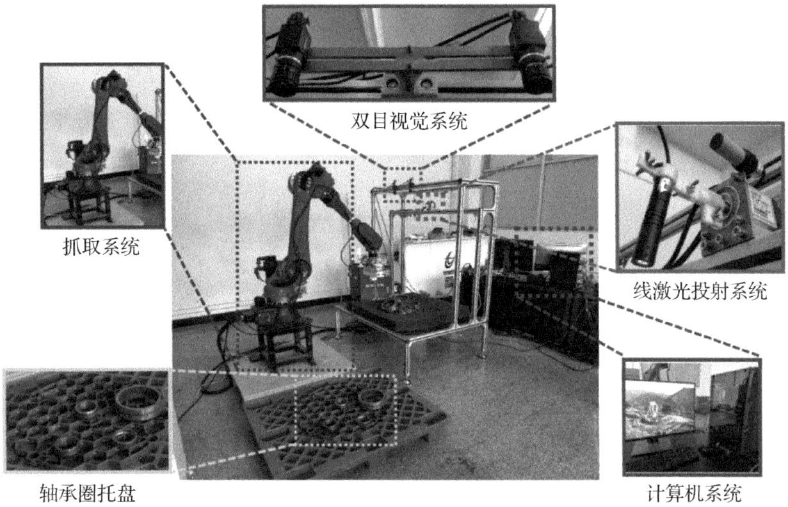

图 4-13　基于双目立体视觉的轴承圈机器人抓取平台

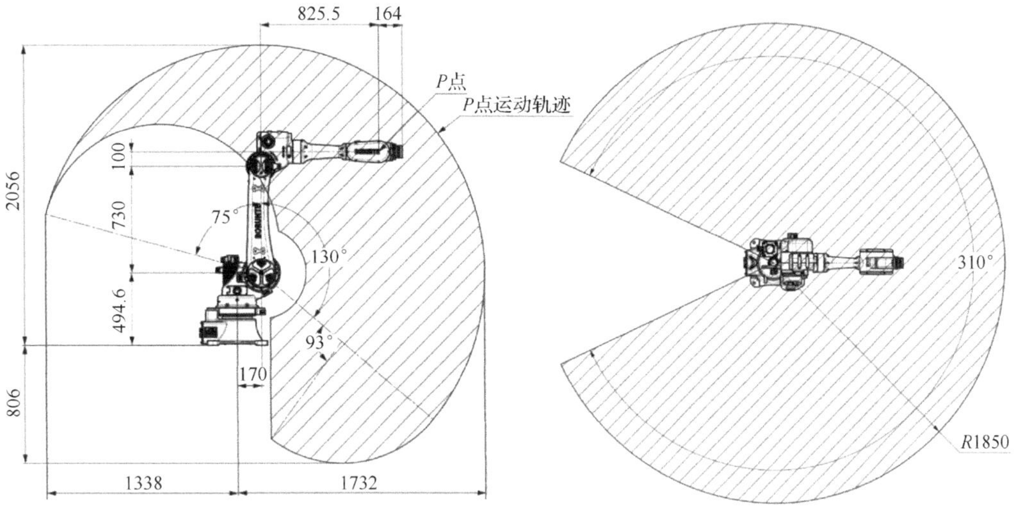

图 4-14　BRTIRUS1820A 机器人运动范围图（图中长度单位为 mm）

（2）夹具。轴承圈夹取如图 4-15 所示。夹具由气缸驱动，采用由内向外扩的方式对轴承圈进行夹取操作。整个夹具分为三部分，分别为气缸、左右 2 个夹持片、气缸与机器人法兰盘的连接部分。

2. 双目视觉系统

深度学习模型 YOLOv5n 于 2020 年 6 月由 Jocher 提出，作为 YOLO 系列的第 5 个版本，其检测速度和检测精度都处于单阶段目标检测网络的领先位置。YOLOv5n 模型前处理采用了自适应 Anchor 计算、Mosaic 数据增强、自适应图片缩放等技术。

（1）自适应 Anchor 计算。Anchor 是对训练样本中的标记框进行整体统计计算后得出的，是训练集中目标物体大小和长宽比例最好的代表，所以在 Anchor 的基础上对目标物体位置进行预测极大地提高了位置预测的精确度。在以往版本的 YOLO 系列目标检测模型中，在训练

图 4-15　轴承圈夹取图

之前需要使用 K-means 算法求出 Anchor 的大小，在第 5 版中，作者将 Anchor 的计算嵌入训练模块中，极大地提高了模型使用的便捷性。

（2）Mosaic 数据增强。该方法是 2020 年在 2019 年提出的 CutMix 数据增强的基础上改进的，如图 4-16 所示。CutMix 使用 2 张图片进行融合，融合方法为裁剪一张图片的部分区域，然后使用另外一张图片填补被裁剪的部分。Mosaic 使用 4 张图片进行融合，采用随机地缩放、裁剪、排布的方式将 4 张图片融合到一起。Mosaic 数据增强方法极大地加强了训练样本的背景丰富度，进而加强了训练得到网络的鲁棒性。

（3）自适应图片缩放。在以往的目标检测中，面对不同尺寸的图片，往往采用填充黑边后进行缩放的方式将图片缩放到固定尺寸，这样保证了原始图片缩放后不会产生畸变，但是填充的无用黑边会影响推理速度。针对这个问题，YOLOv5 网络采用自适应图片缩放的方式添加最少的黑边，进而加快了模型的推理速度。

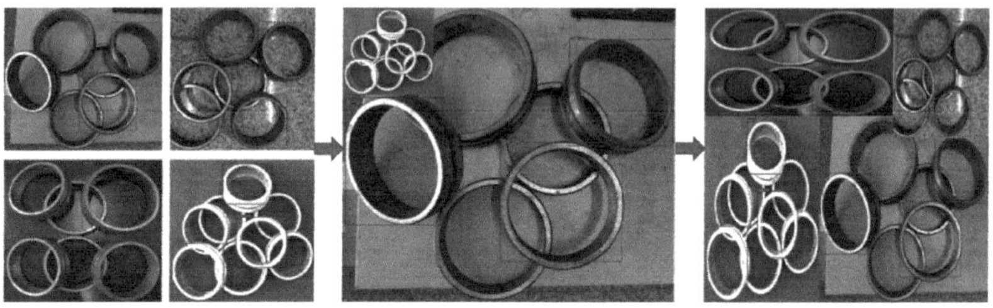

（a）原图（4张）　　（b）CutMix-2019　　（c）Mosaic-2020

图 4-16　数据增强融合示例

3. 轴承圈的定位与抓取流程

在图 4-17 所示的流程图中，借助线激光辅助实现了无遮挡轴承圈的精定位和机器人抓取位姿的获取。设计基于伺服电机辅助的线激光数据集半自动化采集与标定方法，极大地加快了线激光数据集的制作速度。探究预训练和数据增强方法对 YOLOv5 线激光检测网络训练的影响，最终得到 mAP 高达 99.3%的检测模型。对线激光投射系统进行标定，阐述线激光投射方法，测得线激光投射系统的平均误差为 1.07mm。设计基于线激光辅助的轴承圈精定位算法，阐述基于精定位结果的机器人位姿计算方法，经试验验证，计算所得位姿中 3 个位置的平均误差分别为 1.99mm、0.44mm、1.44mm，位姿中 3 个姿态的平均误差分别为 1.17°、0°、2.24°，方案所获取的位姿满足抓取要求。

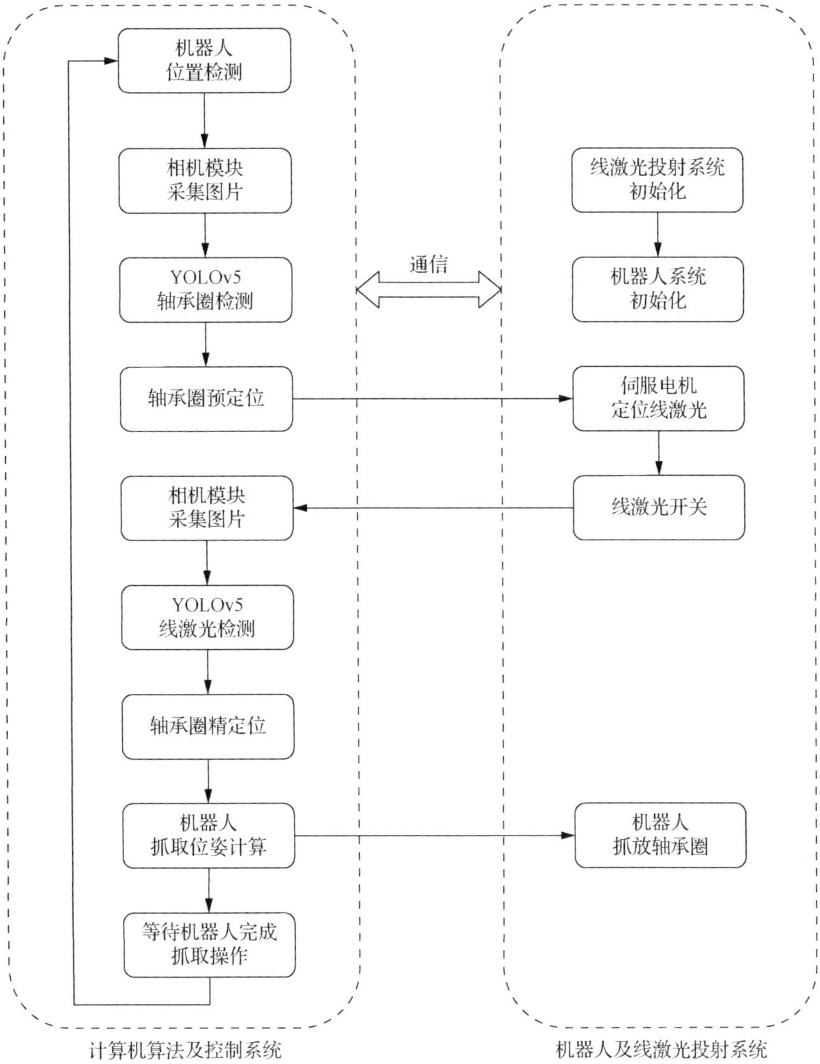

图 4-17　轴承圈定位与抓取流程图

联调定位与抓取实现堆叠轴承圈的抓取。设计基于位置优先的待抓取轴承圈和线激光条纹选择方法、基于预定位与精定位结果的错误检测方法、错误处理机制、机器人运动轨迹，在预定位、精定位、机器人抓取位姿计算和上述方法基础上设计轴承圈定位与抓取系统流程，完成系统联调。经试验验证，整个识别定位与抓取系统的抓取成功率达到 96.32%、分类精确度达到 100%、直径测量平均误差为 1.48mm。

4.4.3　智能交通

前车检测和测距是前撞预警的关键技术之一，其广泛应用于高级驾驶辅助系统中，能有效降低驾驶员的负荷，减少事故的发生。相比于毫米波雷达、红外线等主动式传感器，视觉传感器不需要对外发射信号，成本低廉，部署方便。因此，使用视觉检测前车目标和对目标进行测距，在车辆前撞预警中有重要意义。针对车辆对行车环境的感知需求，基于 YOLOv5 目标检测算法与双目测距算法，提出一套面向智能交通的车辆目标检测与测距方案，用于实时检测车辆前方目标与距离。

1. 方案设计

首先对双目摄像机进行标定，对采集到的视频图像进行灰度化处理，然后对图像进行立体校正，并使用 BM 算法进行立体匹配，获得视差图；同时使用 YOLOv5 算法对左图像进行目标检测与识别，获取目标的类别和边界框信息。以边界框的中心坐标作为目标实际位置，在视差图上获取目标视差，并对目标进行距离测量，最后得到目标距离。该方案总体流程如图 4-18 所示。

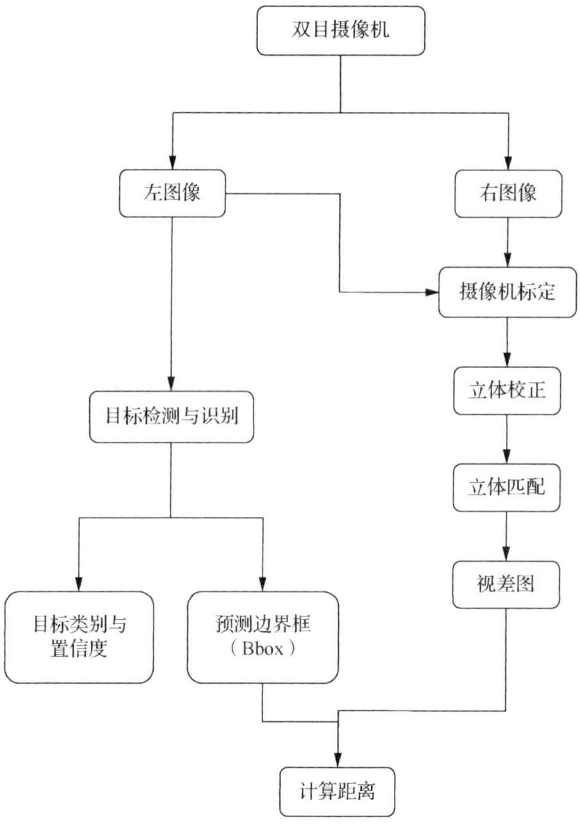

图 4-18　方案流程图

2. 双目测距

理想状态下的双目立体视觉系统由左右两个参数相同的摄像机组成，左右摄像机平行放置，光轴相互平行且摄像机坐标系的 x 轴相互重合，同时两个摄像机的投影平面落在同一个平面上，如图 4-19 所示。点 P 为世界点，其在左右摄像机上的投影分别为 P_l、P_r。点 O_l 和点 O_r 为摄像机光心，摄像机光心的距离为基线距离 b。E_1、E_2 为投影平面的极线，A_1 为未校准的投影平面，A_2 为校准后的投影平面。

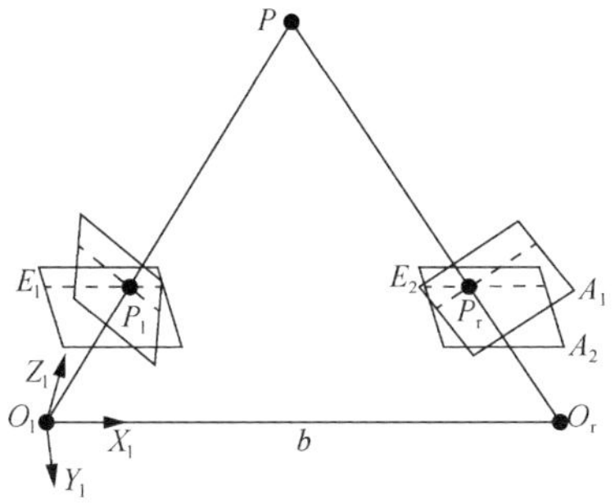

图 4-19　双目立体视觉模型

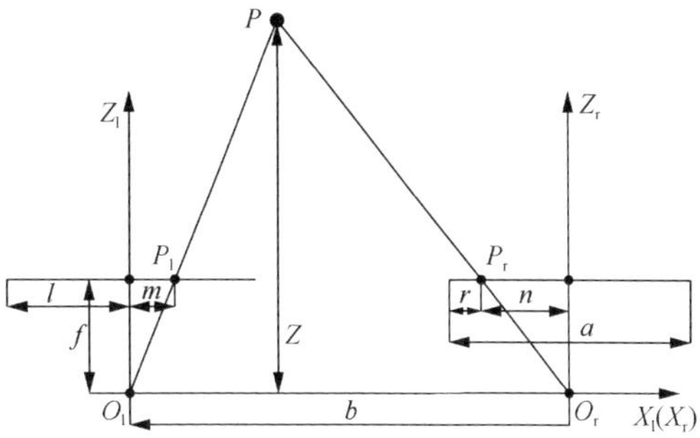

图 4-20　x-z 平面下双目立体视觉模型

将上述双目立体视觉模型投影到 x-z 平面，可得双目立体视觉的几何成像图，如图 4-20 所示。以左摄像机坐标系作为世界坐标系，只要检测出 P_l、P_r 在图像的位置，便可求得点 P 距离摄像机的距离。根据相似三角形定理，可知$\triangle PO_lO_r$ 相似于$\triangle PP_lP_r$，并有以下关系：

$$\frac{b-(m+n)}{b}=\frac{Z-f}{Z} \tag{4-56}$$

式中，b 为摄像机基线；m、n 分别为投影平面主点到投影点的距离；Z 为空间点 P 距离摄像机的距离；f 为摄像机焦距。

可得到 P 点在左摄像机下的距离值 Z：

$$Z=\frac{bf}{l-r}=\frac{bf}{d} \tag{4-57}$$

式中，l、r 为投影点在投影平面上的横坐标，$l=\frac{a}{2}+m$，$r=\frac{a}{2}-n$，其中 a 为投影平面宽度；d 为视差，即投影点在左右摄像机投影平面中的横坐标之差，$d=l-r$。

分析式（4-57）可知，在标定得到摄像机内外参数后，求出视差 d 即可得到深度距离 Z。

3. 立体校正

在立体视觉模型中，两个摄像机的光心与空间点连线可构成极平面。极平面与两个摄像机平面的交点称为极线，如图 4-19 中 E_1、E_2 线。摄像机光心的连线（基线）与两个投影平面的极线在无穷远处存在交点，该点为摄像机投影平面的极点。此时极线与基线平行。立体视觉测距的关键问题是找到特征点对，从而得到特征点的视差。特征点 P_l 对应特征点 P_r 必然在极线上。实际中，双目摄像机会因为制造误差导致摄像机光轴不平行，摄像机投影平面不共面。因此可通过极线校正，使得像点在左右图像上的高度一致，同时落在同一条极线上，进而使得特征点搜索从二维搜索降低为一维搜索，提高特征点对的检测速度。

立体视觉中常用 Bouguet 算法对极线进行校正，其思想是使得左右摄像机投影平面的重投影次数和重投影畸变最小化，并且共同视野最大。Bouguet 算法先是将右摄像机相对于左摄像机的旋转矩阵 $\boldsymbol{R}$ 分解为 $\boldsymbol{r}_l$、$\boldsymbol{r}_r$，分解后的矩阵称为左右摄像机的合成旋转矩阵。通过将左右摄像机坐标系朝投影中心各旋转 1/2，使摄像机光轴互相平行。此时实现了投影平面共面对准，但未完成极线对准。为实现极线对准且将摄像机极点变换到无穷远处，设置水平对准矩阵 $\boldsymbol{R}_{\text{rect}}$。根据极点定义可知，极点的单位向量与右摄像机相对于左摄像机的平移向量 T 相同，即

$$e_1 = \frac{{}_{\mathrm{r}}^{l}\boldsymbol{T}}{\| {}_{\mathrm{r}}^{l}\boldsymbol{T} \|} \tag{4-58}$$

式中，${}_{\mathrm{r}}^{l}\boldsymbol{T} = \begin{bmatrix} \boldsymbol{T}_x & \boldsymbol{T}_y & \boldsymbol{T}_z \end{bmatrix}$。

此时可取 $\boldsymbol{e}_1$ 与光轴（0,0,1）的叉积为 $\boldsymbol{e}_2$：

$$\boldsymbol{e}_2 = \frac{\begin{bmatrix} -\boldsymbol{T}_y & \boldsymbol{T}_x & 0 \end{bmatrix}^{\mathrm{T}}}{\sqrt{\boldsymbol{T}_x^2 + \boldsymbol{T}_y^2}} \tag{4-59}$$

$\boldsymbol{e}_3$ 与 $\boldsymbol{e}_1$、$\boldsymbol{e}_2$ 相互正交，故有 $\boldsymbol{e}_3 = \boldsymbol{e}_1 \times \boldsymbol{e}_2$，因此水平对准矩阵为

$$\boldsymbol{R}_{\mathrm{rect}} = \begin{bmatrix} (\boldsymbol{e}_1)^{\mathrm{T}} & (\boldsymbol{e}_2)^{\mathrm{T}} & (\boldsymbol{e}_3)^{\mathrm{T}} \end{bmatrix}^{\mathrm{T}} \tag{4-60}$$

将水平对准矩阵 $\boldsymbol{R}_{\mathrm{rect}}$ 左乘摄像机的合成旋转矩阵，可将左右摄像机围绕投影中心旋转，实现双目视觉系统的极线对准。

$$\boldsymbol{R}_{\mathrm{rect\_l}} = \boldsymbol{R}_{\mathrm{rect}} \times \boldsymbol{r}_{\mathrm{l}} \tag{4-61}$$

$$\boldsymbol{R}_{\mathrm{rect\_r}} = \boldsymbol{R}_{\mathrm{rect}} \times \boldsymbol{r}_{\mathrm{r}} \tag{4-62}$$

式中，$\boldsymbol{R}_{\mathrm{rect\_l}}$、$\boldsymbol{R}_{\mathrm{rect\_r}}$ 为经过 Bouguet 算法校正后的摄像机旋转矩阵。

4. 特征提取与匹配

特征点匹配的目的是得到同一物体在不同视角下图像像素点的对应关系，找到左右图像的像素点对，得到视差。立体匹配常使用块匹配（Block Matching，BM）算法和半全局块匹配（Semi-global Block Matching，SGBM）算法。SGBM 算法作为一种半全局立体匹配算法，其立体匹配效果优于 BM 算法，但计算复杂度远超于 BM 算法。相比之下，BM 算法的模型简单，立体匹配速度比 SGBM 算法更快，更适用于动态过程的实时检测，为此选择 BM 算法进行立体匹配。

BM 算法包括三个步骤：①对输入的图像进行预处理，使其亮度归一化，增强图像中的纹理；②使用块特征匹配基元，使用 SAD 函数作为代价函数，对立体校正后的图像沿着极线方向查找匹配点对；③对匹配结果进行滤波处理，消除错误或不良匹配点对。

BM 算法适用于匹配存在强纹理（强匹配）的图像，如在室外等强纹理场景中。而在弱纹理（弱匹配）的图像中，如室内的走廊墙壁等纹理不明显的环境，立体匹配的效果不够好。OpenCV 中提供了简便实现 BM 算法的函数，即 cv2.StereoBM_create，根据试验需求，将 numDisparities 参数设置为 208，将 SAD 窗口大小 blockSize 设置为 5，计算得到的视差图为[0,255]的灰度图，视差图可以反映场景中目标的远近程度。距离越近，灰度值越大；距离越远，灰度值越小。通过提取视差图中目标的视差 d，代入式（4-57）便可求得目标的距离。

5. 试验与测试

试验平台使用 Windows10 操作系统的便携式计算机，搭配型号为 i7-10600H 的 CPU，16GBRAM，RTX2060-6GB 显卡，同时使用 Python3.8 和 PyTorch1.8 构建算法。双目摄像机极线调整为 120mm 左右，采集到的图像分辨率为 640×480。

使用加利福尼亚大学伯克利分校开源的 BDD100K 数据集进行训练。BDD100K 数据集包括汽车、行人、公交车等 10 个类别的标签，共 10 万张图片，并对标签数据进行处理。使用 Python 编程自动处理数据标签，仅保留数据集中的汽车（Car）和行人（Pedestrian）两个类别标签，同时将数据集中的公共汽车（Bus）、卡车（Truck）两部分车辆类别标签与汽车（Car）

类别标签合并为 car。设置训练参数 batchsize 为 30，epoch 为 100。目标检测模型中，常使用准确率（Precision）、召回率（Recall）和 mAP 等评估指标衡量目标检测算法的优劣。准确率反映了预测结果的百分比，召回率则反映了模型的查全率，mAP 代表的是各类别平均精度的平均值。在训练过程中，根据评估指标的变化，选择训练结果最好的模型作为本书使用的模型。

经过测试，模型精度如图 4-21 所示。模型准确率达到了 83.77%，召回率达到了 73.35%，mAP_0.5 为 82.53%，满足了实际应用中检测目标的精度要求。

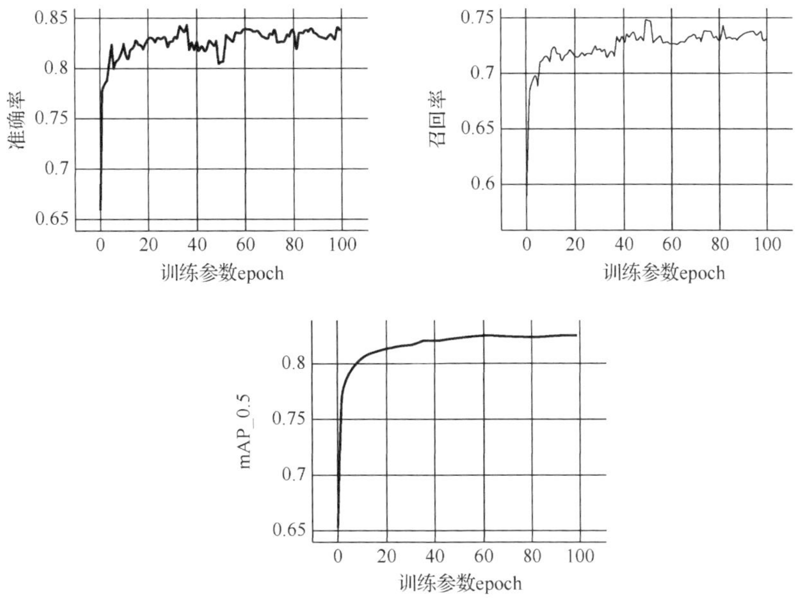

图 4-21　模型测试精度

利用训练好的模型进行试验，对车辆进行目标检测以及测距，将车辆静止停放，在车辆前方放置双目摄像机，在 23m 的测距范围内手持摄像机移动，每隔 1m 记录一下汽车与摄像机之间的距离。检测目标的位置与距离，其部分效果如图 4-22 所示。

图 4-22　目标检测与测距效果示例

6. 结论

基于双目视觉，根据一阶段算法能快速进行目标检测的特性，利用 YOLOv5 目标检测算法进行车辆前方目标检测与识别，输出目标的边界框。根据实时性检测的要求，在对双目摄像机标定和立体校正的基础上，使用 BM 算法获得视差图，结合目标的边界框信息进行距离测量。所提出方案能有效检测前方目标，目标检测与识别精度达到了 83.77%。在 16m 范围内，距离测量误差小于 5.11%，且图像平均检测速度为 24～26 帧/s。

第 5 章　智能制造理论与技术体系

从企业集成视角来看，智能制造是现代集成制造发展到一定高度之后的产物。而现代集成制造可以追溯到工业 3.0 时期的计算机集成制造。本章在分析梳理现代集成制造发展的基础上，着重论述新一代智能制造随着新一代信息技术的发展演化，然后以“四网”（人际网、内容知识网、务联网、物联网）融合的新一代智能制造——智慧制造为例，阐述新一代智能制造系统理论与参考体系结构，最后给出新一代智能制造系统的技术体系。

5.1　现代集成制造发展

现代集成制造的发展历程可以概括为数字化制造与互联网技术从各自产生与发展到走向人机物协同集成与发展的过程，也从最初的计算机集成制造走向人机物的三元集成制造，并通过物联网和大数据等新一代信息技术与智能制造产生密切关联，如图 5-1 所示。

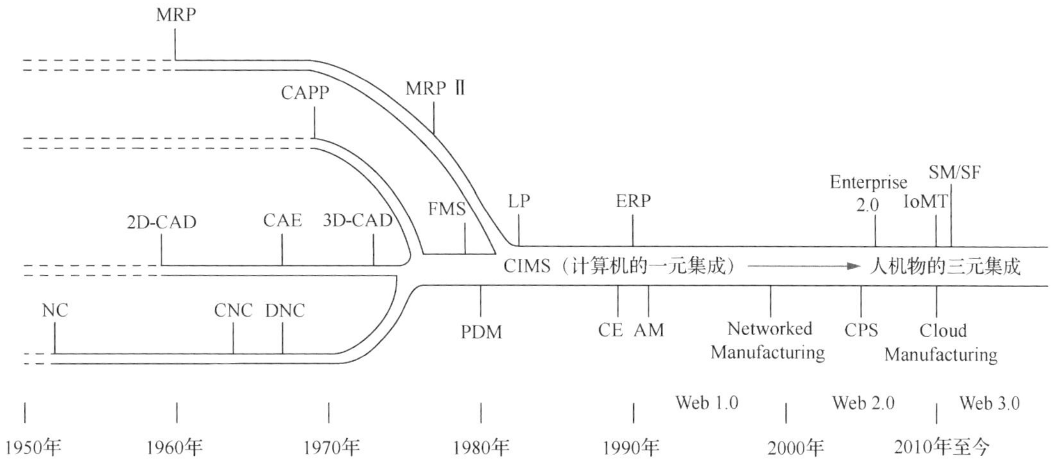

图 5-1　现代集成制造发展演化

1952 年，美国 Parsons 公司与麻省理工学院合作试制成功第一台三坐标数控铣床，标志着数控（Numerical Control，NC）技术的诞生，并相继发展出计算机数控（Computer Numerical Control，CNC）技术与直接数控（Direct Numerical Control，DNC），构成了计算机辅助制造（CAM）的核心。20 世纪 50 年代后期开始，计算机辅助制图经历二维至三维的转变，并拓展为包含构思、功能设计、结构分析等设计理念的计算机辅助设计（CAD）。在数值计算方法发展的推动下，70 年代初期实现实用的计算机辅助工程（CAE）。此后，设计与仿真分析逐渐集成为一款软件的两个重要模块。从研究初期开始，CAM 与 CAD 便存在功能交互，并不断深入集成为CAD/CAM。

为了优化工艺过程设计，计算机辅助工艺规划（Computer Aided Process Planning，CAPP）在20世纪60年代后期出现。CAD、CAM、CAPP组成工程设计自动化系统包括了产品的概念设计、工程分析、结构与工艺设计与数控编程功能，并在70年代末出现了柔性制造系统（Flexible Manufacture System，FMS）。在80年代初期出现了产品数据管理（Product Data Management，PDM），解决了大量工程图纸文档的管理困境，并逐步扩展到产品开发全生命周期的数据管理，进一步完善了CAD/CAM系统存在的数据管理问题。

20世纪60年代，因库存物资管理问题发展并形成了物料需求计划（Material Requirement Planning，MRP），在此基础上又发展出闭环的MRP。1977年，制造资源计划（Manufacturing Resource Planning，MRPⅡ）被提出，应用管理会计的概念实现物资信息与资金信息的集成，并于1990年扩展为更为全面的企业资源计划（Enterprise Resource Planning，ERP）。

自1973年提出计算机集成制造（Computer Integrated Manufacturing，CIM）以来，由CAD、CAM、CAPP、MRPⅡ等框架为基础构成的计算机集成制造系统（CIMS）逐步推进理论研究与实践应用。在20世纪80年代，CIMS技术得到迅速纵深发展，相继提出了精益制造（Lean Production，LP）、并行工程（Concurrent Engineering，CE）等制造模式。CIMS所具备的数字化、信息化与集成化特点，为迎接互联网技术在制造业中的应用提供了技术基础。

随着Web时代的到来，CIMS与Internet技术进入集成与协同发展时期，制造系统进入“互联时代”。20世纪90年代初出现该时期具有代表性的敏捷制造（Agile Manufacturing，AM），随后在1999年提出以数字化、柔性化、网络化为基本特征的网络化制造（Networked Manufacturing），以实现无地域限制的社会协作与资源共享。2000年以后，互联网进入Web2.0时代，互联网技术的进步催生了更为复杂的制造网络，并于2005年诞生了CPS，其致力于实现虚拟世界和实际物理世界互联与协同。2006年，McAfee将Web2.0理念引申到企业，提出了企业2.0（Enterprise 2.0）概念。

随着传感器、RFID等技术的广泛采用，互联网逐步走向万物互联的物联网（IoT）时代。基于物联网理念提出的制造物联（Internet of Manufacturing Things，IoMT），不仅能实现生产过程中的数字化装备、智能设备互联，还能更进一步对产品进行全生命周期信息化管理。与此同时，随着云计算和面向服务技术的发展，云制造应运而生。实际上，以制造物联、云制造等为代表的新兴网络化制造模式，也是一种智能制造模式，“互联网+制造”逐步走向“AI+制造”，更确切地说，两者逐步走向融合与统一，这种转变主要归功于大数据智能。

综上所述，现代集成制造就是在ICT/AI技术的推动下不断向前发展的。图5-2显示了如何从工业3.0演进到工业4.0，以及制造业如何从“计算机+”演进到“互联网+”，再到“人工智能+”。如果个人计算机（PC）的出现标志着工业3.0的开始，那么物联网/务联网（云计算）与制造的融合就代表着工业4.0的开始。在PC时代，“计算机+制造”诞生了各种各样的“孤岛”计算机辅助技术CAX（CAD/CAM/CAE/CAPP），随后出现的计算机局域网，试图将这些“数字化/信息化孤岛”集成一体，因此出现了CIM。在20世纪90年代，随着互联网的出现诞生了以敏捷制造和虚拟生成等为代表的网络化制造，即诞生了“互联网+制造”；随着制造业信息化从“互联网+”转向“人工智能+”，制造业也开始拥抱“人工智能+”。

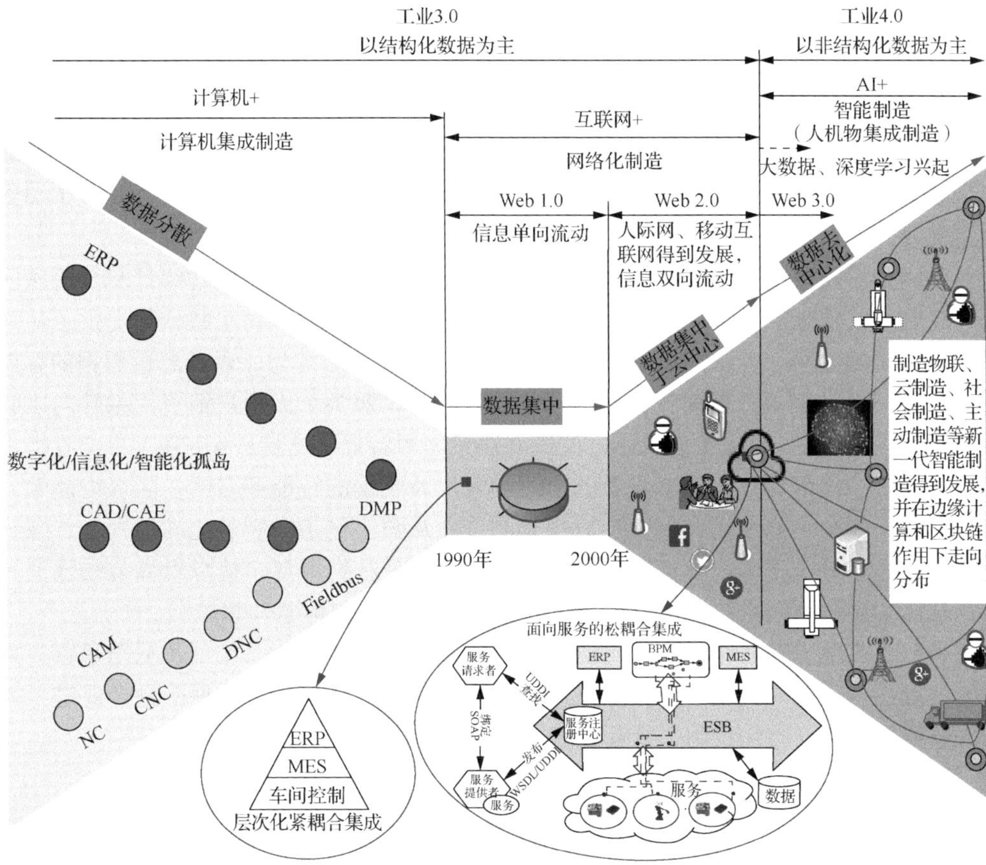

图 5-2　伴随工业革命演进的制造模式变化

与其他技术的成长轨迹一样，“人工智能+制造”虽然还处于早期阶段，但将伴随新工业革命的发展而继续向前演进。在新一代智能制造中，大数据是其基础。而制造数字化可追溯到 20 世纪出现的“计算机+”时代，虽然后面出现了为解决“数字化/信息化孤岛”而生的 CIM，但由于其数据处理能力所限，加上采用紧耦合的集成方式，仍存在诸如可集成性差、缺乏可扩展性和敏捷性等问题。虽然伴随 CIM 发展诞生了智能制造（IM），但主要应用于制造中的某些局部环节，以“智能化孤岛”形式存在，对当时处于支配地位的 CIM 仅起到辅助的作用，以处理结构化数据为主。基于互联网（Web 1.0）的网络化制造诞生，为数据/信息集中化管理提供了可能，但这种集成当时局限于企业内部，旨在实现企业纵向集成——层次化紧耦合集成（如 ERP/MES/控制层集成），虽然此时也开始出现网络化产品定制、网络化产品协同设计、网络化营销等特定系统，但存在信息透明度低、信息交互能力弱、用户参与程度低等问题。随着互联网进入 Web 2.0，实现了信息的双向流动，用户既是网络内容的消费者也是生产者，信息透明度增高，数据逐渐呈现出去中心化的发展趋势，智能移动终端的发展形成了信息交互频繁的人际关系网络（人联网），消费互联网快速兴起，并起到了至关重要的市场导向作用，市场竞争愈发激烈，面向服务的集成制造理念日渐深入人心，在服务体系架构（SOA）和云服务理念之上诞生了云制造，可以通过诸如企业服务总线（Enterprise Service Bus, ESB）来集中数据资源和各种制造资源，通过服务松耦合连接实现跨企业的横向集成，敏捷地应对不断变化的业务需求。2010 年之后，互联网进入 Web 3.0，它融合了语义网、物联网、云计算、移动网络、大数据、CPS、AR、AI 等多种技术，实现了人与人、物与物、人与物的大规模深层次交互，加上机器学习算法的进步和计算机运算能力的提升，出现了以非结构化数据为主的大数据科学。随着工业互联网和新一代信息/AI 技术的兴起，诞生了新一代智能制造，特别是边缘计算与区块链进一步促进了制造智能走向分布与自主，同时也实现了端到端的价值链集成。

从物联网到务联网/云计算，到大数据，到深度学习/AI，到 AR，到边缘计算，再到区块链，可以看到一条清晰的“两化”融合演进路线：物联网实现了物物互联，并提供了从现实世界中获取数据的方法；务联网/云计算实现了资源虚拟化和服务化，以及海量数据的存储、数据挖掘和按需提供服务；工业大数据推动了互联网由以服务个人用户消费为主转向以服务生产性应用为主，深度学习/AI 为设计、生产、决策与服务提供支持；AR 为人机交互提供了更好的感知方式；边缘计算实现了设备的实时响应以及物端的智能和自治；区块链能够为数据分布式存储、安全与隐私提供保障。这也是制造业从数字化走向智慧化的过程。智慧制造实质上是集前述多种技术于一体的复杂社会技术系统，使社会世界、信息世界与物理世界深度融合，从而实现对制造系统安全、可靠、高效、实时、协同地感知和控制。

“互联网+”实现了空间移动信息的动态实时互联，“人工智能+”实现了从信息富集到知识富集的信息结构升级，“互联网+”与“人工智能+”在新工业革命时期的融合促进了智能制造向大数据智能、分布化自治、社会化融合方向发展。

5.2　新一代智能制造的发展演化

传统智能制造是以知识驱动为主的，而新一代智能制造是以数据驱动为主的，详见 1.3.2 节。实际上，如第 2 章所述，数据、信息、知识是密切关联的，这些相关技术可以统称为信息技术。为此，我国的《智能制造发展规划（2016—2020）》指出：“智能制造是基于新一代信息通信技术与先进制造技术深度融合，贯穿于设计、生产、管理、服务等制造活动的各个环节，具有自感知、自学习、自决策、自执行、自适应等功能的新型生产方式”。

如图 5-3 所示，以物联网、云计算、CPS、大数据等为代表的新一代信息技术与制造技术（3D 打印）相融合，形成了一系列具有关联性和代表性的新一代智能制造，即第二代智能制造（IM 2.0 或 SM），并且这些新兴智能制造模式是动态的、彼此不断融合的，从最初着重于物理系统的感知与集成，进一步与信息系统融合，再与社会系统融合，朝着更复杂的多元系统方向发展。

从图 5-3 可以看出，新一代 IM 始于物联网与制造技术的融合，其发展得益于层出不穷的新一代信息通信技术，具体阐述如下。

1. 随物联网出现的智能工厂与制造物联，实现物理资源互联和自感知，同时为认知（自学习、自决策）提供了原始材料——大数据

自 IoT 的概念被提出后，围绕着感知设备与物联网而建立的制造模式相继地被探索和提出。德国提出了智能工厂（Smart Factory，SF），旨在利用物联网的技术和设备监控技术加强信息管理和服务，掌握产销流程、提高生产过程的可控性、减少生产线上人工的干预、实时正确地采集生产线数据以及合理地编排生产计划与生产进度，并利用智能技术构建一个高效节能的、绿色环保的、环境舒适的人性化工厂。一种 SF 体系结构如图 5-4 所示，它由硬件系统和应用程序（软件）组成。其硬件系统包括智能仓储、智能输送、智能机器等，其中又包含嵌入式技术、无线通信技术、自动识别技术和定位技术；应用程序（软件）包含集成平台、情景识别和传感器融合。

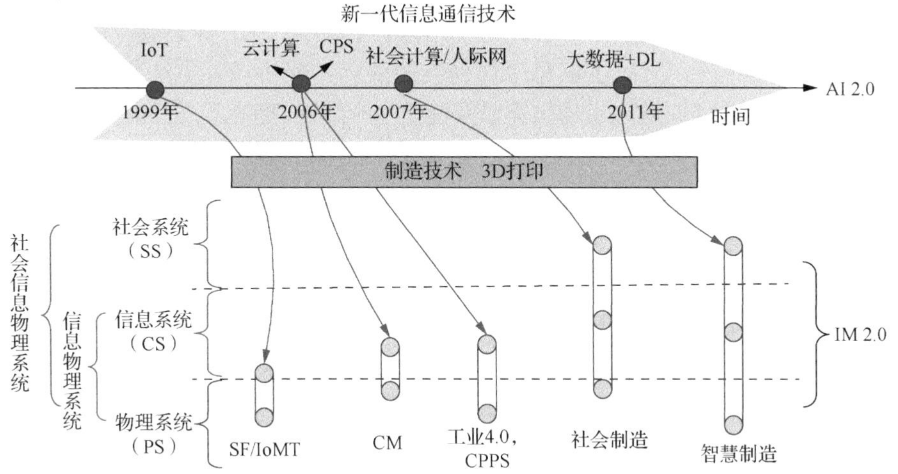

图 5-3　随新一代信息技术而出现 IM2.0（SM）

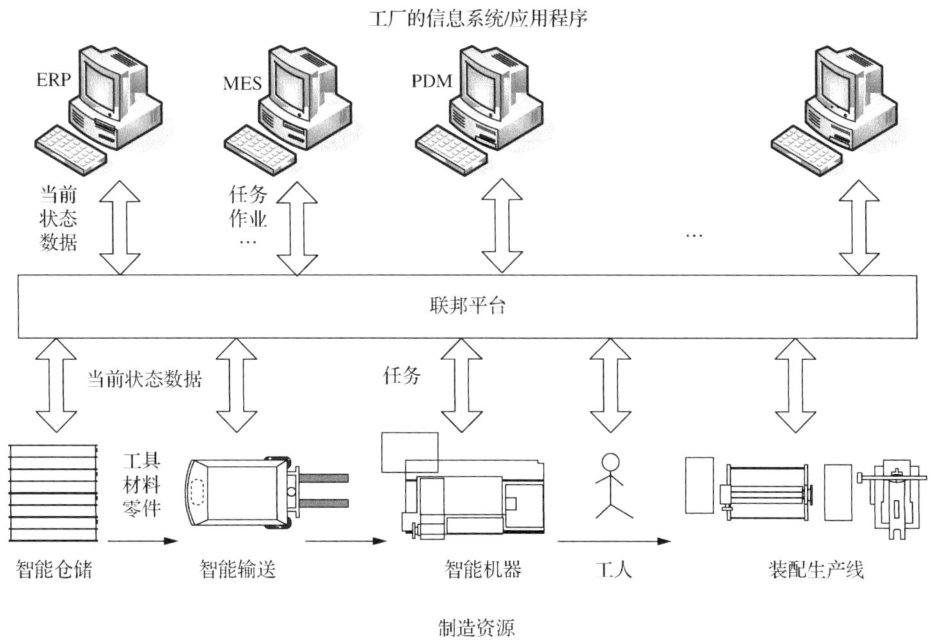

图 5-4　SF 体系结构

随着 IoT 和云服务技术的发展，制造物联（IoMT）应运而生。SF/IoMT 与传统智能制造（IM 1.0）相比，可实现以下三方面。

（1）制造资源互联感知：将制造过程中所有相关联的物理设备通过智能传感器及物联网

连接起来，进行统一管理，实现万物互联与自感知，及时采集与处理情景感知数据。

（2）突破了时空限制：将制造资源相关的归为物理层，将通信网络相关的归为网络层，将用户界面相关的归为应用层，实现了资源的无缝连接，以及系统的分布式集成和层与层间信息的互联。

（3）制造业务流程透明化：将物联技术引入制造系统，制造过程中原料的运输、产品的设计、机器的状态、人员的安排等信息，与应用软件 PDM、ERP 等集成，可实时采集数据，实现动态的生产信息管理，突破了信息“孤岛”的限制，能协调各生产部门计划安排，进一步可实现产品快速生产、实时响应市场供需以及优化生产结构，提高了产品的竞争力与经济效益。

SF/IoMT 进一步发展，形成外延更大、内涵更丰富的智能制造（SM）。此外，此类相关的制造模式还有普适制造、U-制造、无线网络制造等。当今，人们往往将源于物联网的智能制造及其他新兴智能制造统称为 SM。

综上所述，这一类智能制造模式以“面向设备的感知”为主要特征，利用物联技术、监控技术和通信技术，将智能感知设备（如 RFID、传感器、监控摄像设备、数控机床等）与控制中心连接起来，构建感知制造环境，实现物物互联、信息及时感知与处理（如物流准时配送、设备生产状态与质量监管、产品及时分发、生产统计等），极大地提高了生产自动化程度和生产信息管理能力。但大量物联传感设备、应用软件的运用导致大量数据的产生，如何更有效地存储、处理这些大数据问题，是 SM 面临的一个难题。

2. 随云计算而诞生的云制造为制造大数据的存储、处理和服务提供了手段，形成了“制造即服务”理念，增强了虚拟空间（信息空间）数据处理能力

随着 IoT 的发展，制造数据爆炸式增长，生产过程中的网络服务以及数据处理速度逐渐成为制约智能制造发展的重要因素。云计算的出现，实现了分布、并行及网格化的一体化计算，提供了高性能计算，结合 IoT、服务计算等新兴信息技术形成云服务平台，为制造提供了强大的计算能力和大量的网络虚拟化共享资源服务。

基于云计算技术的云制造（Cloud Manufacturing，CM），可看作一种面向服务的智能制造模式，它集合了 IoT、云计算、高性能计算、智能科学计算、先进制造等技术，构建了一个公共的云服务平台，将社会制造资源和服务资源整合成网络虚拟资源，并进行集中的、统一的智能化管理与经营，用户和企业可以付费访问，充分利用各种制造资源，并能对产品的全生命周期进行动态管理，提供标准、规范、可共享的服务模式，而且还可以根据需求定制服务模式，体现了“制造即服务”的先进理念。

一种面向云制造的服务架构如图 5-5 所示，它体现了 SOA 和云计算融合，并将传统计算资源延伸和拓展到云制造资源，图中左侧表示三个参与者（服务提供者、服务请求者和服务注册代理者或服务运营者）以及三个基本操作（发布、查找和绑定）之间的关系，具体包括如下层次：制造资源层、虚拟资源层、服务组件层、服务层、业务流程层、表示层（客户层/应用层）、服务集成层（服务总线）、业务智能层、基础架构服务层、云服务运营层。

云服务提供者通过虚拟化和服务化，将制造资源和制造能力变为云制造服务（简称云服务或服务）并加以发布，而（云）服务请求者根据业务需求定义一个业务流程，通过（云）服务代理查找所需的服务，并在服务总线、基础架构和云服务运营等支持下，为服务请求者提供按需服务。云制造除了继承云服务的属性和行为外，还具有自身的独特属性和行为，即在服务方式上，它除了云服务（Iaas、PaaS 和 SaaS）外，还具有设计即服务（Design as a Service，DaaS）、生产加工即服务（Fabrication as a Service，FaaS）、试验即服务（Experimentation as a Service，EaaS）、管理即服务（Management as a Service，MaaS）、维修即服务（MAintenance as a Service，MAaaS）等服务模式。而面向云制造的资源已不再仅仅是计算资源（如存储、运算器等），而是非常广泛的制造资源（如计算资源、设计资源、加工资源、协作资源、设备资源、物流资源、人力资源等）和制造能力（制造过程中有关的论证、设计、生产、仿真、试验、管理、集成等）；并且其资源种类复杂、异地分布、不同的制造资源具有不同的功能和属性；制造资源工作时具有独占性，即不能同时加工两个或两个以上的任务；一个制造任务通常由按一定顺序排列的几道工序组成，每道工序需要不同的制造资源来加工完成；现实制造中存在实体交流问题，需要考虑实体物流交互对流程时间和流程成本的影响。

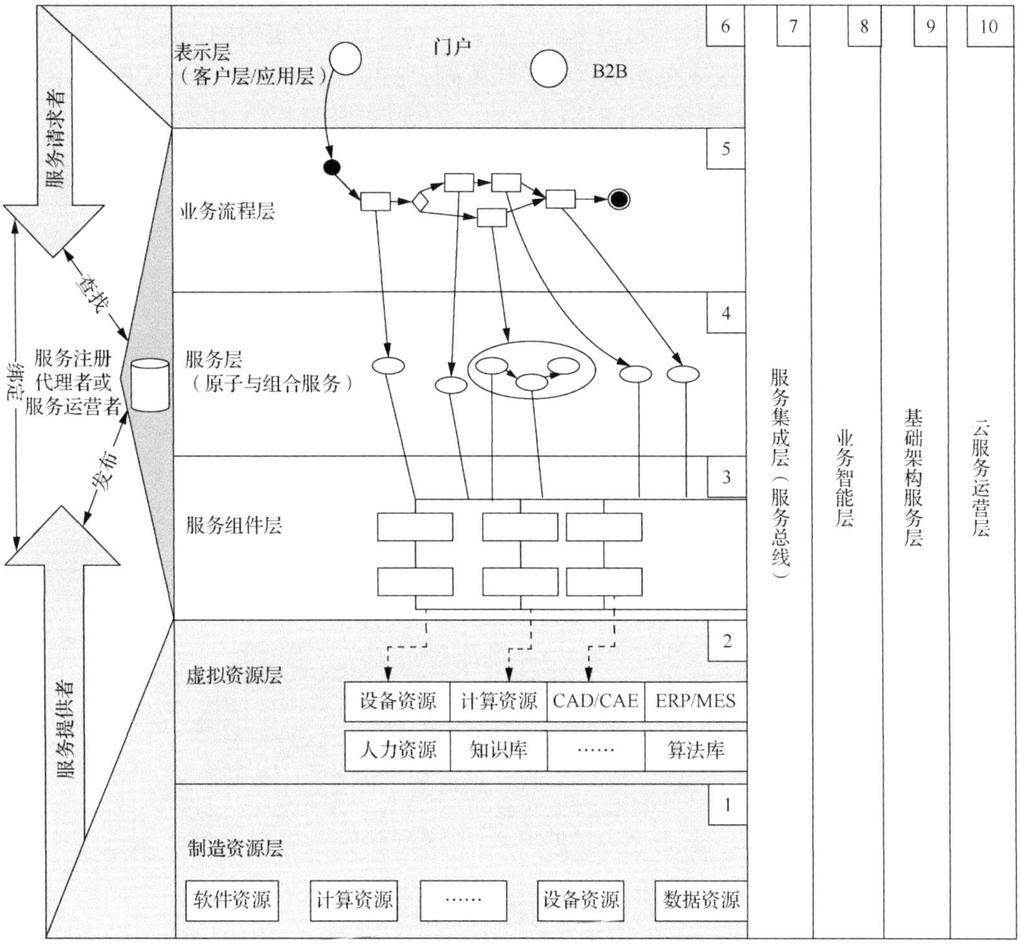

图 5-5　云制造的层次架构

综上所述，云制造开启了“制造即服务”的制造模式，以用户为中心，为企业和个人提供了大量可供访问的网络共享制造资源，实现了跨地区的制造资源共享，以及“分散资源集中使用”和“集中资源分散服务”的思想，为产品设计、优化创新、协同制造提供了服务平台。但云制造需要将设备资源数据传送到云端，再由云端中心结点进行处理，这样会造成中心结点负载大、传输负载重、网络延迟明显、“边缘”结点使用效率低等困境，即面临如何“落地”问题。

3. 基于 CPS 的智能制造，融合了强调物理设备互联的制造物联与强调虚拟空间服务互联的云制造的优点，均衡考虑了信息空间（系统）与物理空间（系统）的融合，集感知、计算、通信与控制于一体，实现了信息空间与物理空间的无缝交互

随着计算理论和技术的成熟（如云计算、普适计算、嵌入式计算等），制造系统中各种嵌入式物理设备应用日益增多。利用普适感知技术、网络传输技术以及传感器网络等，将设备连接到互联网上，让设备具有一定的计算、通信、控制、协调和自治等功能，通过“数字孪生”技术，能够实现物理世界与信息空间之间的数据转换，从而监控生产过程，动态管理生产信息，协调和融合不同的系统，形成了一种新的智能模式——CPS。随着基于 CPS 的工业 4.0 概念得到普遍认可和重视，智能制造也转向基于 CPS 的研究。本质上，CPS 与 IoT 理念是一致的，都致力于物理世界和虚拟世界的融合。但 CPS 更加强调控制，同时 CPS 也可看作 IoT 与云计算（或更广泛意义上的务联网）等技术融合的结果。因此，基于 CPS 的智能制造也看作前述的 SF/IoMT 和云制造融合的结果。基于 CPS 的智能制造又称为信息物理生产系统（Cyber-Physical-Production Systems，CPPS）。

一种 CPPS 如图 5-6 所示，其中信息系统由务联网连接各种制造云服务（如 MaaS、DaaS、EaaS、LaaS）构成；物理系统由物联网连接各种物理制造资源构成；两者进一步通过通信网络加以连接而形成 CPS。此时，系统输入或输出不仅仅是由原子构成的材料或产品（半成品），而是进一步包括了由比特构成的数据在内的智能材料或智能产品。

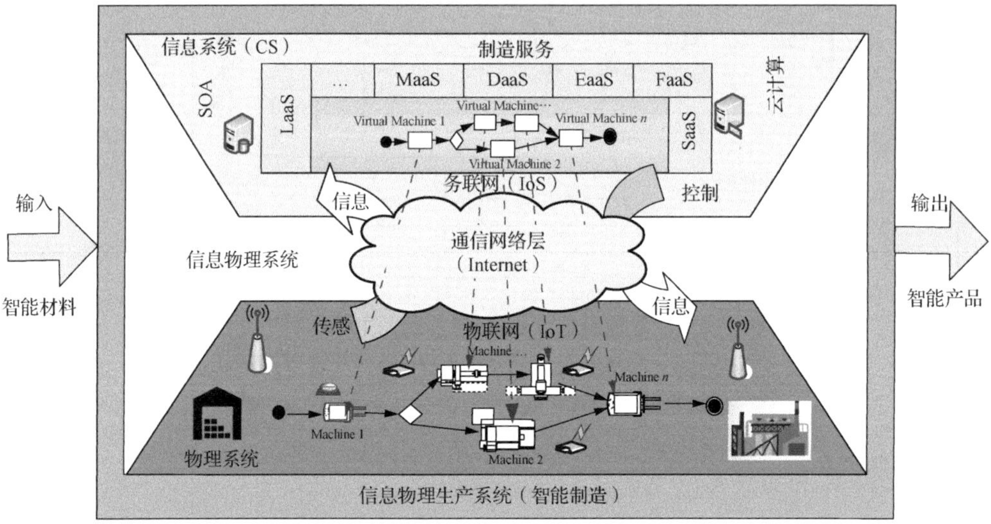

图 5-6　基于 CPS 的智能制造体系结构

综上所述，智能计算、控制技术和通信技术的快速发展，带来了制造设备（系统）智能化程度的不断深入，物理设备、计算能力与互联网深度融合，形成了一种多学科交叉分布式 CPPS。CPPS 集计算、通信和控制于一体，将制造信息化系统（如 CAD、PLM 等）与物理系统集成，使制造模式由垂直的“集中型”变为扁平的“分散型”，可以采用 CPS/数字孪生等技术对物理与信息空间的数据进行处理，通过网络对智能生产设备传递生产指令，使生产更加灵活、实时、动态，淡化了物理世界与信息世界的界限，实现了人机交互、精准生产；与云服务平台等融合，可整合虚拟制造资源与网络服务，可对制造过程进行远程控制与精准协调，实现绿色化、实时化、动态化和可持续化的设计、制造、销售、物流等过程，优化了产品性能，改善了工艺流程，节约了成本与资源，可实现企业间、跨国企业间的制造资源分配与协调，呈现出更广泛意义上的智能制造前景。

4. 随社会计算和 3D 打印而出现的社会制造，利用了人的智能、跨媒体智能与群体智慧，为产品创新、个性化设计制造提供支持，满足了人们日益增长的个性化产品的需求

随着互联网和 Web 技术的发展，计算机资源和移动设备日益普及，媒体内容日益丰富以及社会、经济和文化的变化，出现了一种跨越信息与通信技术领域的计算与技术发展的新模式——社会计算。社会计算是一种社会软件的使用，日趋倾向使用信息和通信技术工具来支持社会内部行为和社会交流。而社会计算的盛行，带来了互联网群体智能和跨媒体智能的发展，为新的制造模式产生提供了条件。

3D 打印机与云服务平台、社会计算、人际网等互联，为制造提供了多元的素材与资源，通过"众包""众筹"的方式，每个人都能参与到产品从设计到成形甚至售后的整个生命周期中来，形成了所谓的"社会制造"，进而实现网络化、服务化、智能化、绿色化、节能化生产。

随着产品个性化和开放创新的不断增加，制造业范式已经转变为一种更加分散和社会化的模式，将众包或众筹的想法扩展到制造领域，通过分散的社会媒体建立网络-物理-社会联系，不同社区可以形成复杂的、动态的自治系统来共同创造个性化的产品和服务。社会制造改变了传统的制造模式，将群体智能融合到制造中去，跨媒体智能为制造提供多种资源，融合了社会计算、3D 打印技术以及人际网等，形成了一种以人的智力为中心的社会制造系统，集合了制造、计算、通信、控制、协调和群体智能于一体的制造模式，形成了一个面向对象、面向服务、全民参与的复杂社会制造网络系统，如图 5-7 所示。

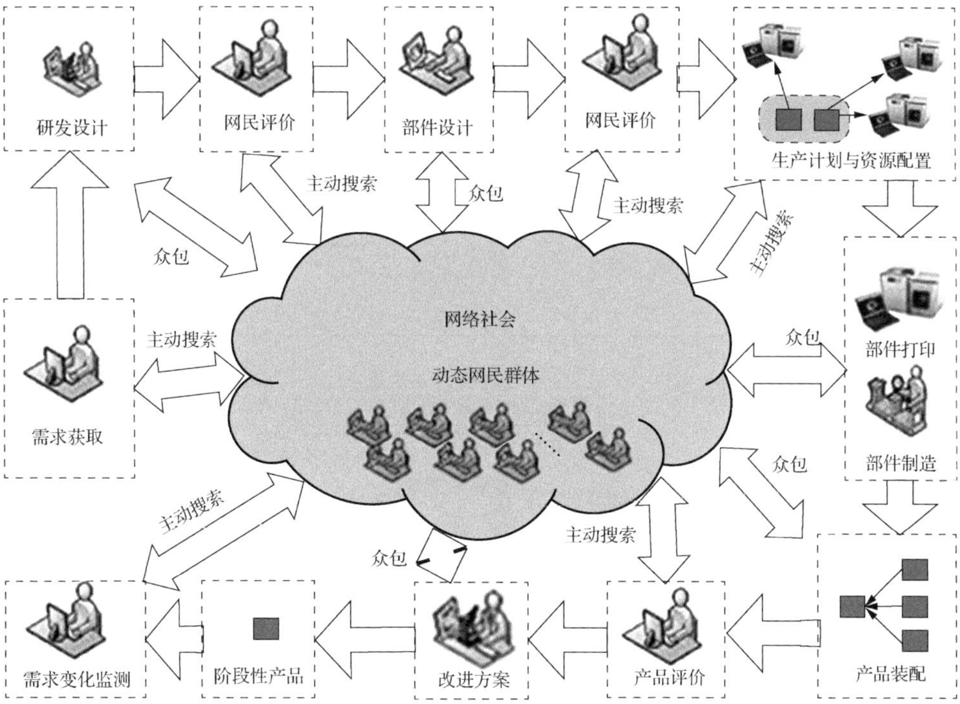

图 5-7　社会制造的网络架构

综上所述，在社会制造中，群体智能、跨媒体智能等为产品提供创新、个性化设计思路，人际网等社交媒体为群体、企业提供了互动平台，CPS 与社会计算、3D 打印、群体智能、跨媒体智能、人际网等深度融合，形成了一个动态设计、协调制造、绿色节能、资源共享的社会制造网络系统。

5. 基于社会信息物理系统的智慧制造，将未来互联网四大支柱技术（物联网、内容知识网、务联网和人际网）与制造技术深度融合于一体，通过大数据作为纽带联通社会系统、信息系统和物理系统，形成人机物协同的定制化制造与服务

伴随着移动终端、互联网、传感网、车载网、可穿戴设备等的普及，信息环境发生了巨大的改变，感知设备分布在城市的各个角落，形成了物理、信息和人类社会的三元空间。各种感知设备产生了大量的结构或非结构型的数据，利用大数据技术对这些数据进行分析，可预测商业趋势、利润和损失，以及进行工件实时生产信息管理等。

智慧制造（Wisdom Manufacturing，WM）是一种面向服务、基于知识运用的人机物协同制造模式，在“四网”等新一代信息技术和先进制造技术的支持下，将各种制造资源连接成一个资源池，根据客户个性化需求以及情景感知，在人机物共同决策下做出智能响应，在制造全生命周期内为客户提供定制化的、按需使用的、主动的、透明的、可信的产品与服务。

如图 5-8 所示的智慧制造层次架构，它包括如下层次：制造资源层、虚拟资源层、服务层、业务流程层、服务集成层（服务总线）、基础架构服务层、云服务运营层、事件处理层、

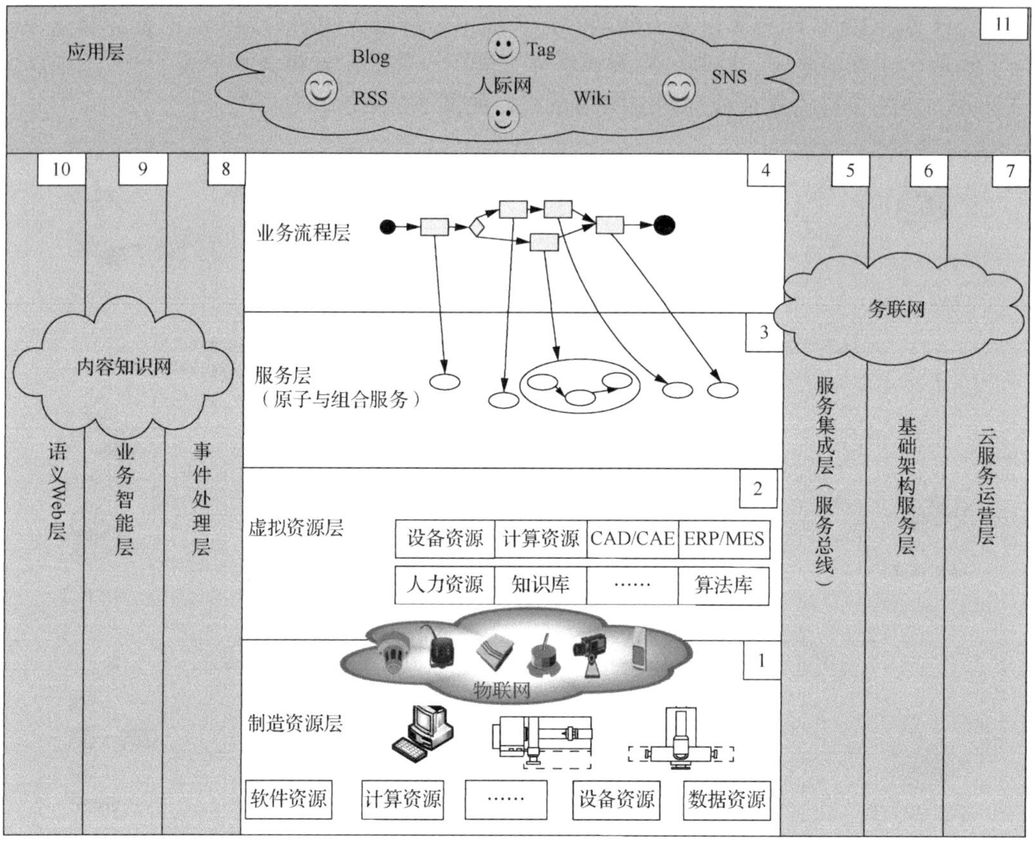

图 5-8　“四网”融合的智慧制造框架

业务智能层、语义 Web 层、应用层。该智慧制造体系结构（架构）体现了人际网、内容知识网、物联网、务联网与制造技术的融合，也实现了企业 2.0（社会制造）、语义网络化制造、制造物联和云制造等功能的整合。其中，物联网实现制造中的物与物之间的互联互通和资源感知，是连接架构第 1 层的制造资源和第 2 层的虚拟资源的桥梁；第 2 层～第 7 层体现了务联网（SOA 与云计算）理念，实现了云制造的功能，为用户提供各种服务；第 8 层～第 10 层的内容知识网（含事件处理、业务智能、语义 Web 等技术）为制造智能化提供了使能技术；第 11 层的人际网为人的集成和（隐性）知识共享提供了渠道。

如上所述，新一代智能制造已从最初着重于物理系统的感知与集成（如制造物联），进一步与信息系统融合，形成 CPPS；再进一步与社会系统融合，形成社会信息物理生产系统（Social CPPS, SCPPS）——智慧制造，延伸和拓展了工业 4.0 下的 CPPS 理念。实际上，智慧制造是融合多种先进制造模式与理念的结果，是智能制造的继承与创新、融合与拓展，代表一种新的智能制造理念、思想体系、新型制造模式。现有从不同视角提出来的智能制造模式虽然具有不同的产生背景和侧重点，但它们可以统一于智慧制造/SCPPS 架构之下，如图 5-9 所示。

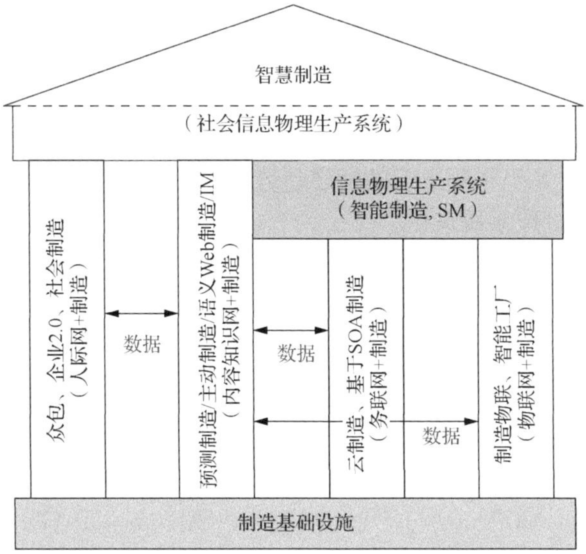

图 5-9　统一于 WM（SCPPS）旗下的多种智能制造模式

物联网和务联网在工业 4.0 中支撑 CPS，类似地在智慧制造中支撑 CPPS（CPS+制造），进一步与人际网（IbyP）或人联网（IoP）结合，进而支撑 SCPPS；而内容知识网（IoCK），包括数据-信息-知识-智慧（DIKW），起到桥接其他三大支柱技术的作用。在 AI 以“数据为王”的今天，从某种意义上来说，IoCK 就是大数据，但又不限于此，还包括语义 Web 和知识图谱等。IoCK 与制造技术的融合，就形成包括 IM、大数据驱动的智能制造、基于语义 Web 的智能制造等制造模式。

“四网”融合的智慧制造是一种人机物协同的 SCPPS 模式，如图 5-10 所示，若用 M 表示制造（Manufacturing），用 I 表示（未来）互联网（Internet），则有

$$I = \{IoP, IoCK, IoS, IoT\}$$

$$WM = I \cap M = \{IoP \cap M, IoCK \cap M, IoS \cap M, IoT \cap M\}$$

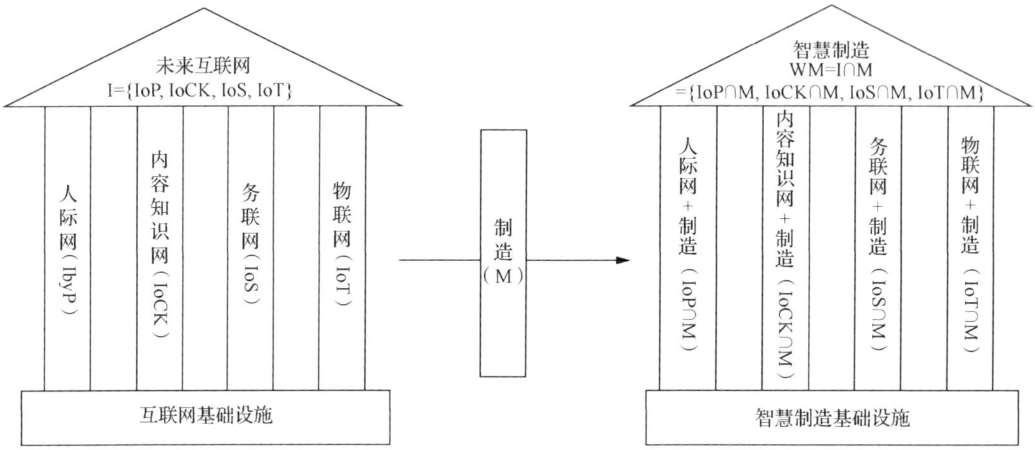

图 5-10 “四网”与制造融合的智慧制造

5.3 新一代智能制造系统理论

新一代智能制造已成为融合社会、经济、人文等方面在内的复杂大系统，而社会系统、信息系统、物理系统融合是当今制造业的发展趋势。下面以“四网”融合的智慧制造系统/SCPPS为例，介绍新一代智能制造系统理论。

5.3.1 智慧制造系统的组成

从系统抽象角度来看，智慧制造/SCPPS 是由三个相互联系、相互作用的子系统——社会系统、信息系统和物理系统构成的一个人机物协同生产系统，如图 5-11 所示。其中，社会系统是由人组成的，包括企业员工、用户/客户、公众等利益相关者，信息系统是由计算机及其网络、软件组成的，物理系统是由生产设备等制造资源组成的。信息系统与物理系统结合就形成 CPS，即技术系统，而进一步与社会系统融合，就形成 SCP（P）S，即社会技术系统。而社会系统与信息系统融合，就形成人机系统，进一步与物理系统融合，就形成人机物系统。社会世界（系统）与物理世界（系统）组成现实世界，而社会世界中的人可通过信息系统作用于物理世界。

智慧制造系统的目标包括经济、环境和社会三个方面，可分别用生命周期评估（Life Cycle Assessment，LCA）、社会生命周期评估（Social LCA, S-LCA）和生命周期成本（Life Cycle Costing，LCC）加以评价，即分别支撑可持续发展中的环境、社会和经济三个维度的评价。

三个子系统的相互作用如下。

（1）物理系统与信息系统之间的相互作用。通过物联网，信息系统利用传感器和普适计算获得物理系统的资源原始数据和事件以及环境信息，然后通过云计算和人工智能等技术将这些原始数据和事件进行进一步的加工处理，从原始（大）数据中抽取出所需的信息/知识，或将原始事件合成具有意义的复杂事件；通过机器智能决策以及务联网整合各种服务，通过执行器对物理系统中的制造资源实现控制。

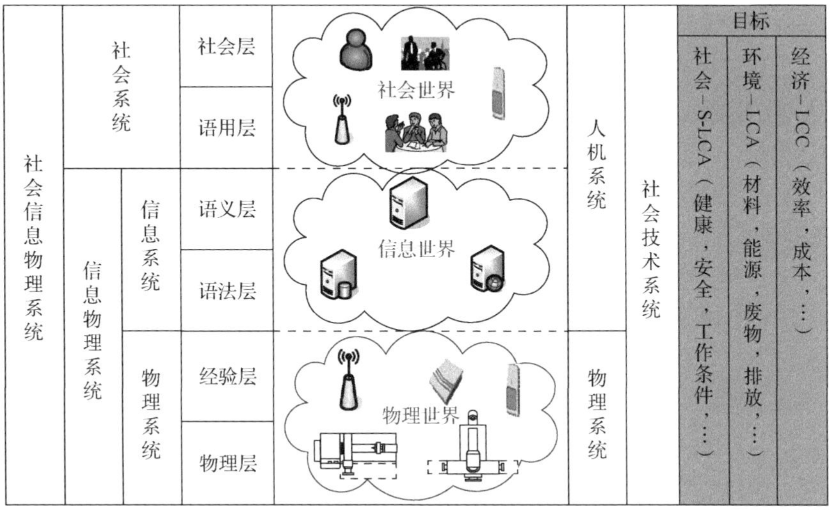

图 5-11　智慧制造系统的基本组成

（2）信息系统与社会系统之间的相互作用。社会系统中的人可以利用信息系统对产品信息、工艺信息与资源信息进行分析、规划与重组，实现对产品或生产过程的设计、建模与仿真等，而信息系统将处理来自物联网和人际网的大数据而获得的信息/知识传递给社会系统。同时，社会系统中的人通过人际网，利用群体智能，特别是借助社会性软件实现知识（特别是隐性知识）分享、知识利用和知识创新，同时经人决策后再通过信息系统实现对“物”或“机”的控制。

（3）社会系统与物理系统之间的相互作用。在智慧制造中，通过物联网和虚拟化/服务化技术将制造资源和制造能力虚拟化/服务化，将人、机、物抽象成为一个个服务结点，构成虚拟化制造资源和制造能力池，以服务方式统一于云中。社会系统中的人是通过信息系统对物理系统施加控制的；同时物理系统的资源状态和环境信息，也是通过信息系统处理后再传送到社会系统。因此，社会系统与物理系统之间的相互作用一般是间接的。

5.3.2　智慧制造系统的人机物交互

智慧制造以数据为纽带联通社会系统（Social System，SS）、信息系统（Cyber System，CS）和物理系统（Physical System，PS），形成人、机、物协同的社会信息物理生产系统。人、机、物交互如图 5-12 所示，它包括 SS、PS、CS 三个子系统（空间）内部元素之间的交互以及子系统之间元素的交互，其中 SS 包括基于人联网（人际网）的人-人交互与协同集成；PS 包括基于物联网的机（器）-机

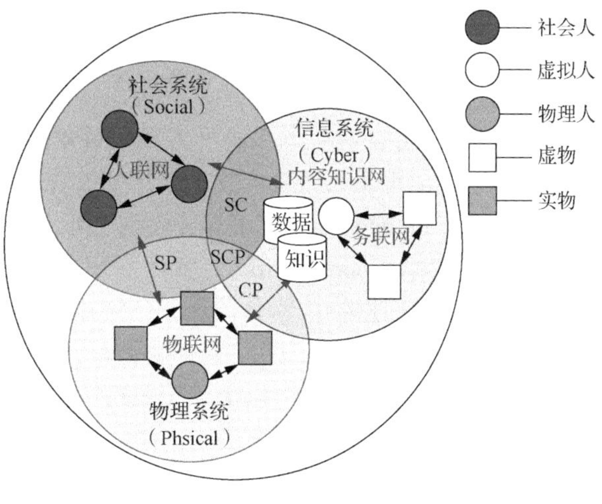

图 5-12　人机物协同智慧制造系统的基本构成及其元素交互

（器）、物（料）-物（品）/机、人-机/物的交互与协同；CS 包括基于务联网的服务-服务的交互与协同，以及基于内容知识网的数据/信息/知识在系统中的传递和耦合，尤其是子系统（空间）之间的人-机/H-CS、人-物/H-PS、机-物/C-PS、人机物/H-CPS 的交互与协同。

需要指出的是，所谓“人、机、物”，既可以指物理空间里的人-机（器）-物（料），又可以指整个系统的 H-CPS 或 S-CPPS。“机”也可是计算机的简称，即广义上的信息系统乃至 CPS；“物”是指物料或机器，广义上包括由机器和其他资源构成的物理系统及其元素。“人”既可作为社会人，又可用为物理人在生产车间进行作业，甚至可作为虚拟人存在于系统中。综观人机交互发展历程，其外延不断拓展，从最初“人-机（包括机器/机器人/计算机等）”的单机交互发展到人-系统乃至与人-CPS 的交互，其内涵从物理空间的人机交互发展到虚拟空间和虚实融合的多形态交互。

新一轮科技与产业革命对人机交互的影响超过以往任何时期。如图 5-13 所示，工业 1.0 时期，工人手工操作机器，出现操作员 1.0（O1.0）；在工业 2.0 后期和工业 3.0 初期，操作员 2.0（O2.0）使用计算机辅助技术和数控机床进行工作；到了工业 3.0 后期，电子和 IT 技术使生产流程进一步自动化，操作员 3.0（O3.0）与机器/机器人/计算机协同工作；如今发展到工业 4.0，操作员 4.0（O4.0）在 H-CPS 的帮助下工作。

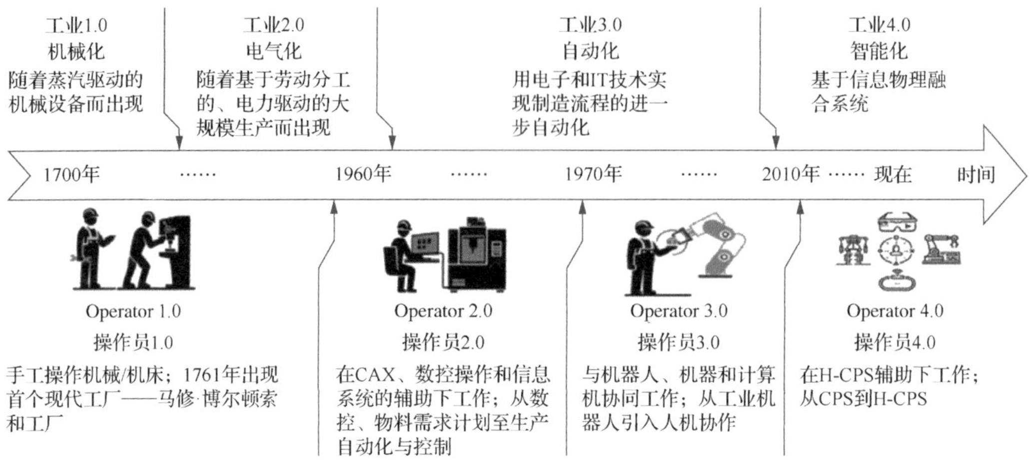

图 5-13　操作员形态随工业革命的变化

伴随工业 4.0 而诞生的多种形态操作员 4.0 （图 5-14），反映了人类的体力和脑力工作不断被机器替代，也意味着生产线上直接从事作业加工的操作工（蓝领）减少，操作工从“环内”（Human in the Loop，HiL）转移到“环上”（Human on the Loop，HoL）乃至“环外”（Human out of the Loop，HofL），变为监管者/评估者/协调者/程序员/虚拟操作员/数据分析员/规划者/决策者/计划员/创客/体验者（白领），即使此时仍然存在一线作业工人，但是也在可穿戴设备、协作机器人等协助下成为超强操作员/增强操作员/智慧操作员/协作操作员。在这种情况下，不但操作员的劳动强度得以大幅降低，而且整个产品的生产过程得到了更好的监督、分析与决策策略上的优化。实际上，这样的作业人员转移，与人类历史上劳动力从第一产业转移到第二产业和第三产业颇为相似。

图 5-14　操作员 4.0 类型

5.3.3　智慧制造系统的集成运作机理

智慧制造是智能制造发展到一定阶段时的必然产物，是智能制造的继承与创新发展，并随新一代信息/AI 技术发展而发展。在制造业信息化过程中，人们基于数据、信息和知识分别提出（狭义）数字化制造、（狭义）信息化制造和智能制造模式，那么智能制造进一步发展就诞生了智慧制造，如图 5-15 所示。

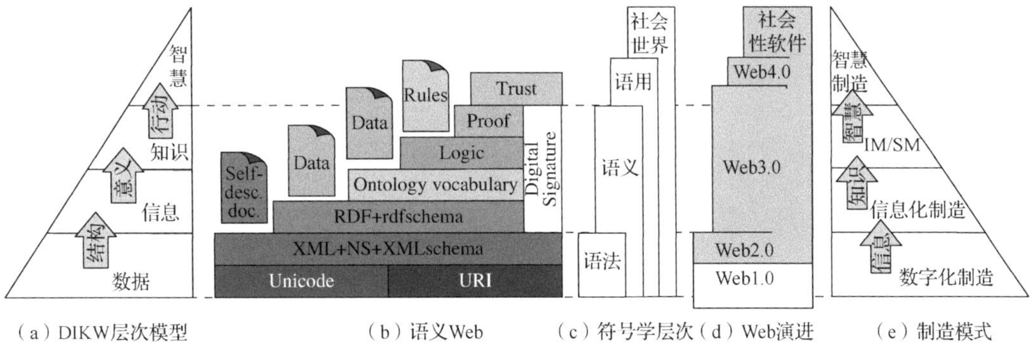

图 5-15　DIKW、语义 Web、符号学、Web 演进与制造模式的对应关系

在数据-信息-知识-智慧所形成的 DIKW 金字塔模型中，从低层到高层的数据、信息/知识和智慧，分别对应着符号学的语法、语义和语用/社会世界，以及 Web1.0/Web2.0、Web3.0、Web4.0。虽然 Web2.0 与 Web1.0 可看作语法层次的 Web，但两者又有显著区别，Web2.0 通过社会性软件延伸到了社会世界，使人们在交互沟通、知识共享和协作机制方面产生了革命性的变化。而 Web3.0 的最重要特征就是语义 Web、个性化和智能搜索，它不但保留了 Web2.0 的 Tag、微格式和公众分类的灵活性，而且可通过语义 Web 等更有效的技术来创建信息和共享信息，使得更高层次的信息处理和个性化服务成为可能。从 Berners-Lee 所提出的语义 Web 结构（图 5-15（b））来看，它提供了一条从数据到信息/知识再到智慧的途径。最底层的 Unicode（统一字符编码）和 URI（统一资源标识）以及其上层的 XML+NS+XMLschema，解决了数据语法的异构性问题。RDF（资源描述框架）和 rdfschema（RDF 格式）解决由数据组织结构不同而造成的异构性，而本体（Ontology）使信息具有机器可理解的语义。本体、逻辑（Logic）和证明（Proof）层用于解决语义的异构性，而信任（Trust）属于智慧范畴。

基于组织符号学（符号主义）的知识驱动型智慧制造和基于大数据驱动的主动（智慧）制造可以融合成一体，如图 5-16 所示。从 DIKW 的金字塔模型来看，两者颇为类似，前者强调达到 DIKW 模型的最高层次——智慧层次，从顶端的智慧层（W 层）开始，经 DIK 层再循环回到 W 层；后者从底部的数据层（D 层）开始，经过 IKW 层再循环回到 D 层，两者只是出发点不同而已，最终殊途同归。从系统层次构架来看，两者都是由物理系统（空间）、信息系统（空间）和社会系统（空间）三个子系统构成的，这三个子系统与制造技术（包括 3D 打印技术）融合相应地诞生了物联制造/SF、赛博制造（Cyber Manufacturing）和社会制造，并可通过 DIKW 和区块链将三个子系统连接起来，因此两者可以统一于社会信息物理生产系统框架之下。

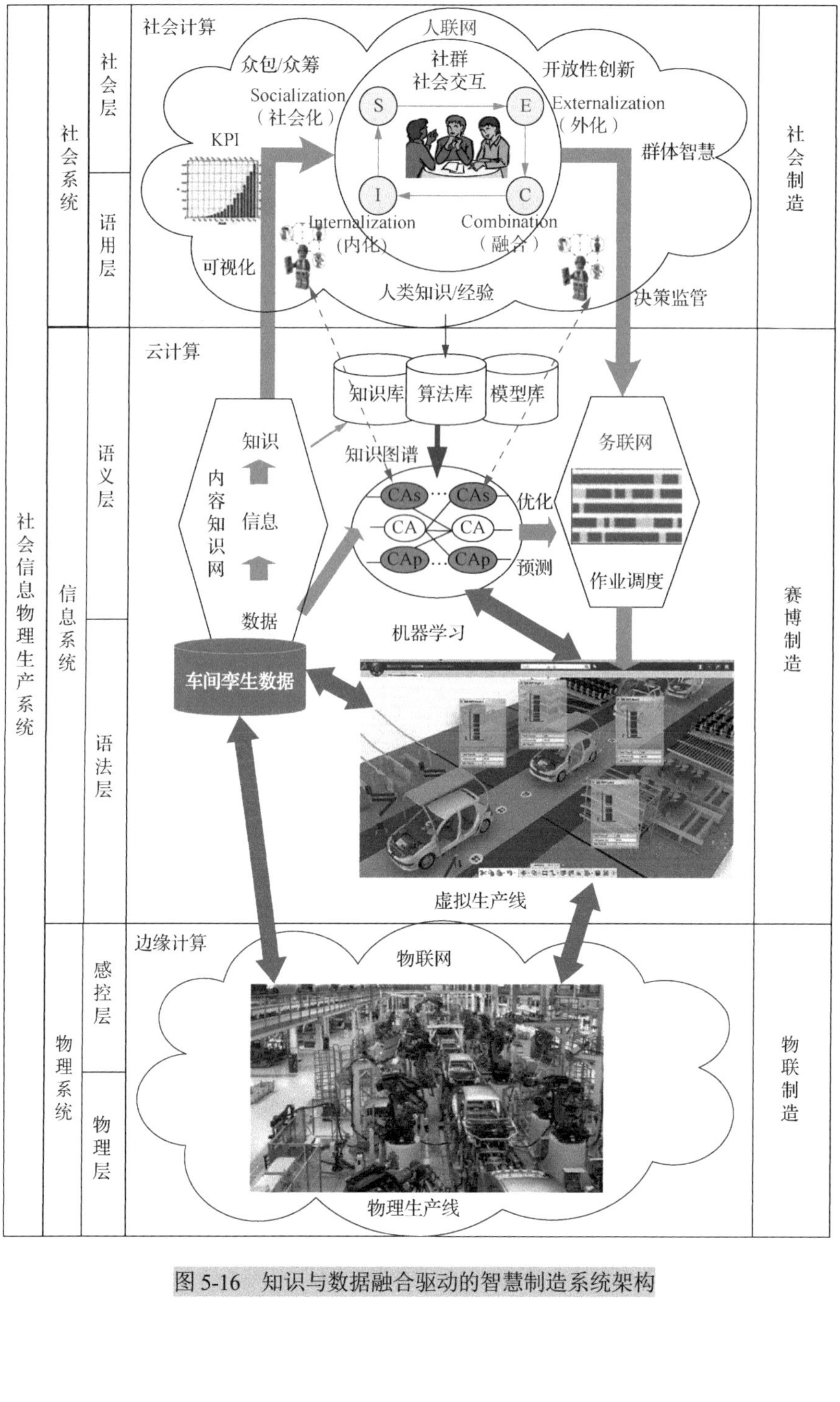

图 5-16　知识与数据融合驱动的智慧制造系统架构

5.3.4　智能制造参考体系架构模型

从图 5-16 来看，智能制造的重要特征在于实现人机物的虚拟空间与现实空间高度融合，为此在智慧制造集成框架基础上，得到如图 5-17 所示的新一代智能制造——智慧制造/SCPPS 参考体系架构模型，其中，系统层次从空间跨度维度刻画，包括工件/产品、设备、单元、生产线、企业、互联世界；时间跨度从生命周期维度刻画，包括设计、生产、使用/维护和回收等阶段；功能层次（类别）维度代表系统的核心功能，包括资产（物理资源）、感控、数据、功能、业务、用户（社群）6 个层次。业务功能代表产品全生命周期的所有业务功能，包括产品设计、仿真分析、车间状态感知、数据处理、资源配置、机器学习、故障诊断与预测、设备控制、生产过程监控等。

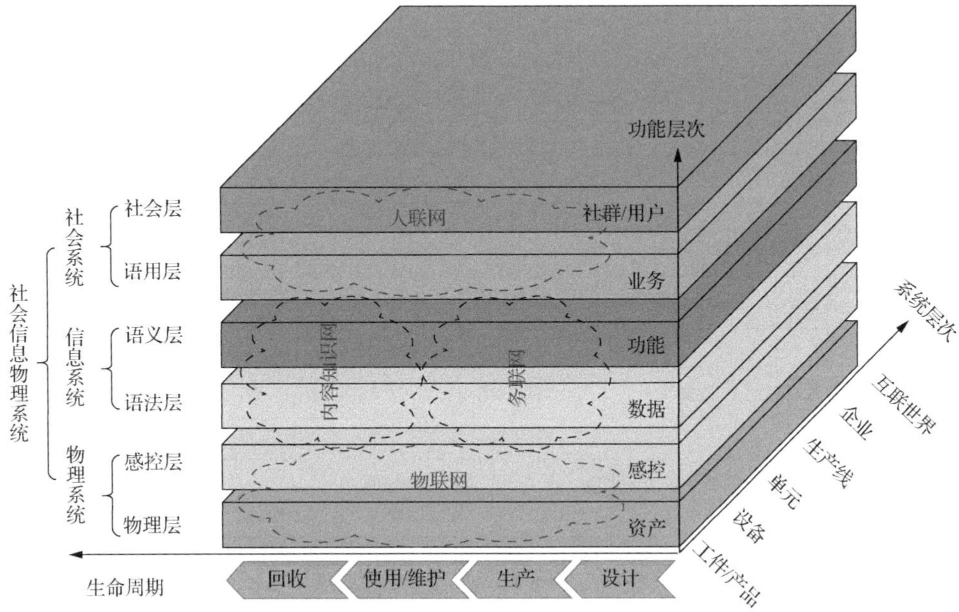

图 5-17　智慧制造/SCPPS 参考体系架构模型

5.4　新一代智能制造系统技术体系

图 5-17 所示的智慧制造/SCPPS 参考体系架构在“企业”处展开，再细化得到如图 5-18 所示的智慧制造平台及其主要技术，包括参考架构、工业软件、开发框架、网络技术、安全等跨层、跨域的公共平台技术。从社会系统、信息系统与物理系统三个子系统的功能来看，社会系统基于人联网的社会智能（群体智能）实现智能服务、人机交互、智能商务、开放创新、供应链管理、客户关系管理等；信息系统基于内容知识网与务联网的云智能（人工智能）实现机器学习、大数据处理、智能生产等；物理系统基于物联网的边缘智能实现机器和生产线的联网与控制。由此可见，在智慧制造平台的支持下，用户完成需求任务

的创建和提交，而平台系统按用户提交的任务需求形成相应的业务流程，通过物联网感知资源和环境状态，再通过数据挖掘使（大）数据升华为知识，信息系统根据内外环境的变化自动进行智能判断和快速决策，或进行初步决策再推送到社会系统中的人做进一步决策或确认，然后按照业务流程通过物联网实现对制造资源的控制，形成一个“物-数据-信息-知识-智慧-服务-人-物”循环的闭合回路，使产品得以在物理系统中实现生产，从而通过社会系统、信息系统与物理系统三个子系统相互作用，实现人机物协同决策和行为响应，为客户提供产品和服务。

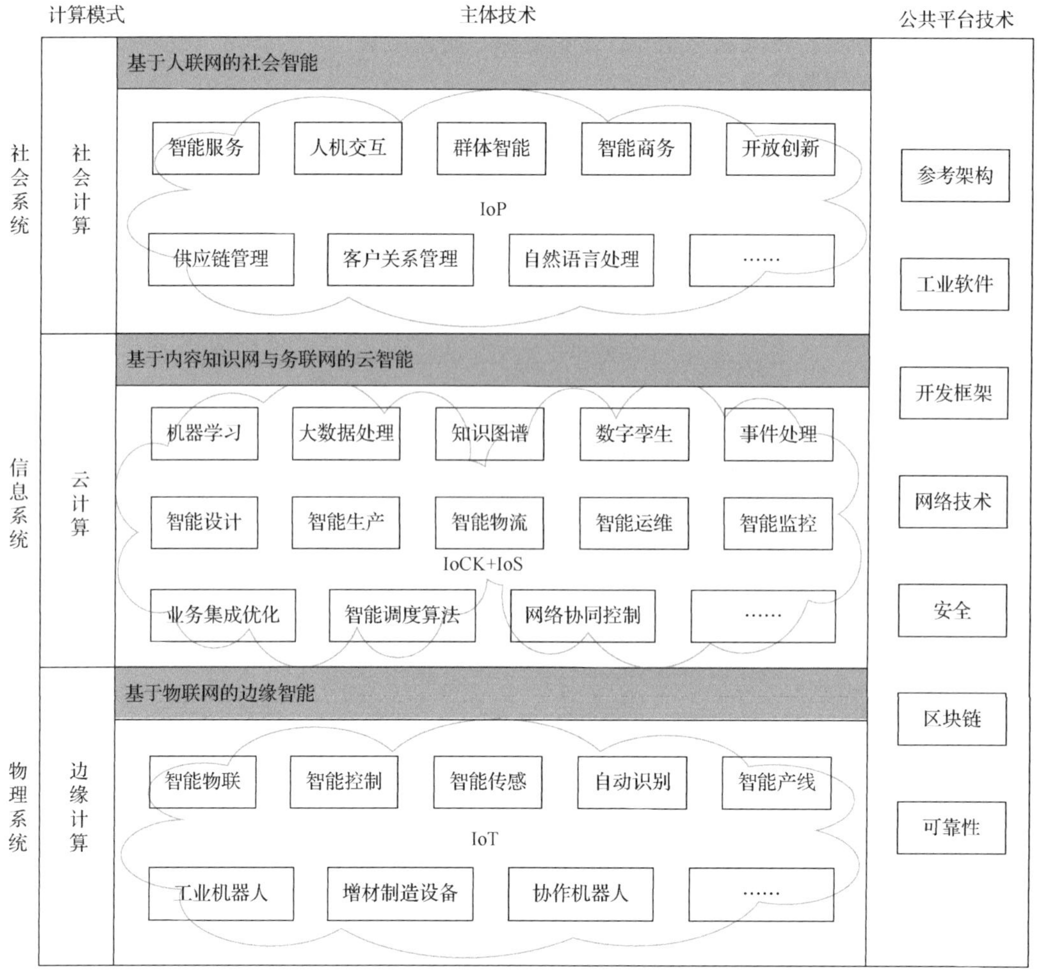

图 5-18 智慧制造平台及其主要技术

智慧制造系统的技术体系如图 5-19 所示，它包含社会、经济和环境三大目标以及社会系统、信息系统和物理系统三个子系统，由一个总体与基础技术和四大支柱技术（社会化制造技术、务联化制造技术、智能化制造技术、制造物联化技术）构成。第 6 章和第 7 章分别对智能（智慧）制造系统的物理（子）系统和信息（子）系统进行进一步详细阐述，而有关社会（子）系统将结合未来发展趋势在第 8 章进行叙述。

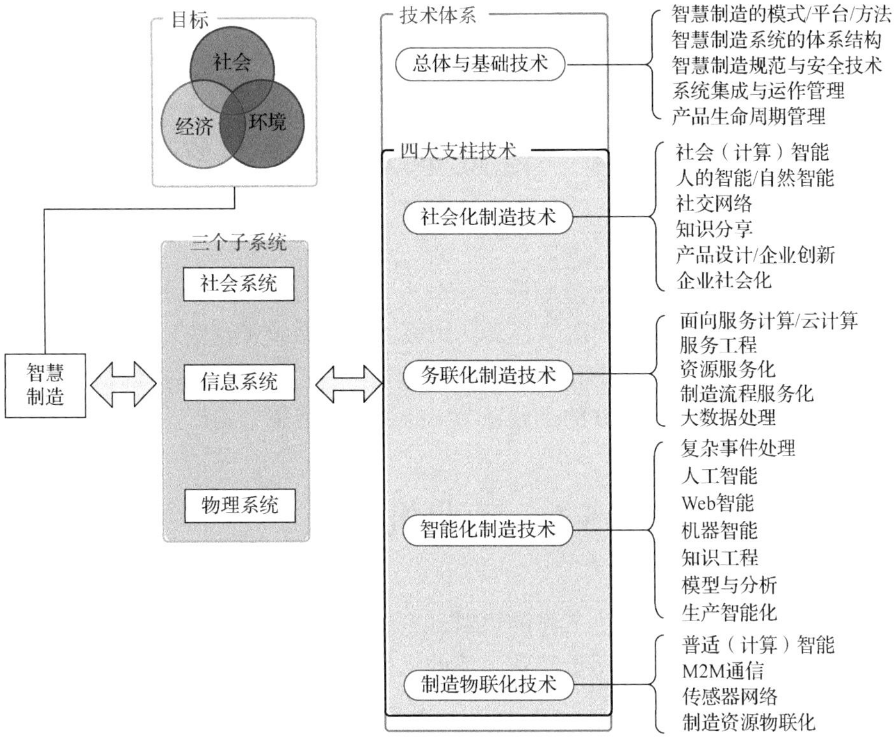

图 5-19　智慧制造系统的技术体系

第 6 章　智能制造物理系统

从信息物理融合角度来看，智能制造系统分为信息系统（软件）和物理系统（硬件）两大部分。本章从小到大介绍智能制造装备及其构成的物理系统（硬件），首先介绍智能制造中广泛应用的两类单机设备——工业机器人和 3D 打印装备，然后介绍由多台设备构成的智能生产线，最后介绍智能制造/工业 4.0 的主题环节——智能（智慧）工厂。

6.1　工业机器人

机器人是一种半自主或全自主工作的机器，它能完成有益于人类的工作，应用于生产过程的机器人称为工业机器人，应用于特殊环境的机器人称为特种机器人，应用于家庭或直接服务于人的机器人称为服务机器人。

1959 年，Unimation 公司开发研制了世界上第一台工业机器人，并应用在汽车工业领域，由此拉开了工业机器人在制造业生产中推广应用的序幕。此后，工业机器人在工业发达国家越来越多的领域得到了应用，在毛坯制造（冲压、压铸、锻造等）、机械加工、焊接、热处理、表面涂覆、打磨抛光、上下料、装配、检测及仓库堆垛等作业中得到应用，提高了加工效率与产品的一致性。

图 6-1 是机器人应用于汽车生产的示例。现在工业机器人的应用已开始扩大到核能、采矿、食品、船舶和建筑、3C 等工业的新领域中。工业机器人是一种可编程的柔性自动化设备，

图 6-1　应用于汽车行业的机器人示例

它对不同的生产环境和作业要求具有很强的适应性，人所从事的作业，许多都能由机器人来完成。因此，用来完成不同生产作业的工业机器人的种类越来越多，具有特殊作业功能的工业机器人层出不穷，如超净真空作业机器人、抛光机器人、打毛刺机器人、激光切割机器人、擦玻璃机器人、高压线作业机器人和加工作业并联机器人等，种类繁多、不胜枚举。

6.1.1　工业机器人的分类

1. 按机器人技术的发展过程分类

机器人的发展至今已出现了三代。第一代机器人是所谓的“示教再现型”机器人，这类机器人需要操作者事先手把“手”地对机器人按工作轨迹缓慢地进行“示教”，在示教过程中，机器人各关节几何参数的变化被检测出来，并自动储存，到工作时，机器人按照包含了储存数据的指令驱动关节复现已进行过的示教运动——“再现”。示教方式更多的是通过示教盒或控制台键盘来进行的。这类机器人具有记忆、存储能力，能对不同作业按相应程序重复工作，但对周围环境基本上没有感知与环境信息反馈控制的能力。

随着传感技术，包括视觉传感器、非视觉传感器（力觉、触觉、接近觉等）以及信息处理技术的发展，第二代机器人——有感觉的机器人出现了。这类机器人具有一定的感觉系统，能获取外界环境和操作对象的部分有关信息，可对外界环境的变化做出简单的判断并进行相应的实时处理，识别分类后引导机器人进行作业。20 世纪 80 年代，这类机器人在国外已经进入实用化阶段，在工业生产中开始得到应用。

第三代机器人是目前正得到广泛研究的“智能机器人”。它不但比第二代机器人具有更完善的环境感知功能和适应能力，而且具有逻辑思维、判断和决策功能，能根据人给的指令和自身的判断结果自主确定与之相适应的动作。智能机器人是工业机器人从无智能发展到有智能、从低智能水平发展到高度智能化的产物，它更接近于人们事先对“机器人”的理想要求。

智能机器人系统通常由三部分组成：感知系统、控制系统与执行机构。感知系统一般为电荷耦合器件摄像机（视觉传感器）、激光测距传感器、超声波测距传感器、接触和接近传感器、红外线测距传感器和雷达定位传感器等。执行机构依托智能机器人的本体，决定智能机器人的运动空间，如机械手、移步机构（步行机构、轮式机构、履带式机构、爬行机构和混合机构）等。

2. 按机器人机械臂的结构形式分类

按机器人机械臂的结构形式可将机器人分为直角坐标型机器人、圆柱坐标型机器人、极坐标型机器人和多关节机器人，如图 6-2 所示。

直角坐标型机器人的机械臂在三个坐标轴上有三个独立的平移自由度，其运动方程可以独立处理，同时方程又是线性的，对这类机器人进行计算机控制的算法简单，常应用于弧焊和装配等场合，但工作空间较小，不适合运动速度过高的场合。

圆柱坐标型机器人的机械臂具有一个回转和两个平移自由度。这种机器人适用于用回转动作进行物料的装载。

极坐标型机器人又称球面坐标机器人，其机械臂具有回转、旋转和平移自由度，机械臂能够做直线伸缩移动、在垂直面内的摆动以及绕底座在水平面内的回转运动。

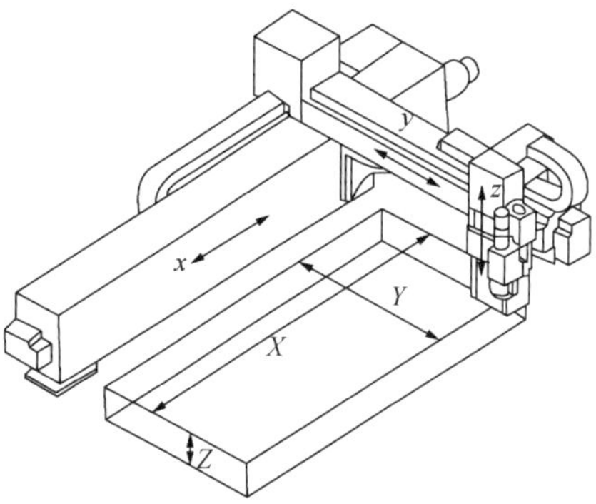

（a）直角坐标型机器人

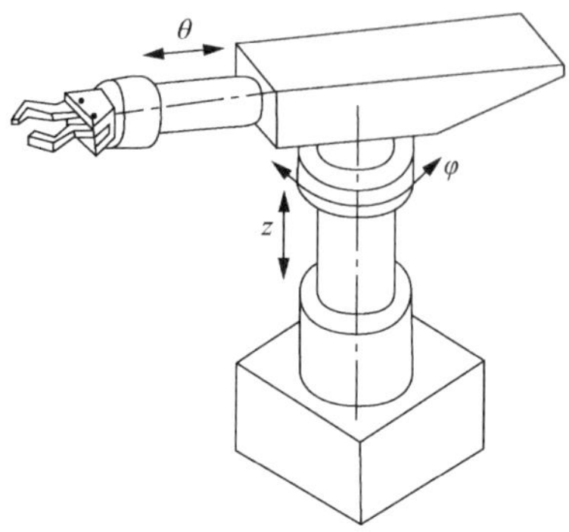

（b）圆柱坐标型机器人

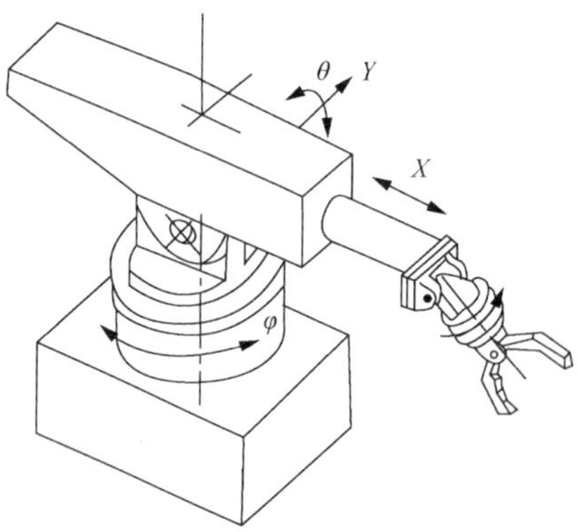

（c）极坐标型机器人

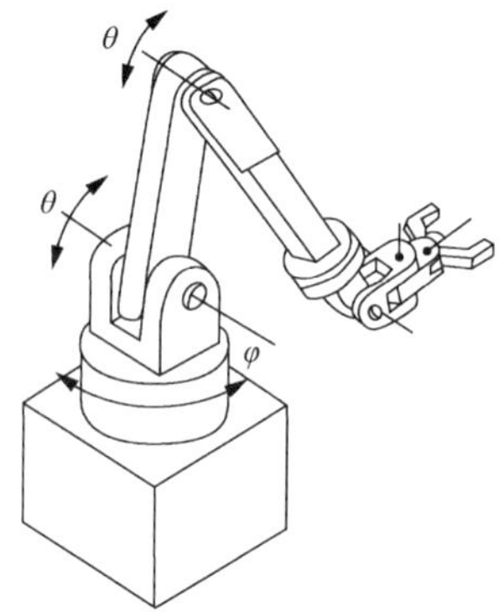

（d）多关节机器人

图 6-2　按机械臂结构形式分类的机器人

多关节机器人可以实现多方向的自由运动，其机械臂常由一个回转（或平移）加上两个旋转自由度构成，工作空间大，动作灵活，适合用电机驱动，具有多种形态和驱动方式。

3. 按机器人的移动性分类

根据机器人的本体能否移动可将机器人分为固定式机器人和移动式机器人。

固定式机器人的本体固定在机座上，机器人不能整体移动，只能移动某些关节。

移动式机器人整体可以沿某个方向或任意方向移动，根据移动方式的不同又可以分为轮式机器人、履带式机器人和步行机器人。在工业生产和仓储中广泛使用的一种轮式移动式机器人称为 AGV（Automated Guided Vehicle），如图 6-3 所示。

随着新工业革命的推进，制造模式正从以前的大规模标准化生产向大规模个性化定制生产模式转变，生产制造模式的改变意味着车间需要更能适应复杂多变的柔性生产线，因此 AGV 在制造业获得广泛应用。不同的产品，其生产工序可能完全不同，生产过程中依靠智能的 AGV 能完成不同工位之间物料的转移，物料的转移过程需要考虑作业车间调度的问题，实际的 AGV 运行过程可能会出现碰撞、速度过慢等问题导致实际生产不能按预先的调度执行，因此近几年越来越多的学者开始研究智能 AGV 设计、AGV 与作业车间的集成调度等问题，旨在提高信息获取的实时性和系统的鲁棒性，使系统能适应复杂多变的生产条件。

图 6-3　移动式机器人（AGV）

AGV 应用中要更加高效必须要有智能的导航系统和控制系统，具体包括三个关键技术：自动导航、路径规划和导航控制。AGV 的导航技术根据选择传感器的不同，可以分为：电磁导航、激光导航、视觉导航、惯性导航、GPS 等不同形式。

电磁导航是最早应用于 AGV 的导航方式。该方式技术成熟，直到目前仍然有很多 AGV 生产厂家采用这种导航方式。电磁导航通过在 AGV 行驶路径上埋设金属线，利用其电磁特性来实现导航。其原理简单，制造成本低，可靠性高，控制方便。主要缺点在于 AGV 路径改变相对困难，地面施工成本高，大大降低了系统的柔性。

激光导航主要分为两种形式。一种是在 AGV 行驶路径周围安装位置精确的激光反射板，AGV 通过激光扫描器时发射激光束，同时采集由反射板反射的激光束，确定当前 AGV 的位置和航向。另一种是基于同步定位于地图创建技术的无反射板的激光导航。激光导航定位精确，行驶路径灵活多变，地面无须其他定位设备，已经成为目前多数 AGV 生产厂家优先采用的导航方案。但是，其制造成本高，对工作环境要求相对苛刻，周围环境干扰较大，也成为制约其大规模使用的因素。

视觉导航方式根据建立的环境模型又可以分为 2D 视觉导航和 3D 视觉导航。2D 视觉导航是在 AGV 行驶路径上铺设区别于地面颜色、灰度的色带或者二维码，AGV 通过视觉传感器采集图像信息，利用图像处理技术识别色带进行导航。该导航方式的灵活性好，路径更改容易，色带铺设简单，但对光照及地面清洁度要求较高。3D 视觉导航是通过立体视觉技术建立环境的 3D 地图，通过路径学习实现自主导航。该项技术的复杂性较高，开发难度大，定位精度低，目前使用较少。

惯性导航是在 AGV 上安装陀螺仪，在其行驶的路径上安装定位块，AGV 通过对陀螺仪偏差信号的计算及地面定位块信号的采集来确定自身的位置和方向。惯性导航 AGV 通过与已知的地图路线进行比较来控制运动方向，实现自主导航。惯性导航方式定位准确，灵活性强，组合和兼容性好，适用领域广。其缺点是陀螺仪对振动较为敏感，地面条件对 AGV 运行的可靠性影响较大，后期维护成本高，且需要矫正定位。

在工业领域，通用工业机器人称为机械臂或者机械手，主要是替代人胳膊的抓取功能；而移动机器人，即 AGV 是替代人腿脚的行走功能。如果将两者结合而形成的复合机器人，既能够在空间内通过工业机器人来完成终端操作，又能够通过 AGV 的移动来灵活地变换工位。复合机器人因此应运而生，它是一种集成移动机器人和通用工业机器人两项功能于一身的新型机器人。复合机器人则是手脚并用，将两种功能组合在一起，如图 6-4 所示。

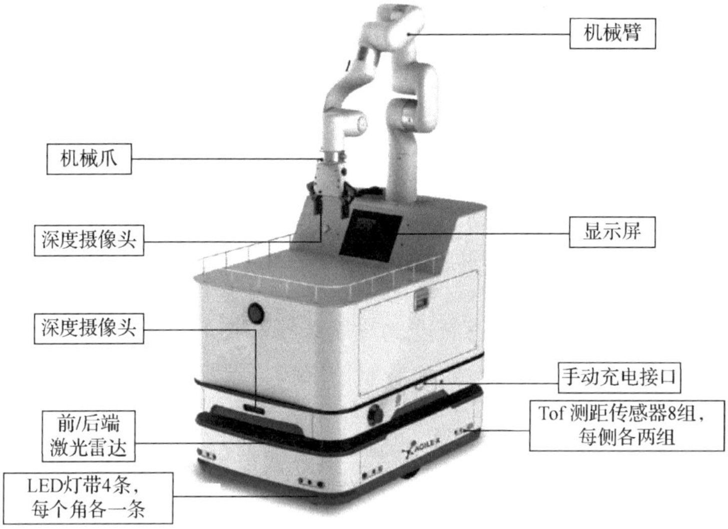

图 6-4　复合机器人

在我国制造业转型升级的过程中，工业自动化的需求多种多样。未来企业对 AGV 的需求也不仅仅局限于简单地搬运或替代人力，而是服务于整个工艺装备系统，提升产品的质量。因此，AGV 技术在未来的工业系统中定会占据更为重要的地位。

6.1.2　工业机器人的核心关键技术

我国工业机器人尽管在某些关键技术上有所突破，但还缺乏整体核心技术的突破，特别是在制造工艺与整套装备方面，缺乏高精密、高速与高效的减速机、伺服电动机、控制器等关键部件，今后需要对如下关键技术开展深入研究。

1. 工业机器人灵巧操作技术

机械臂和机械手在制造业应用中模仿人手的灵巧操作，在感知、高精度高可靠性感知、规划和控制性方面开展关键技术研发，最终通过独立关节以及创新机构、传感器，达到人手级别的触觉感知阵列，动力学性能超过人手的高复杂度，机械手能够进行整只手的握取，并能做加工厂工人在加工制造环境中的灵活性操作工作。

在工业机器人创新机构和高执行效力驱动器方面，通过改进机械装置和执行机构以提高工业机器人的精度、可重复性、分辨率等各项性能。进而，在与人类共存的环境中，工业机器人驱动器和执行机构的设计、材料的选择，需要考虑工业机器人的驱动安全性。创新机构包括外骨骼、智能假肢，需要高强度的自重/负载比、低排放执行器、人与机械之间自然的交互机构等。通过采用新材料来提高工业机器人的负载与自重比。

2. 工业机器人自主导航技术

在由静态障碍物、车辆、行人和动物组成的非结构化环境中实现安全的自主导航，对装配生产线上对原材料进行装卸处理的搬运机器人、原材料到成品的高效运输的 AGV 工业机器人以及类似于入库存储和调配的后勤操作、采矿和建筑装备的工业机器人来说均为关键技术，需要进一步进行深入研发技术攻关。

3. 工业机器人环境感知与传感技术

未来的工业机器人将大大提高工厂的感知系统，以检测机器人及周围设备的任务进展情况，能够及时检测部件和产品组件的生产情况、估算出生产人员的情绪和身体状态，因此需要攻克高精度的触觉、力觉传感器和图像解析算法，重大的技术挑战包括非侵入式的生物传感器及表达人类行为和情绪的模型。通过高精度传感器构建用于装配任务和跟踪任务进度的物理模型，以减少自动化生产环节中的不确定性。

多品种小批量生产的工业机器人将更加智能、更加灵活，而且将可在非结构化环境中运行，并且这种环境中包含有人类/生产者参与，从而增加了对非结构化环境感知与自主导航的难度，因此需要攻克的关键技术包括3D环境感知的自动化，即使是在非结构环境中也可实现产品批量生产，适应机器人在加工车间中的典型非结构化环境。

4. 工业机器人的人机交互技术

未来工业机器人的研发越来越重视人机交互技术，因此需要研究全浸入式图形化环境、三维全息环境建模、真实三维虚拟现实装置以及力、温度、振动等多物理作用效应的人机交互装置。为了达到机器人与人类生活行为环境以及人类自身和谐共处的目的，需要解决的关键问题包括：机器人本质安全问题，保障机器人与人、环境间的绝对安全共处；任务环境的自主适应问题，自主适应个体差异、任务及生产环境；多样化作业工具的操作问题，灵活使用各种执行器完成复杂操作；人-机高效协同问题，准确理解人的需求并主动协助。

在生产环境中，注重人类与机器人之间交互的安全性。根据终端用户的需求设计工业机器人系统以及相关产品和任务，将保证人机交互的自然，不仅是安全的，而且效益更高。人和机器人的交互操作设计包括自然语言、手势、视觉和触觉技术等，也是未来机器人发展需要考虑的问题。工业机器人必须容易示教，而且人类易于学习如何操作。机器人系统应设立学习辅助功能用以实现机器人的使用、维护、学习和错误诊断/故障恢复等。

5. 基于实时操作系统和高速通信总线的工业机器人开放式控制系统

基于实时操作系统和高速通信总线的工业机器人开放式控制系统，采用基于模块化结构的机器人的分布式软件结构设计，实现机器人系统不同功能之间的无缝连接，通过合理划分机器人模块，降低机器人系统的集成难度，提高机器人控制系统的软件体系实时性；攻克现有机器人开源软件与机器人操作系统兼容性、工业机器人模块化软硬件设计与接口规范及集成平台的软件评估与测试方法、工业机器人控制系统硬件和软件开放性等关键技术；综合考虑总线实时性要求，攻克工业机器人伺服通信总线，针对不同应用和不同性能的工业机器人对总线的要求，攻克总线通信协议、支持总线通信的分布式控制系统体系结构，支持典型多轴工业机器人控制系统及与工厂自动化设备的快速集成。

6.1.3 协作机器人

人工智能技术的发展将促使工业机器人更加“智能”，能完成更加复杂的工作，如无序抓取。人机协作程度不断深化，协作机器人成为赛道焦点。协作机器人的应用场景不断更新，不仅可以应用于工业领域，还可以应用于商用服务领域，协作人工执行更加复杂的任务。

协作机器人由机器人演化而来，是机器人的一种细分，代表了一种突破性的技术，旨在实现工人和机器之间的高层次（如协作）互动，并具有在制造等行业灵活部署的能力。其典型特征是直接与操作员实现精准合作，除了可以减轻操作员的负担外，还可以承担繁重单调且不符合人机工程学的工作。

图 6-5 所示为人机协同工作在制造领域两个典型的应用场景，在人机协作环境中，协作机器人与人之间没有明显的“围栏”，而是通过其自身的多传感器、机器视觉等先进技术实现与人的智能安全协作，从而完成零部件的智能组装、检测等复杂工作。在这种人机协作的环境中，将较大地提高工人解决问题的能力，而协作机器人则在执行手头任务时提供力量、耐力和精确度，实现人机智能协同。

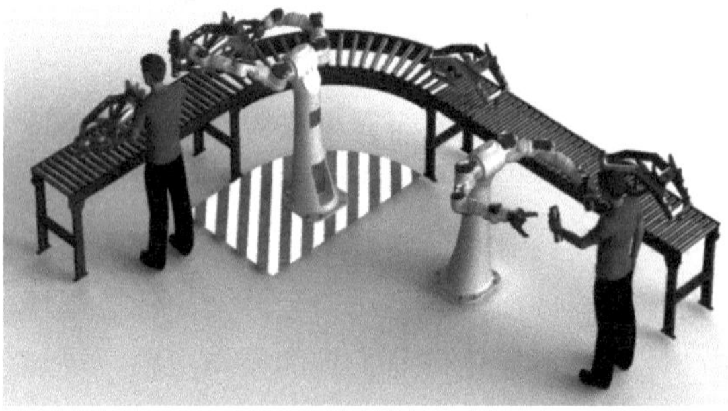

（a）人机协同装配应用场景一

（b）人机协同装配应用场景二

图 6-5 人机协同装配应用

当前阶段协作机器人的主要目标依然是安全、快速、高可靠性和高精度地执行重复性任务，随着以深度学习驱动的 AI 技术的发展和工业 4.0/5.0 的加快落地应用，协作机器人将具备强大的观察、学习人类的能力，通过分析获得人类的下一步意图并提前做出响应，从而获得更高的效率和降低成本，在更短的时间内提高产量和获得高品质产品。

协作机器人最显著的特征是大部分时间都需要与人协作，但不局限于一定要在同一工作空间，远程协同工作也有可能，进而共同完成任务；而不是像传统机器人一样大部分时间都在“独自”工作，把工人丢一边，抢夺了部分工人的就业机会。此外，协作机器人一般还具备小巧、灵活、柔性、智能、便捷易上手、“亲密”等特点，人与协作机器人之间将没有明显的“围栏”，从图 6-1 和图 6-5 可以看出两者的区别。

协作机器人除了可以完成重复性的任务外，还具备学习理解能力，就像学徒一样，协作机器人将观察和学习人类如何执行任务，一旦它们学会了，就会像人类操作员那样执行所需的任务，值得注意的是人与机器人不再是激烈的竞争关系，而是相互协作，人类操作机器不再是冷冰冰地操作，而是更具人情味式的交流协作。

人类与机器人一起工作，不仅没有恐惧，而且心态平和，因为知道他们的机器人同事充分理解他们，并且可以与之开展有效的合作。在协作过程中，协作机器人观察人类的表情、行为、动作并结合周围环境的动态变化，利用深度学习驱动的AI技术分析推断出操作者下一步将要做什么，提前预测并做出合理的响应，做到人机心灵相犀，因此协作机器人将给人机交互领域带来前所未有的挑战和机遇。

6.2　3D打印装备

3D打印，又称增材制造，是20世纪80年代后期发展起来的新型制造技术。目前，增材制造成形材料包含金属、非金属、复合材料、生物材料甚至是生命材料，成形工艺能量源包括激光、电子束、特殊波长光源、电弧以及以上能量源的组合，成形尺寸从微纳米元器件到10m以上大型航空结构件，为现代制造业的发展以及传统制造业的转型升级提供了巨大契机。3D打印以其强大的个性化制造能力充分满足未来社会大规模个性化定制的需求，以其对设计创新的强力支撑颠覆高端装备的传统设计和制造途径，形成前所未有的全新解决方案，使大量的产品概念发生革命性变化，成为支撑我国制造业从转型到创新驱动发展模式的转换。

近年来3D打印的关注度逐渐上涨，世界工业强国不断加大对3D打印的研发和投资。2012年经济学者以“第三次工业革命”为标题对3D打印进行报道，美国《时代》周刊将其列入“美国十大增长最快的工业”。2012年美国发布了《先进制造国家战略计划》，提出要加强增材制造等平台技术，强化美国工业基础。随后，美国成立了国家增材制造创新研究所。2016年3月，美国发布了《下一代增材制造材料战略路线图》。欧盟委员会在欧盟第七研发框架计划（FP7）资助项目中包含了60多个增材制造项目。2016年英国发布的英国增材制造研究与创新概况的调研分析报告显示，2012～2022年，英国在增材制造研发上投入约1.15亿英镑。我国于2016年依据《国家中长期科学和技术发展规划纲要（2006—2020年）》和《中国制造2025》，启动了“增材制造与激光制造”重点专项，以部署研发新的技术，支撑我国高端制造业发展。

6.2.1　3D打印的生产特点

从经济意义上分析，以3D打印为代表的个性化定制在生产成本上有着显著的优势。3D打印的单位成本与数量变化无关，无论数量如何变化，单位生产成本始终稳定在一个固定的值，在单件小批量的生产中较其他生产模式有优势，并通过多品种的产品生产进一步获得范围经济效应。大规模生产通过规模经济取得生产成本上的优势，适用于生产数量较多的通用零件或产品。而大规模定制和个性化生产组成所谓的“长尾”，则关注“尾部”的小批量或单件产品生产，认为这部分产量虽然不高，但是通过增加产品种类，满足多样化、多层次的客户需求，可以积少成多。最终，这些产量不高的利基产品共同累积成的市场份额甚至可以比大规模生产的市场更大，如图6-6所示。

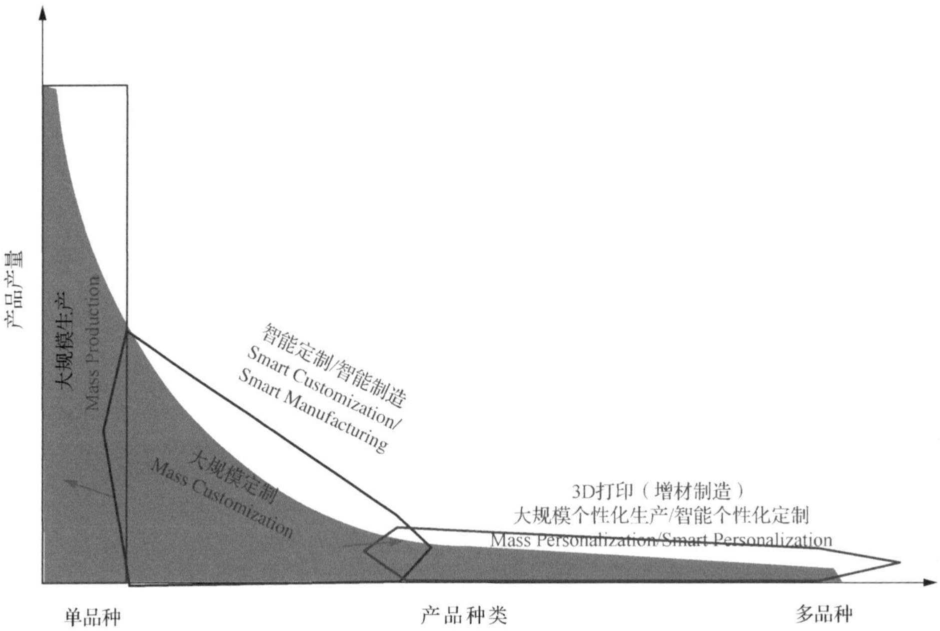

图 6-6　长尾生产方式

以传递机械加工为代表的减材制造中加工工艺种类繁多，不同技术的成形过程大相径庭。而 3D 打印尽管生产工艺多种多样，但其成形过程基本相同，均是在数字模型的基础上，通过逐层增加材料来完成三维实体的生产。图 6-7 为两种制造方式的比较。

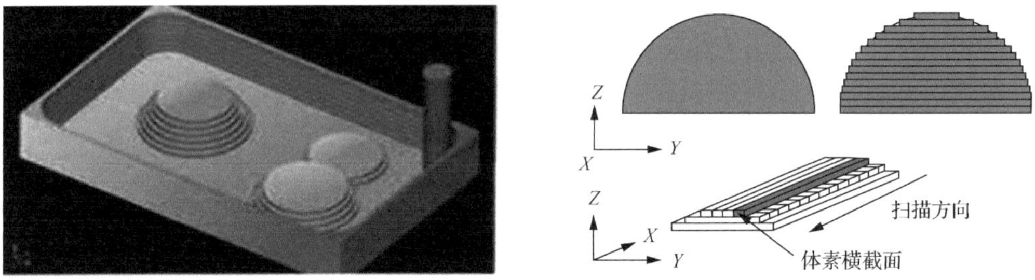

（a）减材制造（传统机械加工）　（b）增材制造（3D打印）

图 6-7　减材制造与增材制造的对比

3D 打印产品的生产过程如图 6-8 所示，在完成数字模型的设计优化后，生产过程总体上由前处理、打印、后处理三个步骤组成。前处理中包含工件和设备两个方面的准备工作，在工件方面，需要对工件进行模型修复、添加支撑、分层，最终生成加工代码；在设备上需要进行材料填充、设备预加热、抽真空或填充保护气体等。打印过程即逐层增加材料的过程，是一个循环往复过程，每一个循环中又包含了换层、打印该层形状（增加材料）两个关键步骤，其中不同打印技术的差异主要体现在采用不同的方法将材料黏结在一起（光固化、金属烧结、熔融沉积等），打印过程可能需要相应地增加等待时间等其他操作。后处理是对打印完成的零件做进一步的处理，包含固化、去除支撑、清理、热处理、机加工等。

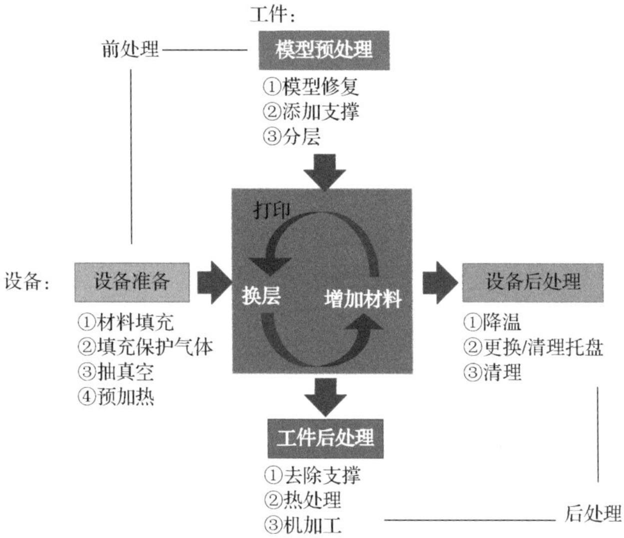

图 6-8　3D 打印生产流程

6.2.2　3D 打印技术的分类

按照打印技术使用的材料状态，可将其分为液态、粉末、片状三个大类，如表 6-1 所示。

其中，聚合物喷射技术（如 PolyJet）、熔融沉积成形（Fused Deposition Modeling，FDM）、立体光固化成形（Stereo Lithography Apparatus，SLA）的原理均是把液态的材料逐层固化。由于重力，对超过一定角度的伸出部分需要添加支撑结构，以避免工件变形。但是，支撑结构会影响与其相连接表面的质量，同时增加后处理中去除支撑的工作量，尤其是复杂结构的支撑。因此，对表面质量要求高的工件之间不宜堆叠，以减少支撑接触面。此外，多个工件堆叠增大了后处理中去除支撑的难度，因此，这类打印技术原则上不允许工件的堆叠。

选择性激光烧结（Selective Laser Sintering，SLS）、选择性激光熔化（Selective Laser Melting，SLM）、电子束熔融成形（Electron Beam Melting，EBM）、立体喷墨打印（Three-Dimensional Printing，3DP）均以粉末材料为原料，采用粉末床逐层增加材料，它们最大的区别在于将材料黏结到一起的方式不同。SLS 和 SLM 均采用激光加热的方法使材料熔融，而 EBM 采用电子束加热熔融，3DP 则使用黏结剂黏合粉末材料。尽管固态的粉末材料可以提供支撑作用，但由于 SLM 和 EBM 加工的材料主要为金属粉末，温度较高，需要支撑进行辅助散热，同时金属的密度大、质量重，需要通过添加支撑来提高支撑力等，SLM 和 EBM 的生产过程中依然需要添加支撑结构，也不允许工件之间的堆叠。而 SLS 一般为高分子材料或熔点低的金属材料，烧结温度较低，粉末可以支撑已打印部分，因而零件之间可以叠放。3DP 技术与 SLS 一样不需要支撑也可以堆叠。

叠层实体制造（Laminated Object Manufacturing，LOM）是用激光切割的方法在片状材料上切出每一层的轮廓，再用黏结剂或摩擦焊等方法将每一层结合在一起，其材料同样可以作为支撑，支持不同工件的叠放。

图 6-9 为两种 3D 打印装备示例。

表 6-1　常见 3D 打印技术的归纳

材料状态	成形方法	增材技术	工序			堆叠
			轮廓扫描	区域扫描	添加支撑结构	
液态	光固化	PolyJet	√	√	√	
		SLA	√	√	√	
	熔融沉积	FDM	√	√	√	
粉末	熔合	SLS	√	√		√
		SLM	√	√	√	
		EBM	√	√	√	
	黏结	3DP		√		√
片状	黏合、焊接	LOM	√			√

注：√表示具有该项功能。

图 6-9　3D 打印装备示例

6.3　智能生产线

智能生产线是针对制造加工现场特点，将一组能力相近相辅的加工装备（模块）进行一体化集成，实现各项能力的相互联通，具备适应不同品种、不同批量产品生产能力输出的组织单元，也是智能车间（工厂）的基本工作单元。

智能生产线具有独特的属性与结构，相比于传统生产线，其具有以下特点：在生产和装配过程中，能够通过传感器和射频识别技术自动进行数据采集，并通过电子看板实时显示生产状态；能够通过机器视觉和多种传感器进行质量检测，自动剔除不合格品，并对采集的数据进行统计分析，找出质量问题的成因；支持多种相似产品的混流生产和装配，灵活调整工艺，适应小批量、多品种的生产模式；具有柔性，如果生产线上有设备出现故障，能够调整到其他设备生产；针对人工操作的工位，能够给予智能提示等。这样的特点使得智能生产线易于集成为智能工厂。

为了提高生产效率，工业机器人等在生产线上的应用越来越广泛，并且广泛应用 RFID 作为标识，自动切换工装夹具，实现柔性自动化。对于批量较大的产品，可以采用流水线式生产和装配；对于小批量、多品种的产品，一般采用单元式组装的方式；对于机加工、钣金加工等工艺，可以采用柔性制造系统实现多种产品的全自动柔性化生产。

某工程机械传动件公司生产不同型号的传动件，因此减速机装配线需要组装不同型号的减速机，生产线由壳体与输出轴分装线、齿轮与行星机构分装线、电动机安装与测试分装线组成，共有 13 个工位，如图 6-10 所示。减速机各零部件通过扫描二维码识别，装配线铺设有辊轮，减速机放置在有固定支架的拖盘上，拖盘底部贴装 RFID 标签，拖盘通过生产线的辊轮带动传输，减速机的整个装配过程都在拖盘上进行：零部件上线，由工人（和/或机械臂）将零部件与拖盘绑定；零部件装配、缓冲过程，由机械臂完成；装配完成品，由工人（和/或机械臂）将成品与拖盘解除绑定；成品入库，拖盘循环进入下一次装配流程。由于减速机有不同型号，生产线控制系统需要让拖盘在不同的工位停留，根据物料清单（Bill of Material，BOM）结构要求装配不同的零部件，使用 RFID 技术自动识别减速机的订单和型号，可以实现生产跟踪和装配防错。

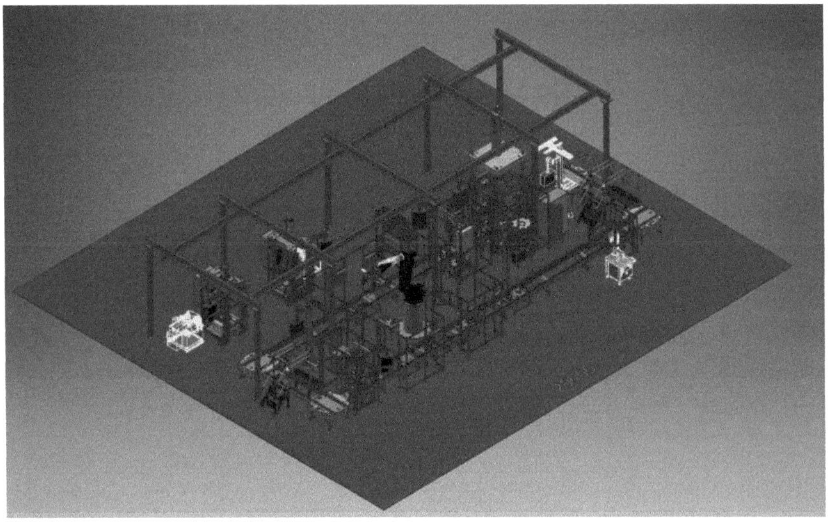

图 6-10　减速机装配线示意图

6.4　智能车间

车间是制造工艺活动与生产活动的主要发生场所，完成从虚拟产品向物理产品的转化。车间作为智能制造的实施载体，通过建设智能车间，实现制造过程提质增效、敏捷响应外部变化，是制造企业进行数字化转型的基本方式之一。

6.4.1　车间的定义

车间是企业内部组织生产的基本单位，也是企业生产行政管理的一级组织，由若干工段或生产班组构成。按照企业内部产品生产各个阶段或产品各组成部分的专业性质和各辅助生产活动的专业性质而设置，拥有完成生产任务所必需的厂房或场地、机器设备、工具和一定的生产人员、技术人员和管理人员。车间具有以下特点：①它是按照专业化原则形成生产力诸要素的集结地；②它是介于厂部和生产班组之间的企业管理中间环节；③车间的产品一般是半成品（成品车间除外）或企业内部制品，而不是商品；④车间不是独立的商品生产经营单位，一般不直接对外发生经济联系。

车间通常不涉及产品研发过程以及企业运营层面的工作，但车间的许多业务与产品研发及企业运营环节都有关系，例如，车间生产之前需要从研发部门获取产品设计及工艺数据，包括产品模型、工艺规程、物料清单、变更指令等，也需要从运营部门获取制造订单、生产规划、物料供应等数据，并反馈生产结果数据。

制造车间的主要业务活动包括：①车间规划与改善活动；②生产运行活动；③工艺执行活动；④库存物流活动；⑤质量控制活动；⑥设施维护活动。表 6-2 列出了上述六大类业务活动的内容分解以及活动执行主体。

表 6-2　车间主要业务活动

车间主体活动	子活动	活动执行主体
①车间规划与改善活动	车间/产线/单元布局规划	工艺工程师
	车间生产平衡设计与改善	IE（工业工程）工程师
	运行性能分析与现场改善	IE 工程师
②生产运行活动	作业计划编制	计划员
	生产派工与跟踪	调度员、班组长
	动态调度	调度员
	生产进度监控与上报	计划员
③工艺执行活动	工序（作业）操作	工人或设备
	过程记录与任务提交	工人或设备
	现场工艺更改与优化	工艺员
④库存物流活动	物料需求计划	物流工程师
	仓储活动	仓库工人
	领料或配送	物流工人
⑤质量控制活动	质量策划与定义	质量工程师
	入库检验与过程检验	质检员
	质量异常处理	质量工程师等
	质量分析与改善	质量工程师
⑥设施维护活动	设备维护计划	设备工程师
	现场设备支持与维护	设备工程师
	设备检修与维护	设备工程师/维修工人
	安全生产保障	设备工程师

（1）车间规划与改善活动：车间生命周期由规划、建设、运行、改善及重构等阶段构成。车间规划阶段的主要任务是在产能要求和工艺约束下，由工艺工程师确定车间布局、制造与物流设施选型、缓存区布置等基本要素，并由 IE 工程师进行进一步的评估分析和优化；在车间运行阶段，精益改善活动一直在持续开展，当出现较大的产品调整和工艺升级时，还需要进行车间重构。

（2）生产运行活动：车间运行阶段的主线活动，实现从计划到派工再到执行反馈与跟踪的闭环，计划员、调度员、班组长是主要的执行主体。

（3）工艺执行活动：车间工人（或智能装备）根据生产任务派工和工艺要求，操作特定设备完成加工、装配等任务指令，并提交操作结果。如果出现了工艺异常或变更，工艺员需进行现场工艺更改与优化。

（4）库存物流活动：车间运行阶段的辅助活动之一，它根据生产任务进度要求，适时准备物料（原材料、零配件、工辅具等），并完成现场物料的配送。

（5）质量控制活动：车间运行阶段的辅助活动之一，它根据产品设计与工艺要求，制定检测规范，确定检测环节、检测参数、检测手段和检测流程，依据规范进行产品检验（包括入库检、现场检、交付检等），按流程处置不合格品，并进行中长期质量分析与改善。

（6）设施维护活动：车间运行阶段的辅助活动之一，通过日常点检、定期维护、状态维修、故障修复性维修等多种维修、维护手段，确保设备正常可靠运行，减少停线停产时间，减少突发异常对正常生产活动的影响，保障安全生产。

6.4.2　智能车间的特征

智能车间是自动化与信息化深度融合的制造车间。它继承了自动化车间、数字化车间的基本特征。与数字化车间相比，智能车间更加强调能够在关键环节，具备自主性的感知、学习、分析、决策、通信与协调控制能力，能够动态适应环境的变化，实现数据驱动的智能决策，且决策结果能够通过在线或离线方式优化车间活动的运行。下面从三个角度来归纳智能车间的基本特征，如图 6-11 所示。

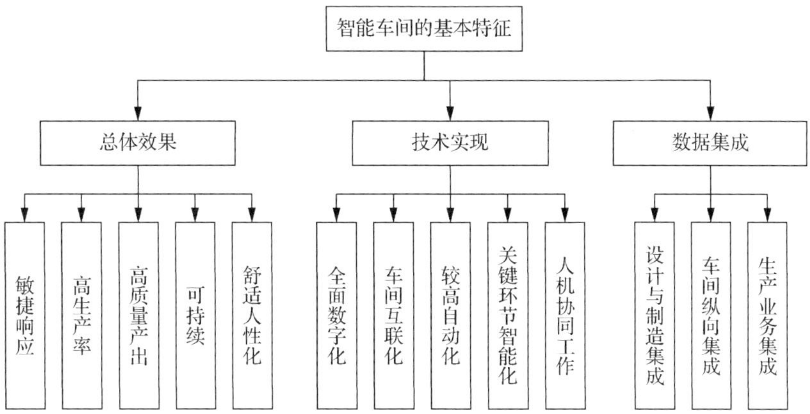

图 6-11　智能车间的基本特征

1. 总体效果

从总体效果来看，智能车间具备以下特征。

（1）敏捷响应：指车间能够对个性化需求和市场变化进行快速响应，显然，柔性制造、自动化生产、分散控制、协同制造、智能决策等都是实现敏捷制造的具体技术手段；

（2）高生产率：以经济手段，高效率实现多品种、变批量生产甚至单件生产；

（3）高质量产出：接近零缺陷生产；

（4）可持续：环境友好、清洁生产；

（5）舒适人性化：车间环境舒适整洁，安全生产，机器取代工人从事高强度、不安全、烦琐、单调、易出错的工作。

2. 技术实现

从技术实现的角度来看，智能车间具备如下特征。

（1）全面数字化：智能车间首先是数字化车间。

（2）车间互联化：智能车间也必然是互联车间。

（3）较高自动化：智能车间是否必然是全自动化的呢？显然不是，自动化的目标是实现低成本、高效率、高质量、高柔性地完成产品生产，如果不能实现这些目标，自动化是没有意义的。另外，从精益生产和约束理论的角度来看，如果工序不是瓶颈，对其盲目进行自动化改造也往往意义不大。因此，在哪些环节实现自动化、实现“机器换人”，需要经过分析及仿真验证。

（4）关键环节智能化：与自动驾驶汽车运行过程中存在大量突发情况相比，车间的运行过程通常没有那么不可预测，从简化生产管控的角度来看也希望大部分决策工作都可以按照预先定义的规则来开展。但在车间运行的一些关键环节，数据驱动的动态智能决策（在线决策或离线决策）还是很有价值的。例如，通过在线检测和在线监测，实现设备的自适应控制，从而提升制造质量。再如，在自动化车间，当一台设备突发故障后，计划系统能自动重排生产计划，将分配给该设备的任务转给其他冗余设备，从而避免车间停线等场景。

（5）人机协同工作：智能车间并非无人车间，仍然需要机器与人协同工作。随着人机协同机器人、可穿戴设备、VR/AR/MR 的发展，人和机器的融合在制造车间会有越来越多的应用体现，机器是人的体力、感官和脑力的延伸，但人仍然是智能车间的关键因素。

3. 数据集成

从数据集成的角度来看，智能车间具备如下特征。

（1）设计与制造集成：车间生产依赖设计与工艺数据，同时设计的变更也会对生产过程产生很大影响。数据不一致是导致制造错误的重要原因，应基于模型定义，打通设计与制造之间的数据流，并实现虚拟制造和物理制造的融合。

（2）车间纵向集成：构建信息物理生产系统，实现信息层（管理决策+现场管控）和物理层（设备+控制）的深度融合。

（3）生产业务集成：车间生产过程需要计划、工艺、生产工段、物流、检测等多个环节的协同工作，各环节的数据应能实现自动流动。

6.5　物联智能工厂

智能生产是智能制造的主要组成部分，而智能工厂是智能生产的主要载体。信息技术与制造技术的深度融合，使得工厂发生革命性大变革，使生产力提升到历史性新高度，从根本上提升了制造业的质量、效率和企业竞争力。

6.5.1　制造物联的内涵与架构

制造物联还处于起步阶段，目前对其也没有统一的定义。一种更普遍的观点认为，制造物联是将 RFID、传感器等物联网与制造技术相融合，实现对产品制造与服务过程及全生命周期中制造资源与信息资源的动态感知、智能处理与优化控制的一种新型制造模式。从智能制造（SM）角度来看，智能制造领导联盟（SMLC）认为 SM 是高级智能系统的深入应用，即从原材料采购到成品市场交易等各个环节的广泛应用，为跨企业（公司）和整个供应链的产品、运作和业务系统创建一个知识丰富的环境，从而实现新产品的快速制造、产品需求的动态响应以及生产制造和供应链网络的实时优化。

由此可见，制造物联网不仅实现产品及服务的智能化，还推进企业业务流程和制造过程的智能化。它一方面通过物联网以及互联网采集的客户使用产品及服务的数据，再经过处理和分析后，持续不断地形成对于客户需求的新洞察，进而能够推动产品研发业务流程的智能化；另一方面通过物联网采集的工业制造过程监控数据经过处理，并结合制造过程物理模型建模分析后，可以实时动态调节制造过程计划、物料供给以及设备状态控制参数以支持制造过程的智能化；从而使得企业生产及服务过程的协同从原来企业内部各部门之间，传统供应链的协同，转向了以物联网、互联网大数据为支撑，企业全过程、全方位以及社会化的协作与优化。

对于处在不断发展之中的制造物联，其相关研究成果散落在各种文献之中，虽然可以将制造物联网简单看作制造工程与物联网技术的有机融合，但它本身却包含丰富而广泛的内涵。它通过泛在的实时感知、全面的互联互通和智能信息处理，实现产品/服务全生命周期的优化管理与控制以及工艺和产品的创新，其具有如下特征。

（1）泛在感知/情景感知：通过普适计算技术和工具随时随地对物体进行信息采集和获取；

（2）全面的互联互通：通过物联网、互联网和电信网等实现物-物相连；

（3）智能的行动和反应：通过规划、状态监测、响应和学习，对计划和非计划的情形做出判断和适当的行动，最大限度地提高性能、成本效率和利润；

（4）实时性：通过物联网的动态感知和信息处理而实现实时响应；

（5）敏捷性：快速响应用户的需求；

（6）协同性：通过全面的互联互通实现企业内部和企业间的业务协同化；

（7）自主性：可采集与理解外界及自身的信息，并对其加以分析判断及规划自身行为，是一种 CPS；

（8）自组织性：依据工作任务，自行组织成最佳系统结构；

（9）绿色化：通过生产过程的全程实时监测和优化管理，最大限度地减少能源和材料使用的同时，使环境、健康、安全和经济竞争力最大化；

（10）产业边界模糊化：制造业和服务业深度融合；

（11）生产/决策分布化：根据现有数据、信息、知识、模型等，在正确的时间和地点做出正确的决策或动作响应；

（12）人及其知识集成：通过物联网实现人-物互动，训练有素的人力资源可以改善系统的性能；

（13）安全与预测：通过全面感知和信息融合，使生产更加安全，并可利用历史数据、信息、知识、模型进行预测。

制造物联/智能制造更强调智能技术在产品的全生命周期中的应用和业务的协同，需要根据制造业的特点和应用需求来研究物联网应用体系结构。智能制造领导联盟针对需求，制定了实现 SM 的运行和技术路线图，并提出如图 6-12 所示的 SM 平台架构。

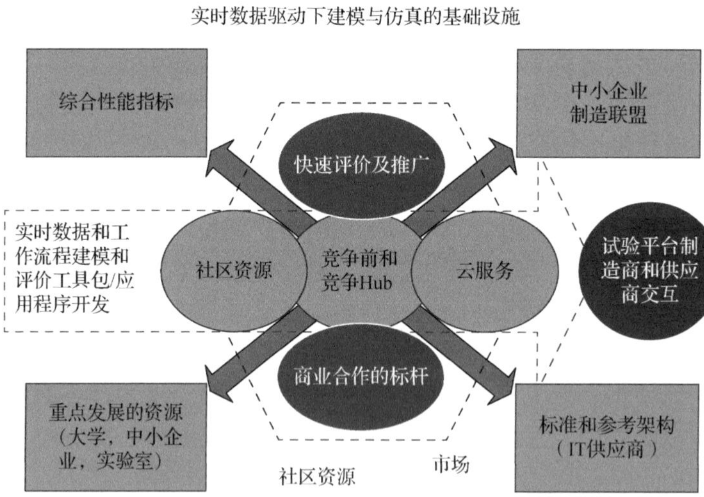

图 6-12　SM 平台架构

智能工厂（SF）应用系统由硬件系统和情景感知的应用程序（软件）组成，而硬件系统又包含嵌入式系统、无线通信技术、自动识别（Auto ID）技术和定位技术；应用程序（软件）包括连接平台、情景识别和传感器融合，详见第 7 章介绍。

在制造业中，虽然以 RFID 为代表的物联网解决了企业应用系统的数据录入和数据采集的“瓶颈”问题，但这些应用的领域和规模都存在一定的局限性。当今，企业面临变化莫测的市场，需要有极强的灵活性和应变能力，特别是随着企业应用规模越来越大、越来越复杂，物联网中的传感器产生大量的数据流事件，需要复杂事件处理（Complex Event Processing，CEP）和事件驱动架构（Event-Driven Architecture，EDA）的支持；另外，也需要面向服务架构（SOA）和云计算技术的支持，以便通过松耦合、可重用、可互操作的面向服务技术快速地响应业务变化需求，因此需要将物联网、SOA、EDA 和云计算等技术结合起来，探讨物联网事件驱动的面向云制造服务架构。

如图 6-13 所示的基于泛在计算技术的制造全生命周期应用，包括市场分析、概念形成、产品设计、原材料制备、毛坯生产/零件加工、装配调试、产品使用和维护以及产品回收处理等阶段。基于泛在计算交互设备，如 RFID 设备、可穿戴设备、语音/手势交互终端、平板计算机、PDA、各种无线（或有线）网络设备等，制造企业可以自动、实时、准确、详细、随时随地、透明地获取企业物理环境的信息。此外，用户（包括产品生命周期各阶段不同角色参与者）不再只局限于鼠标和键盘的操作模式查找相关信息，而是通过更加普适化、虚拟化、智能化和个性化的方式，来实现制造全生命周期不同制造阶段、不同制造环境的信息交互，从而提高用户业务的效率。

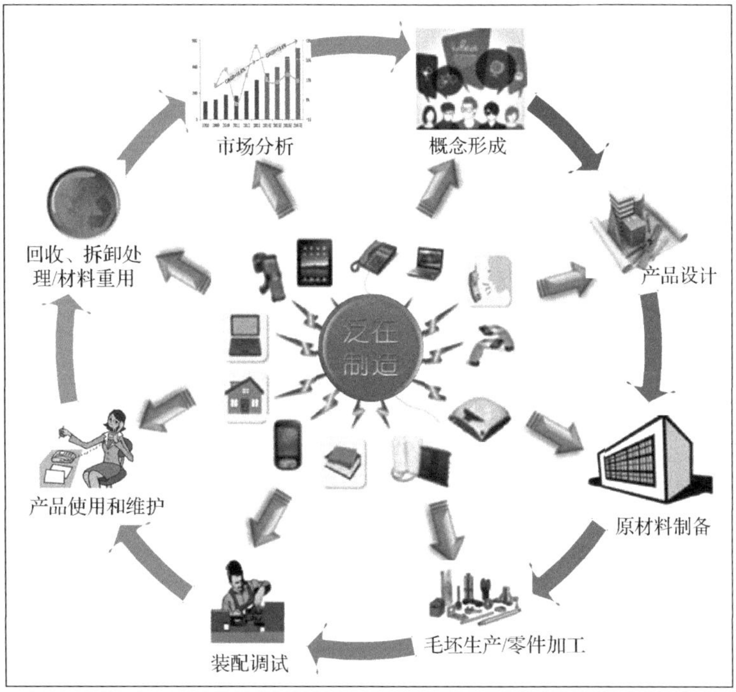

图 6-13　泛在制造——基于泛在计算技术的制造全生命周期应用

6.5.2　智能工厂示例

德国工业 4.0 平台建立了一个智能工厂的示范项目。它以液体产品（如洗涤液）生产为例，包括液体制备和液体灌装两部分，不同的液体产品由不同组分混合配制而成，灌装后需要用不同颜色的瓶盖和标签，标明是谁的订货、发送到哪里，如图 6-14 所示。

图 6-14　洗涤液智能生产示例

整个生产系统由无线网络覆盖，广泛采用射频识别。智能装备的控制模式和人机界面将会有很大的变化，Wi-Fi、蓝牙等通信网络性能的提高，基于平板计算机、手机和穿戴设备等的移动控制方式会越来越普及。与时俱进的触摸屏和多点触控的图形化人机界面将逐步取代按钮、开关、鼠标和键盘。人们，特别是年轻人已经习惯智能电子消费产品的操作方式，能够快速做出反应，切换屏幕，上传或下载数据，从而极大地丰富了人机交互的内容，同时明显降低了误操作率。

在智能工厂运行中，以比特表征的信息比原子组成的物质更加重要。机器不仅是生产工具和设备，更是工厂信息网络的结点。机器不仅延伸人的体力，也延伸人的脑力，能够识别工件、与人交互，按照人编制的控制程序工作。机器与机器（物与物）之间也能够相互进行通信，感知相关设备和环境的变化，协同完成加工任务，构成基于物联网的智能化车间。

第 7 章　智能制造信息系统

“软件”作为智能制造的另一组成部分，它与第 6 章的“硬件”部分一起构成智能制造系统。工业软件是我国制造业的“卡脖子”技术，在新一代智能制造中具有举足轻重的地位。实际上，新一代智能制造旨在通过软件技术实现物理资源的数字化/信息化/服务化/智能化，进而通过网络技术构建一个面向制造业的（社会）信息物理融合系统。本章主要介绍工业软件及其服务平台、大数据处理、数字孪生、智能调度算法、大数据驱动的新一代智能制造系统运维等技术。需要指出的是，这里所述的信息系统是指赛博系统（CS），正如数字孪生系统那样，它又与物理（生产）系统交织在一起，形成所谓的信息物理（生产）系统。

7.1　工业软件及其服务平台

工业软件本身是工业技术软件化的产物，是工业化的顶级产品。它既是研制复杂产品的关键工具和生产要素，也是工业装备（“工业之母”）中的“软零件”“软装备”，是工业品的基本构成要素。工业软件作为工业和软件产业的重要组成部分，是推动我国智能制造高质量发展的核心要素和重要支撑。

7.1.1　工业软件的定义与特征

目前，业界对工业软件概念的界定还没有统一，缺乏标准描述。2016 年索为公司提出“工业技术软件化概念”，根据工业和信息化部电子第五研究所的《工业技术软件化研究报告》的研究结论，以及中国工业技术软件化产业联盟长达数年的调研结果，业界的基本共识是：工业软件是工业技术软件化的成果。

《工业技术软件化研究报告》对工业软件的定义为：工业技术软件化是一种充分利用软件技术，实现工业技术/知识的持续积累、系统转化、集智应用、泛在部署的培育和发展过程，其成果是产出工业软件，推动工业进步。在该定义的基础上，人们对工业软件进行更加全面而深入的研究，其中《中国工业软件产业白皮书（2020）》对工业软件的描述为：工业软件是工业技术/知识、流程的程序化封装与复用，能够在数字空间和物理空间定义工业产品和生产设备的形状、结构，控制其运动状态，预测其变化规律，优化制造和管理流程，变革生产方式，提升全要素生产率，是现代工业的“灵魂”。

判断工业软件需要把握两点：一是实际内容——软件中的技术/知识以工业内容为主；二是最终作用——软件直接为工业过程和产品增值。基于此，一些可以在某种场合用于部分工业目的或业务过程的通用软件，如 Office、WPS、微信、钉钉、视频、图片、渲染软件、常用操作系统等，不属于工业软件。工业软件具有如下基本特征。

（1）工业软件是工业技术和知识的容器。工业软件是工业技术/知识和信息技术的结合体，其中工业技术/知识包含工业领域知识、行业知识、专业知识、工业机理模型、数据分析模型、标准和规范、最佳工艺参数等，是工业软件的基本内涵，图形引擎、约束求解器、图形交互技术、工业知识库、算法库、模型库、过程开发语言、编译器、测试环境等，虽然单独评估大多不具有工业属性，但是都是构建工业软件必不可少的数字底座和有机组成部分，都在各自的角色上发扬光大工业软件的作用。

（2）工业软件是对模型的高效最优复用。模型是软件的生命力所在，没有模型就没有软件。模型来源于工业实践过程和具体的工业场景，是对客观现实事物的某些特征与内在联系所做的一种模拟或抽象。模型由与其所分析问题有关的因素构成，体现了各有关因素之间的关系。工业软件的核心优势是对模型的最优复用。工业软件常用模型为机理模型和数据分析模型。一般来说，机理模型是根据对象、生产过程的内部机制或者物质流的传递机理建立起来的精确数学模型。机理模型表达明确的因果关系，是工业软件中最常用的模型。数据分析模型是在大数据分析中通过降维、聚类、回归、关联等方式建立起来的逼近拟合模型。数据分析模型表达明确的相关关系，在大数据智能兴起之后，也经常以人工智能算法的形式被用于工业软件之中。

（3）工业软件与工业发展息息相关。源于工业，用于工业，优于工业，工业软件从来都带有天然的工业基因，与工业密不可分。工业软件源于工业需求，工业软件用于工业场景，工业软件优于工业打磨。

（4）工业软件是现代化工业水平的体现。工业软件中包含“工业”和“软件”两个要素。对于工业软件，不应该仅从工业或者软件的单向角度去理解，而应该从两个要素双向相互影响的角度去理解。一方面，现代化工业水平决定了工业软件的先进程度。工业软件是根植于工业基础发展起来的，脱离了工业的工业软件只能是无本之木，工业生产工艺、设备等各方面的发展程度决定了工业软件的发展程度；另一方面，工业软件的先进程度决定了工业的效率水平。现代化工业离不开工业软件全过程自动化、数字化的研发、管理和控制，工业软件是提升工业生产力和生产效率的手段，是制造业精细化和产业基础高级化发展的技术手段保证，是推动智能制造、工业互联网高质量发展的核心要素和重要支撑。

（5）工业软件是先进软件技术的融合。工业软件不仅仅是先进工业技术的集中展现，更是各种先进软件技术的交汇融合。无论是软件工程、软件架构、开发技巧、开发环境，还是前面提到的图形引擎、约束求解器、图形交互技术、工业知识库、算法库、模型库、过程开发语言、编译器、测试环境乃至硬件等，都会加速工业软件的发展。半个多世纪以来，每当软件工程领域取得技术进展，都会迅速地吸收、融汇到工业软件中。

（6）工业软件的研发时间长，成本高，成功经验难以复制。工业软件的研发不同于一般意义的软件，其研发难度大、体系设计复杂、技术门槛高、硬件条件开销大、复合型研发人才紧缺、对可靠性要求较高，导致研发周期长、研发迭代速度慢。另一个不得不承认的事实是，工业软件的成功经验很难复制，并不是有了足够的研发经费就可以复制某个工业软件巨头的成功过程。

（7）工业软件领域强者愈强、赢者通吃。熟悉工业软件最近几十年发展历史的人都知道，工业软件的起源大多为工业巨头自身的需求驱动，工业巨头就是工业软件的从业者，他们了解最需要工业软件助力之处，提供企业真实的工作场景作为开发需求输入和使用验证输出，然后不断反馈修改意见，让软件快速迭代修改。

（8）工业软件对可靠性和安全性要求极高。工业软件作为现代工业技术和 ICT 相互融合的成果，对于推动工业产品创新发展、确保产业安全、提升国家整体技术和综合实力，起着至关重要的作用。工业软件的每一行代码，在一套软件几百万、几千万行代码的程序海洋中，也许微不足道，但是软件的特点决定了，恰恰是一行代码的错误，就可能因为马太效应，导致整个软件的运行结果错误，进而造成软件失效，系统宕机，甚至是某种运行装备的停工停产。因此，工业软件作为生产力工具服务于工业产品的研制和运行，在功能、性能效率、可靠性、安全性和兼容性等方面有着极高的要求。合格的工业软件产品应具备功能正确、性能效率高、可靠性强、数据互联互通等特点。

7.1.2　工业软件的分类

近几年，工业互联网发展迅猛。工业互联网平台上也出现了一些诸如工业 APP 之类的新型工业软件。因此，工业软件所涉及和覆盖的范围到底有多大，如何区分传统架构和新型架构的工业软件，是一个需要说明和澄清的问题。传统架构工业软件基于单机或局域网本地部署，遵从 ISA95 的五层体系，软件采用紧耦合单体化架构，软件功能颗粒度较大，同时功能综合且强大；新型架构工业软件往往是基于 Web 或云端部署的，从五层体系渐变为扁平化体系，松耦合多体化微服务架构，软件功能颗粒度较小，同时功能简明或单一。

就工业软件本身而言，由于工业门类复杂，脱胎于工业的工业软件种类繁多，分类维度和方式一直呈现多样化趋势，目前国内外均没有公认、适用的统一分类方式。进入 21 世纪，工业软件无论是在功能上还是在门类上，都发展迅速。原本的特定领域工具型软件已从狭义概念向工具链上下游和端到端的全生命周期软件方向演进，进而发展到“数字工业软件平台”。如此丰富种类的工业软件，已经形成了一种客观存在。

1. 国家标准提出的工业软件分类

国家标准 GB/T 36475—2018《软件产品分类》中，将工业软件分为工业总线、计算机辅助设计、计算机辅助制造等 9 类，如表 7-1 所示。该分类的优点是较大程度地集合了工业领域中的常用工业软件，但是没有明确列出嵌入式工业软件，缺失能源业和探/采矿业工业软件。

表 7-1　国家标准 GB/T 36475—2018 中工业软件分类

分类号	名称	说明
F	工业软件	在工业领域辅助进行工业设计、生产、通信、控制的软件
F.1	工业总线	嵌入式/硬件，用于将多个处理器和控制器集成在一起，实现相互之间的通信，包括串行总线和并行总线
F.2	计算机辅助设计（CAD）	采用系统化工程方法，利用计算机辅助设计人员完成设计任务的软件
F.3	计算机辅助制造（CAM）	利用计算机对产品制造作业进行规划、管理和控制的软件
F.4	计算机集成制造系统	综合运用计算机信息处理技术和生产技术，对制造型企业经营的全过程（包括市场分析、产品设计、计划管理、加工制造、销售服务等）的活动、信息、资源、组织和管理进行总体优化组合的软件

续表

分类号	名称	说明
F.5	工业仿真	模拟将实体工业中的各个模块转化成数据整合到一个虚拟体系中的软件，模拟实现工业作业中的每一项工作和流程，并与之实现各种交互
F.6	可编程逻辑控制器（PLC）	采用一类可编程的存储器，用于其内部存储程序，执行逻辑运算、顺序控制、定时、计数与算术操作等面向用户的指令，并通过数字或模拟式输入/输出控制各种类型的机械或生产过程
F.7	产品生命周期管理（PLM）	支持产品信息在产品全生命周期内的创建、管理、分发和使用
F.8	产品数据管理（PDM）	用来管理所有与产品相关的信息（包括事件信息、配置、文档、CAD 文件、结构、权限信息等）和所有与产品相关的过程（包括过程定义和管理）的软件
F.9	其他工业软件	不属于上述类别的工业软件

2. 工业和信息化部发布的工业软件分类

2019 年 11 月，经国家统计局批准、工业和信息化部发布的《软件和信息技术服务业统计调查制度》中，将工业软件划分为产品研发设计类软件、生产控制类软件、业务管理类软件，如表 7-2 所示。该分类的优点是三类工业软件分类比较简明，缺点是以制造业为主，忽略了能源业和探/采矿业工业软件。

表 7-2 工业和信息化部发布的工业软件分类

E101050000	1.5 工业软件	备注
E101050100	1.5.1 产品研发设计类软件	用于提升企业在产品研发工作领域的能力和效率，包括 3D 虚拟仿真系统、计算机辅助设计、计算机辅助工程、计算机辅助制造、计算机辅助工艺规划、产品生命周期管理、过程工艺模拟软件等
E101050200	1.5.2 生产控制类软件	用于提高制造过程的管控水平，改善生产设备的效率和利用率，包括工业控制系统、制造执行系统（MES）、制造运行管理（MOM）、产品数据管理（PDM）、操作员培训仿真系统（OTS）、调度优化系统（ORION）、先进过程控制（APC）等
E101050300	1.5.3 业务管理类软件	用于提升企业的管理治理水平和运营效率，包括企业资源计划（ERP）、供应链管理（SCM）、客户关系管理（CRM）、人力资源管理（HRM）、企业资产管理（EAM）等

3. 基于产品生命周期的聚类分类

通常情况下，工业软件可以按照产品生命周期的阶段或环节，大致划分为研发设计类软件、生产制造类软件、运维服务类软件和经营管理类软件，这是一种在业界较为常用的聚类划分方法，如表 7-3 所示。这种聚类划分方法并不严谨，也并未完整地覆盖工业所有的生命周期（如工厂生命周期、订单生命周期等），即使是产品生命周期，也缺乏前期客户需求和后期产品报废等阶段。该分类是业内较为常见的工业软件聚类分类方式，其优点比较简明易懂，缺点是分类集中于制造业，基本上是“制造业信息化软件”的划分，忽略了能源业和探/采矿业工业软件。

表 7-3 工业软件的聚类分类

类型	包含软件
研发设计类软件	计算机辅助设计、计算机辅助工程、计算机辅助工艺规划、产品数据管理、产品生命周期管理、电子设计自动化（EDA）等
生产制造类软件	可编程逻辑控制器、分布式数控（DNC）、集散控制系统（DCS）、数据采集与监控系统（SCADA）、高级计划排产（APS）、环境管理体系（EMS）、制造执行系统等

续表

类型	包含软件
运维服务类软件	资产性能管理（APM）、维护维修运行（MRO）、故障预测与健康管理（PHM）等
经营管理类软件	企业资源计划、财务管理（FM）、供应链管理、客户关系管理、人力资源管理、企业资产管理、知识管理（KM）等

7.1.3 工业互联网平台

工业互联网平台是面向制造业数字化、网络化、智能化需求，构建基于海量数据采集、汇聚、分析的服务体系，支撑制造资源泛在连接、弹性供给、高效配置的工业云平台，包括边缘层、平台层（工业 PaaS）、应用层三大核心层级，如图 7-1 所示。可以认为，工业互联网平台是工业云平台的延伸发展，其本质是在传统云平台的基础上叠加物联网、大数据、人工智能等新兴技术，构建更精准、实时、高效的数据采集体系，建设包括存储、集成、访问、分析、管理功能的使能平台，实现工业技术、经验、知识模型化、软件化、复用化，以工业 APP 的形式为制造企业各类创新应用，最终形成资源富集、多方参与、合作共赢、协同演进的制造业生态。

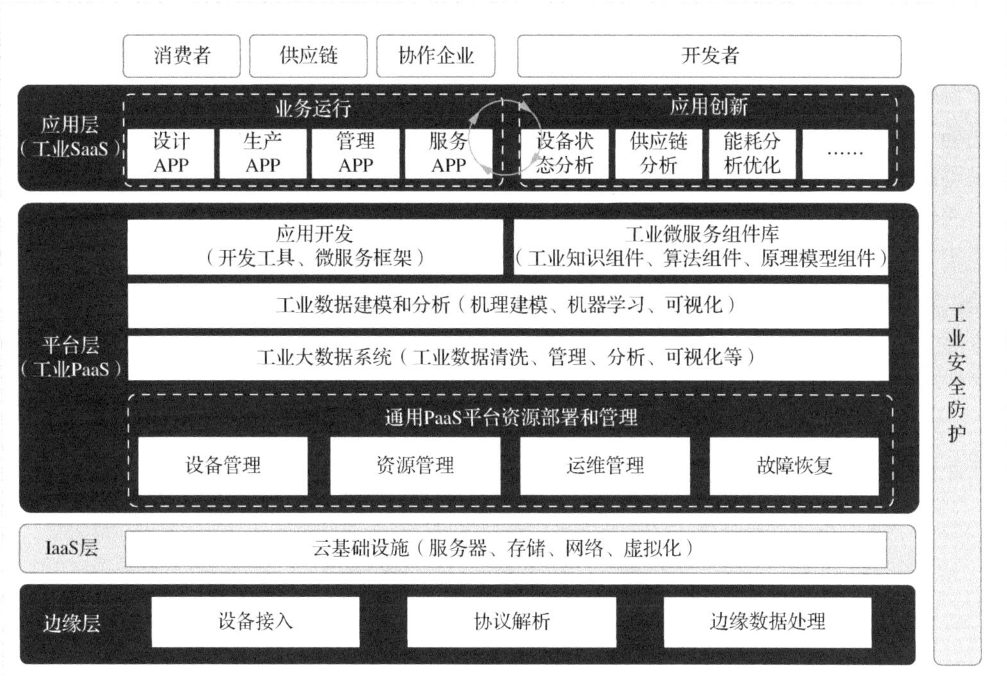

图 7-1 工业互联网平台功能架构

第一层是边缘层，通过大范围、深层次的数据采集，以及异构数据的协议转换与边缘处理，构建工业互联网平台的数据基础。一是通过各类通信手段接入不同设备、系统和产品，采集海量数据；二是依托协议转换技术实现多源异构数据的归一化和边缘集成；三是利用边缘计算设备实现底层数据的汇聚处理，并实现数据向云端平台的集成。

第二层是平台层，基于通用 PaaS 叠加大数据处理、工业数据分析、工业微服务等创新功能，构建可扩展的开放式云操作系统。一是提供工业数据管理功能，将数据科学与工业机理结合，帮助制造企业构建工业数据分析平台，实现数据价值挖掘；二是把技术、知识、经验等资源固化为可移植、可复用的工业微服务组件库，供开发者调用；三是构建应用开发环境，借助微服务组件和工业应用开发工具，帮助用户快速构建定制化的工业 APP。

第三层是应用层，形成满足不同行业、不同场景的工业 SaaS 和工业 APP，形成工业互联网平台的最终价值。一是提供了设计、生产、管理、服务等一系列创新性业务应用；二是构建了良好的工业 APP 创新环境，使开发者基于平台数据及微服务功能实现应用创新。

除此之外，工业互联网平台还包括 IaaS 基础设施，以及涵盖整个工业系统的安全管理体系，这些构成了工业互联网平台的基础支撑和重要保障。

泛在连接、云化服务、知识积累、应用创新是辨识工业互联网平台的四大特征。一是泛在连接，具备对设备、软件、人员等各类生产要素数据的全面采集能力。二是云化服务，实现基于云计算架构的海量数据存储、管理和计算。三是知识积累，能够提供基于工业知识机理的数据分析能力，并实现知识的固化、积累和复用。四是应用创新，能够调用平台功能及资源，提供开放的工业 APP 开发环境，实现工业 APP 创新应用。

工业互联网平台能够有效集成海量工业设备与系统数据，实现业务与资源的智能管理，促进知识和经验的积累与传承，驱动应用和服务的开放创新。可以认为，工业互联网平台是新型制造系统的数字化神经中枢，在制造企业转型中发挥核心支撑作用。当前来看，工业互联网平台已成为企业智能化转型的重要抓手。一是帮助企业实现智能化生产和管理：通过对生产现场“人机料法环”各类数据的全面采集和深度分析，能够发现导致生产瓶颈与产品缺陷的深层次原因，不断提高生产效率及产品质量；基于现场数据与企业计划资源、运营管理等数据的综合分析，能够实现更精准的供应链管理和财务管理，降低企业运营成本。二是帮助企业实现生产方式和商业模式创新：企业通过平台可以实现对产品售后使用环节的数据打通，提供设备健康管理、产品增值服务等新型业务模式，实现从卖产品到卖服务的转变，实现价值提升；基于平台还可以与用户进行更加充分的交互，了解用户个性化需求，并有效组织生产资源，依靠个性化产品实现更高利润水平；此外，不同企业还可以基于平台开展信息交互，实现跨企业、跨区域、跨行业的资源和能力集聚，打造更高效的协同设计、协同制造，协同服务体系。

7.2　工业人工智能

工业人工智能（又称为工业智能）是指利用快速发展的人工智能技术改造工业的生产方式和决策模式，达到降本、增效、提质的目的，是当前工业发展的一个重要趋势。

7.2.1　工业人工智能的内涵

目前，制造与生产全流程的决策、控制与运行管理中仍然大量存在依靠人凭经验和知识来完成的工作，涉及工业自动化和人工智能技术难以应用的复杂系统，即机理不清，难以建立数学模型，输入与输出相关信息处于开放环境、不确定的变化中，信息难以获取及感知，决策目标多尺度、多冲突。目前，学术界与产业界开始了工业人工智能的研究。虽然对工业人工智能的界定并不明确且随时间的推移不断变化，但工业人工智能研究与应用的核心目标是：针对产品与工艺设计、经营管理与决策、制造流程运行管理与控制等工业生产活动中目前只能依靠人的感知、认知、分析与决策能力和经验与知识来完成的影响经济效益的知识工作，实现知识工作的自动化与智能化，来显著提高社会效益和经济效益。工业人工智能的实质是将人工智能技术与具体的工业场景相结合，实现设计模式创新、生产智能决策、资源优化配置等创新应用，使工业系统具备自感知、自学习、自执行、自决策、自适应的能力，以适应变幻不定的工业环境，并完成多样化的工业任务，最终达到提升企业洞察力、提高生产效率或设备产品性能的目的。

工业人工智能的研究目标是实现装备和工业过程控制与运行的集成优化，研发补充和增加人能力的 AI 算法和 AI 系统、制造与生产全流程的运行管理与控制一体化软件。针对依靠知识工作者来完成的产品与工艺设计、生产管理与决策，工业人工智能的研究目标是实现知识工作自动化与智能化，研制大数据驱动的运行工况的识别、预测与决策的 AI 算法和 AI 系统、人机合作的管理与决策智能化软件、产品与工艺设计过程中补充和增强知识工作者能力的 AI 系统。

在实际的工业领域中通过智能技术来发挥制造系统的最大价值需要系统化、结构化地建立信息世界和物理世界的纽带，找到对解决问题最重要的影响参数而不是盲目地积累数据，最终形成闭环优化。工业人工智能核心技术包括数据技术、分析技术、平台技术、运筹技术等，如图 7-2 所示。平台技术与数据技术是工业智能化的首要条件，有效的数据连接与传输和成熟的平台技术是其系统实现的前提，分析技术是设备展现智能化的灵魂，而运筹技术是创造价值的关键。

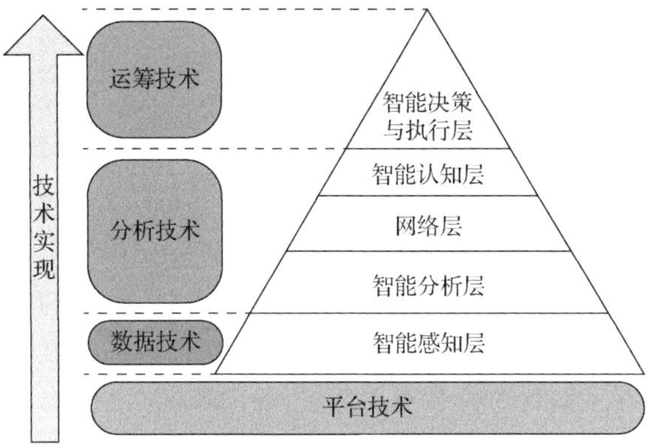

图 7-2　工业人工智能核心技术

1. 数据技术

工业人工智能的基础来自于数据本身，高质量的数据是成功的关键，为从设备中取得具有代表性且质量良好的数据，此类技术将着重解决以下几类问题：①数据采集与传输；②数据的储存、管理与大量数据的实时处理；③边缘计算。

第一类的问题依靠传感器与通信技术的进步，以及工业数据的内在物理意义。为进一步了解设备特性，传感器的加装可以有效地获取具有代表性的信息，在更为复杂且关键的工业过程中如半导体产业更是如此，通过传感器来进行数据采集，而传感器的选择、位置安装、改良与研发应用都是在数据技术层面中所要面对的关键问题。

传感器技术的长足进步也引发第二类问题，大量的数据考验着从业者如何去传输、储存、管理，因此需要先进的通信技术和设备来进行稳定地传输。现行的设备与通信技术大多可以满足其基本需求，常用的通信协议包括 MTConnect、ModBus 等。在数据管理和储存方面，应用云端和数据库技术来进行高效率的储存、搜寻和实时处理，并用当下热门的边缘计算来实现数据挖掘的实时性并节省储存空间。基于这些技术，此类关键问题着重于保证数据的稳定性和安全性，以及节省计算资源与储存空间。

2. 分析技术

分析技术是工业人工智能的灵魂，分析技术用于发现数据的潜在模式、数据间的关系与制造本身的未被发掘的隐含信息，这些此前未被发现的信息都将为后续的决策提供依据。此外，其有用的分析结果可累积成为数据库，一方面可避免因人事变更或是流动造成其经验或是技能流失，另一方面也可以提升产业的核心竞争力。分析技术主要着重在两个方面：①特征工程，即数据预处理、特征提取、特征筛选；②机器学习和模式识别。

特征是对数据中有用信息的数学总结，特征工程在分析技术中是重要的一环，通过数学方法来得到代表性的信息，如对时域或是频域进行特征提取以方便后续的建模工作。在实现特征工程的过程中，首要考虑的是数据的可靠性。在采集数据的过程中，会有各种不确定性的因素存在，如不同来源信号的采样频率不同，以及采集过程中可能存在损坏点等问题，需要先进行预处理排除，以得到较好的数据进行分析。在完成提取特征的步骤后，往往会再进行特征筛选，进一步去除不必要、不相关的特征，只保留对分析目标有用的特征。在特征筛选中，最具代表性的主成分分析（PCA）与费雪准则（Fisher Criterion）被广泛用在各工业场景。费雪准则主要对应分类问题，该方法通过对原始特征中的每一个特征来评价分类的有效性。接下来的步骤为模型建立，主要是用机器学习、模型识别算法来辨认数据潜在的模式并挖掘其中的关系。常用的算法有回归算法、分类、聚类、估计算法等，各自对应不同类型的问题与应用场景。

以上主要介绍的是特征工程中的手动特征提取。手动特征提取的局限性在于需要利用领域知识对特定问题从零构建特征。目前热门的深度学习与迁移学习等技术使自动特征提取在诸多实际问题中取得了良好的成果。自动特征提取能够根据不同的应用以及数据更有效率地建模，同时还能提供更好的模型表现以及预防数据泄露。通过深度学习实施的自动特征提取可以在几天内赶上以前人工花几个月甚至几年的工作成果，而且工业门槛更低，特征覆盖更全面，可以把大数据的优势应用在更多设备上建模。因此，对于从业人员，需要考虑的关键问题在于如何在不同的应用场景下选用适合的算法。

3. 平台技术

平台技术是其他技术的载体，在工业人工智能的架构下，其主要包含如下三个方面。①数据存储平台：数据的安全存储与快速检索；②智能计算平台：智能平台的计算能力、计算效率和可扩展性；③用户接口平台：用户接口和功能扩展。

云平台的应用可以帮助企业实现对于数据的统一管理的需求并支持不同客户群的快速数据检索和信息共享。云平台可以解决企业资源计划、制造执行系统和供应商管理等造成的信息隔离问题，从而对多来源信息进行有效管理。信息集中化更方便实现智能分析和快速部署算法，平行计算等核心技术可以大幅降低时间成本，提高计算效率。在这方面，先进的 GPU 与 TPU 技术提供了相关的解决方案，与串行处理的 CPU 相比，GPU 拥有数以千计的处理核心，这使其在并行运算上有极大的优势，而 TPU（又称张量处理器）是一款可编程的 AI 加速器，可用于加速模型测试过程所需的运算。

对于用户接口平台，良好的人机接口与可扩展功能有助于将数据与信息可视化，而设计友好的软件系统可以提高服务质量，多样化平台接口，如个人计算机、手机、远程集控中心等，也有助于增加用户黏性，进而生成新的商业生态。

4. 运筹技术

运筹技术的主要目的是将分析结果转化成新的价值，客户基于有用信息做出决策，因此运筹技术是实现价值创造的最后一步。在工业人工智能领域，运筹技术可以帮助人们实现以下方面。①设备的自感知、自预测、自适应等功能：自感知、自预测与自适应是工业人工智能领域的重要课题。自感知所代表的具体意义为设备对于潜在故障有着自动预警的功能，在运行过程中由实时分析传感器所收集的数据，对系统本身与关键零部件的故障做诊断。自预测所代表的是基于侦测到的故障，对其严重程度做评价，并预测未来的使用寿命。自适应则是基于优化模型对设备本身进行保护，如降速运行等操作来避免实际的损坏和更加严重的事故发生。②弹性制造系统：弹性制造指的是面对生产过程中出现的突发状态可以弹性地调整，以保证生产活动的不间断进行。其特色是在实际生产发生变化的时候，可以基于智能优化计算并依照现场情况，对控制系统进行修正。③运维排程及优化：排程优化和设备维护是每个企业和工厂都需面对的考验，而且排程的优化和设计需要明确了解其状态和健康程度并安排相对应的生产和维修活动。

7.2.2　工业大数据处理技术

随着企业数字化转型的不断深入，企业积累的各种数据也越来越多，这些数据从分散到集中经历了较长的时间，但数据本身并不直接创造价值。因此，需要考虑如何利用工业大数据处理技术，深入挖掘蕴藏在数据中的业务价值。

工业大数据是指在工业领域中，围绕典型智能制造模式，从客户需求到销售、订单、计划、研发、设计、工艺、制造、采购、供应、库存、发货和交付、售后和服务、运维、报废和回收再制造等整个产品生命周期各个环节所产生的各类数据及相关技术和应用的总称。

工业大数据处理是智能制造的关键技术之一，其目的是从大量的、杂乱无章的、难以理解的数据中抽取并推导出对于某些特定的人们来说是有价值、有意义的数据。常见的数据处理流程包括数据清洗、数据融合、数据分析以及数据存储，如图 7-3 所示。

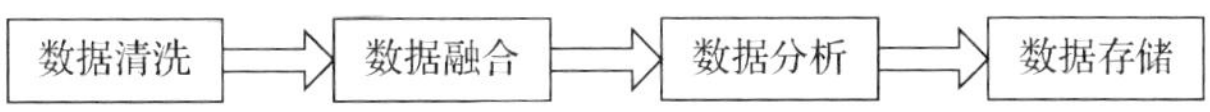

图 7-3　工业大数据处理流程

1. 数据清洗

数据清洗也称为数据预处理，是对所收集的数据进行分析前的审核、筛选等必要的处理，并对存在问题的数据进行处理，从而将原始的低质量数据转化为方便分析的高质量数据，确保数据的完整性、一致性和唯一性。考虑到制造业数据具有的高噪声特性，原始数据往往难以直接用于分析，无法为智能制造提供决策依据。因此，数据清洗是实现智能制造、智能分析的重要环节之一。数据清洗主要包括：数据清理、数据变换以及数据归约。

（1）数据清理：通过人工或某些特定的规则对数据中存在的缺失值、噪声、异常值等影响数据质量的因素进行筛选，并通过一系列方法对数据进行修补，从而提高数据质量。缺失值是指在数据采集过程中因为人为失误、传感器异常等造成的某一段数据丢失或不完整，常用的处理缺失值的方法包括人工填补、均值填补、回归填补、热平台填补、期望最大化填补、聚类填补等。热平台填补是一种数据填补的方法，是在样本总体中找到与缺失值最相似的变量进行补充，可以保持数据类型，且变量值与填充前可能很接近。但只能利用已有信息，无法覆盖样本未采集到的信息。近年来，随着人工智能方法的兴起，基于人工智能算法的缺失值处理方法逐渐受到关注，例如，利用人工神经网络、贝叶斯网络对缺失的部分进行预测等。噪声是指数据在收集、传输过程中受到环境、设备等因素的干扰，产生了某种波动。常用的去噪方法包括平滑去噪、回归去噪、滤波去噪等。异常值是指样本中的个别值，其数据明显偏离其余的观测值。然而，在数据预处理时，异常值是否需要处理需要视情况而定，因为有一些异常值真的是因为生产过程中出现了异常导致的，这些数据往往包含更多有用的信息。常用的异常值检测方法有人工界定、3σ 原则、箱形图分析、格拉布斯检验法等。

（2）数据变换：指通过平滑聚集、数据概化、规范化等方式将数据转换成适用于数据挖掘的形式。制造业数据种类繁多，来源多样，来自不同系统、不同类别的数据往往具备不同的表达形式，通过数据变换可以将所有的数据统一成标准化、规范化、适合数据挖掘的表达形式。

（3）数据归约：指在尽可能保持数据原貌的前提下，最大限度地精简数据量。制造业数据具有海量特性，大大增加了数据分析和存储的成本。通过数据归约可以有效地降低数据体量，减少运算和存储成本，同时提高数据分析效率。常见的数据归约方法包括特征归约（特征重组或删除不相关特征）、样本归约（从样本中筛选出具有代表性的样本子集）、特征值归约（通过特征值离散化简化数据描述）等。

2. 数据融合

数据融合是指将各种传感器在空间和时间上的互补与冗余信息依据某种优化准则或算法组合，来产生对观测对象的一致性解释和描述。其目标是基于各传感器检测信息分解人工观测信息，通过对信息的优化组合来导出更多的有效信息。工业大数据存在多源特性，同一观测对象在不同传感器、不同系统下，存在着多种观测数据。通过数据融合可以有效形成各个维度之间的互补，从而获得更有价值的信息。常用的数据融合方法可以分为数据层融合、特征层融合以及决策层融合。这里需要明确的是，数据归约是针对单一维度进行的数据约简，而数据融合是针对不同维度之间的数据进行的。

3. 数据分析

数据分析是指用适当的统计分析方法对收集来的大量数据进行分析，将它们加以汇总和理解并消化，以求最大化开发数据的功能，发挥数据的作用。数据分析是为了提取有用信息和形成结论而对数据加以详细研究和概括总结的过程，是智能制造中的重要环节之一。与其他领域的数据分析不同，制造业数据分析需要融合生产过程中的机理模型，以“数据驱动+

机理驱动”的双驱动模式进行数据分析，从而建立高精度、高可靠性的模型来真正解决实际的工业问题。

1）分类

现有数据分析技术依据分析目的可以分为探索性数据分析和定性数据分析，或依据实时性又可以分为离线数据分析和在线数据分析。

探索性数据分析是指通过作图、造表、用各种形式的方程拟合，以及计算某些特征量等手段探索规律性的可能形式，从而寻找和揭示隐含在数据中的规律。定性数据分析是在探索性数据分析的基础上提出一类或几类可能的模型，然后通过进一步分析从中挑选确定的模型。

离线数据分析用于计算复杂度较高、时效性要求较低的应用场景，分析结果具有一定的滞后性。而在线数据分析是直接对数据进行在线处理，实时性相对较高，并且能够随时根据数据变化修改分析结果。

2）常用方法

常见的数据分析方法包括列表法、作图法、时间序列分析、聚类分析、回归分析等。

（1）列表法：将数据按一定规律用列表方式表达出来，是记录和处理最常用的方法。表格的设计要求对应关系清楚，简单明了，有利于发现相关量之间的相关关系，此外还要求在标题栏中注明各个量的名称、符号、数量级和单位等，根据需要还可以列出除原始数据以外的计算栏目和统计栏目等。

（2）作图法：可以醒目地表达各个数据之间的变化关系。从图线上可以简便求出需要的某些结果，还可以把某些复杂的函数关系通过一定的变换用图形表示出来。

（3）时间序列分析：可以用来描述某一对象随着时间发展而变化的规律，并根据有限长度的观察数据，建立能够比较精确地反映序列中所包含的动态依存关系的数学模型，并借以对系统的未来进行预报。例如，通过对数控机床电压的时间序列数据进行分析，可以实现机床的运行状态监测，从而实现预防性维护。常用的时间序列分析方法有平滑法、趋势拟合法、AR 模型、MA 模型、ARMA 模型及 ARIMA 模型等。

（4）聚类分析：指将物理或抽象对象的集合分组为由类似的对象组成的多个类的分析过程，其目标是在相似的基础上收集数据来分类。聚类分析在产品的全生命周期中有着广泛的应用，例如，通过聚类分析可以提高各个零部件之间的一致性，从而提高产品的稳定性。常见的聚类分析方法包括基于划分的聚类方法（如 K-means、K-medoids）、基于层次的聚类方法（如 DIANA）以及基于密度的聚类方法（如谱聚类、DBSAN）等。

（5）回归分析：指通过定量分析确定两种或两种以上变量之间的相互依赖关系。回归分析按照涉及的变量的多少，分为一元回归分析和多元回归分析；按照因变量的多少，可分为简单回归分析和多重回归分析；按照自变量和因变量之间的关系类型，可分为线性回归分析和非线性回归分析。常用的回归分析方法主要包括线性回归、逻辑回归、多项式回归、逐步回归、岭回归以及 LASSO 回归等。

近年来，随着人工智能的飞速发展，除上述方法外，以深度学习为代表的神经网络以及以支持向量机为代表的统计学习开始逐渐受到关注。

4. 数据存储

数据存储是指将数据以某种格式记录在计算机内部或外部存储介质上进行保存，其存储对象包括数据流在加工过程中产生的临时文件或加工过程中需要查找的信息。在数据存储中，数据流反映了系统中流动的数据，表现出动态数据的特征；数据存储反映系统中静止的数据，表现出静态数据的特征。制造业数据具有体量大、关联复杂、时效要求高等特点，对数据存储技术提出了很高的要求。数据存储管理系统可以分为单机式存储和分布式存储两类。单机式数据存储系统一般采用关系数据库本地文件系统结合的存储方式，无法为大规模数据提供高效存储和快速计算的支持。分布式数据存储的工作结点多，能够提供大量的存储空间，同时能够与互联网技术结合，数据请求及处理速度较快。

在制造业中，数据处理通常基于常用的数据分析和机器学习技术。工业大数据平台是制造业数据处理的主要载体，也是未来推动制造业大数据深度应用、提升产业发展的重要基石。目前我国部分企业已经具备自主研制的工业大数据平台，在工业大数据平台的工业大数据采集、工业大数据存储管理、工业大数据分析关键支撑技术上也有所突破。

7.3 智能调度

在智能制造领域，调度是实现制造业生产高效率、高柔性和高可靠的关键，制造过程中的调度技术直接影响着制造的成本和效益。

7.3.1 经典调度问题

调度问题的基本描述是：如何把有限的资源在合理的时间内分配给若干个任务，以满足或优化一个或多个目标。制造业是指利用某种资源（含物料、能源、设备、设施、工具、资金、技术、信息和人力等），按照市场要求，通过制造过程，转化为可供人们使用和利用的大型工具、工业品与生活消费产品的行业。在这种从资源到产品的转化过程中，调度起着不可替代的作用，能够使得转化效率高效化、资源利用率最大化，如图 7-4 所示。智能调度技术不仅需要处理错综复杂的约束条件，还要从多种满足约束的可行方案中找到优化的生产作业计划，从而满足预定的调度目标，如生产效率最高、拖期最小、能耗最低等。

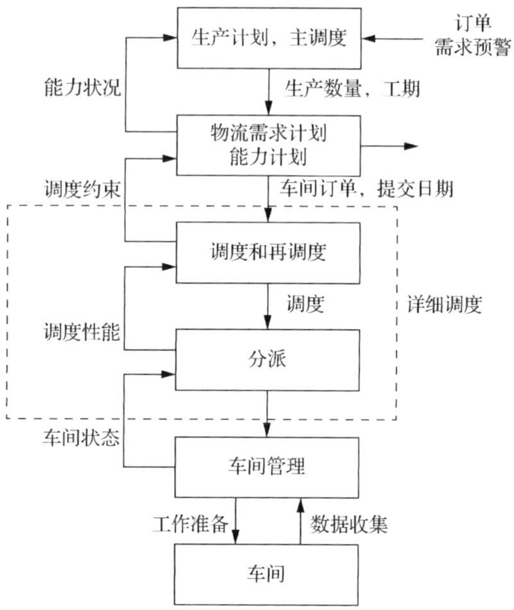

图 7-4　制造业中的调度

经典调度问题包括：单机调度、并行机调度、流水车间调度、作业车间调度等。

1. 单机调度

单机调度问题可以描述为：一台可以完成所有工件加工的机器，一组相互独立的工件，其中每个工件仅包含一道工序；给定工件的所有信息（如加工时间、交货期等），求解加工顺序，从而优化一个或多个目标。单机调度甘特图如图 7-5 所示。

2. 并行机调度

并行机调度模型可以描述为：一组相互独立的工件，每个工件仅包含一道工序，一个包含多台加工设备的并行机组；给定工件的所有信息（如加工时间、交货期等），需要同时确定工件的加工顺序和机器分配，从而优化一个或多个目标。并行机调度甘特图如图 7-6 所示。

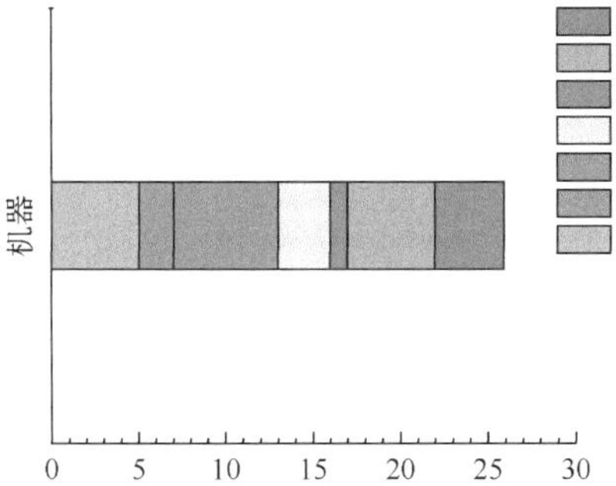

图 7-5　单机调度甘特图

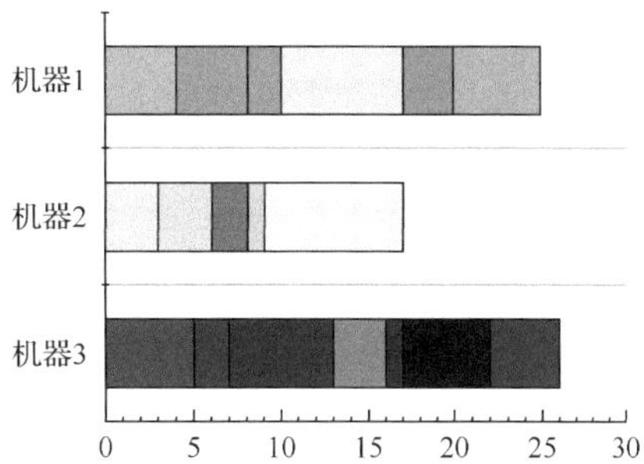

图 7-6　并行机调度甘特图

3. 流水车间调度

典型流水车间调度包括置换流水车间调度和混合流水车间调度。

置换流水车间调度可以描述为：n 个工件在 m 台机器上进行加工，每个工件在各台机器上的加工顺序一致，同时限制每个工件只能在各台机器上加工一次，并且每台机器一次只能加工一个零件，各工件在各台机器上的加工时间已知。该调度问题是如何安排工件在第一台机器上的加工顺序，使得某种指标最优。

混合流水车间调度是在置换流水车间调度的基础上加入了机器选择，n 个工件在 m 个阶段的流水线上进行加工，各阶段至少有一台机器且至少有一个阶段存在多台机器，在每一阶段上各个工件均要完成一道工序，并且可以任意选择该阶段某台机器进行加工。该调度问题是如何安排工件的加工机器及其在每台机器上工件的加工顺序，以使得某种指标最优。混合流水车间调度示意图如图 7-7 所示，每道工序存在多台并行机器，可以保证在流水线连续性生产过程中不发生中途中断导致工件产生等待时间的情况下，缩短生产周期。混合流水车间广泛存在于化工、冶金、纺织、机械、物流、建筑、造纸等领域。

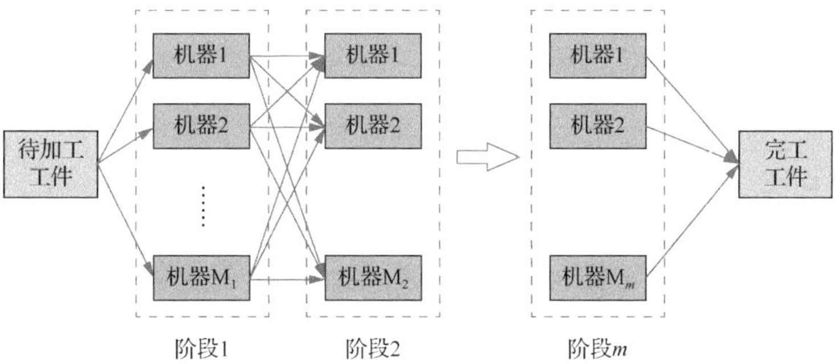

图 7-7　混合流水车间调度示意图

4. 作业车间调度

作业车间调度问题可以描述为：n 个工件在 m 台机器上进行加工，每个工件有特定的加工工艺，每个工件使用机器的顺序及其每道工序所花的时间已知。该调度问题就是如何安排每台机器上工件的加工顺序，使得某种指标最优。相对于流水车间而言，作业车间调度问题的加工工艺不统一，具有更高的复杂度。而在柔性作业车间调度问题中，加入了机器的选择过程，每个工件可以在不同的机器上加工，使得求解难度进一步上升，图 7-8 为柔性作业车间调度示意图。

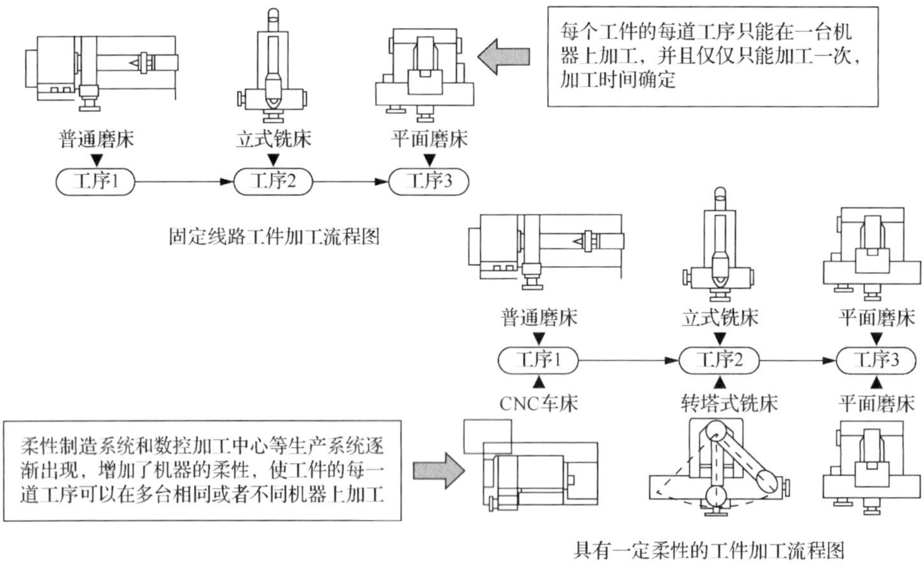

图 7-8　柔性作业车间调度示意图

此外，还有开放车间调度问题，它可以描述为：n 个工件在 m 台机器上加工，每个工件包含 m 道工序，并且每个工件的工序处理顺序是任意的，每道工序均有确定的加工时间。该调度问题就是如何安排每台机器上工件的加工顺序和工件的各工序顺序，使得某种指标最优。其中不同工件的工序以及同一工件的工序之间没有先后约束。

7.3.2　智能调度的特点和方法

1. 智能调度的特点

（1）多目标性：生产调度的总体目标由一系列的调度计划约束条件和评价指标构成，在不同类型的生产企业和不同的制造环境下，往往种类繁多、形式多样，这在很大程度上决定了调度目标的多样性。

（2）不确定性：在实际的生产调度系统中存在种种随机的和不确定的因素，如加工时间波动、机床设备故障、原材料紧缺、紧急订单插入等各种意外因素。

（3）复杂性：多目标性和不确定性均在调度问题求解过程的复杂性中得以体现，并使这一工作变得更为艰巨。

2. 智能调度的方法

1）数学规划方法与求解器

混合整数规划方法是常用求解调度问题的数学方法，该方法限制部分决策变量必须是整数，但是在运算中整数变量的数量会随问题规模呈指数规模增长。分支定界法是主要的枚举策略之一。求解器是一类封装好的优化算法程序包，研究人员可以使用求解器来优化调度等复杂问题，而不需要自己编写算法代码。常用的求解器包括 Cplex、Gurobi、MOSEK 等。

2）启发式方法

（1）优先分配规则（PDR）：分配一个优先权给所有待加工的工序，然后选择优先权最高的加工工序先加工，接下来按优先权次序依次进行排序。该方法具有容易实现和较小时间复杂性的特点，是在实际应用中解决调度问题的常用方法。

（2）基于瓶颈的启发式方法：一般包括瓶颈移动方法（SBP）和 Beam 搜索。

3）智能优化方法

（1）进化算法：一类模拟生物进化过程的智能优化方法，主要包括遗传算法、遗传规划（GP）、进化策略（ES）和进化规划（EP），广泛应用于规划与调度等组合优化问题中。其中，遗传算法是在调度领域中应用最广泛的进化算法。

（2）群智能优化算法：主要是通过模拟昆虫、鸟群和鱼群等群体行为所构造的一类智能优化方法。在调度领域中，常见的群智能优化算法有粒子群算法（PSO）、蚁群算法（ACO）等。

（3）局部搜索（LS）算法：运用人工智能、物理学等领域的某些思想，对基本局部搜索算法进行推广或扩展，目的是为克服基本局部搜索算法极易陷入局部最优的缺点，并形成了以禁忌搜索算法、模拟退火算法等为代表的算法，是求解调度问题的常用方法。

（4）人工智能算法：经典的人工智能算法包括决策树、朴素贝叶斯分类、支持向量机、主成分分析等。随着以深度学习为代表的新一代人工智能的发展，深度学习（特别是深度强化学习）也开始用于求解车间调度问题。

7.4　数字孪生车间

数字孪生（Digital Twin）的概念最早出现于 2003 年，由 Grieves 教授在美国密歇根大学的“产品全生命周期管理”课程上提出。后来，美国国防部将数字孪生的概念引入航天飞行器的健康维护等问题中，并将其定义为一个集成了多物理量、多尺度、多概率的仿真过程，基于飞行器的物理模型构建其完整映射的虚拟模型，利用历史数据以及传感器实时更新的数据，刻画和反映物理对象的全生命周期过程。数字孪生具有以下特点：①对物理对象的各类数据进行集成，是物理对象的忠实映射；②存在于物理对象的全生命周期，与其共同进化，并不断积累相关知识；③不仅能够对物理对象进行描述，而且能够基于模型优化物理对象。当前数字孪生的理念已在部分领域得到了应用和验证。

数字孪生车间是在新一代信息技术和制造技术驱动下，通过物理车间与虚拟车间的双向真实映射与实时交互，实现物理车间、虚拟车间、车间服务系统的全要素、全流程、全业务数据的集成和融合，在车间孪生数据的驱动下，实现车间生产要素管理、生产活动计划、生产过程控制等在物理车间、虚拟车间、车间服务系统间的迭代运行，从而在满足特定目标和约束的前提下，达到车间生产和管控最优的一种车间运行新模式。

数字孪生系统一方面能够实现对车间物理生产要素、虚拟模型、孪生数据、服务等的配置与统一管理；另一方面能够根据生产需求，通过调用相应的模型、信息物理数据及服务，实现设备健康管理、生产过程参数选择决策、设备动态调度、能耗管理等一系列车间智能管控功能。图 7-9 所示为汽车生产线数字孪生车间的构成，其中，物理空间是车间柔性生产线客观存在的所有实体集合，主要负责接收来自社会空间下达的各项生产加工任务，并严格按照信息空间（虚拟车间）仿真优化后预定义的生产指令，执行生产活动并完成生产任务；信息空间是物理车间的忠实的、完全数字化镜像，集成了多物理量、多尺度、多概率的仿真环境，其不仅能够对物理空间中的对象进行完全描述，而且能够基于虚拟模型优化物理空间，主要负责对生产计划、运行活动等进行仿真、评估及优化，并对生产过程进行全生命周期的实时监测、可靠预测与精准管控等；服务空间是知识与数据混合驱动的各类“人”、服务系统功能的集合或总称，主要负责在数字车间孪生数据驱动下对车间智能化管控提供系统支持和服务，如对生产要素、生产计划/活动、生产过程等的管控与优化服务等；车间孪生数据是物理空间、信息空间和服务空间相关的数据，以及三者数据融合后产生的衍生数据的集合，是物理模型、虚拟模型和服务模型运行及交互的驱动。

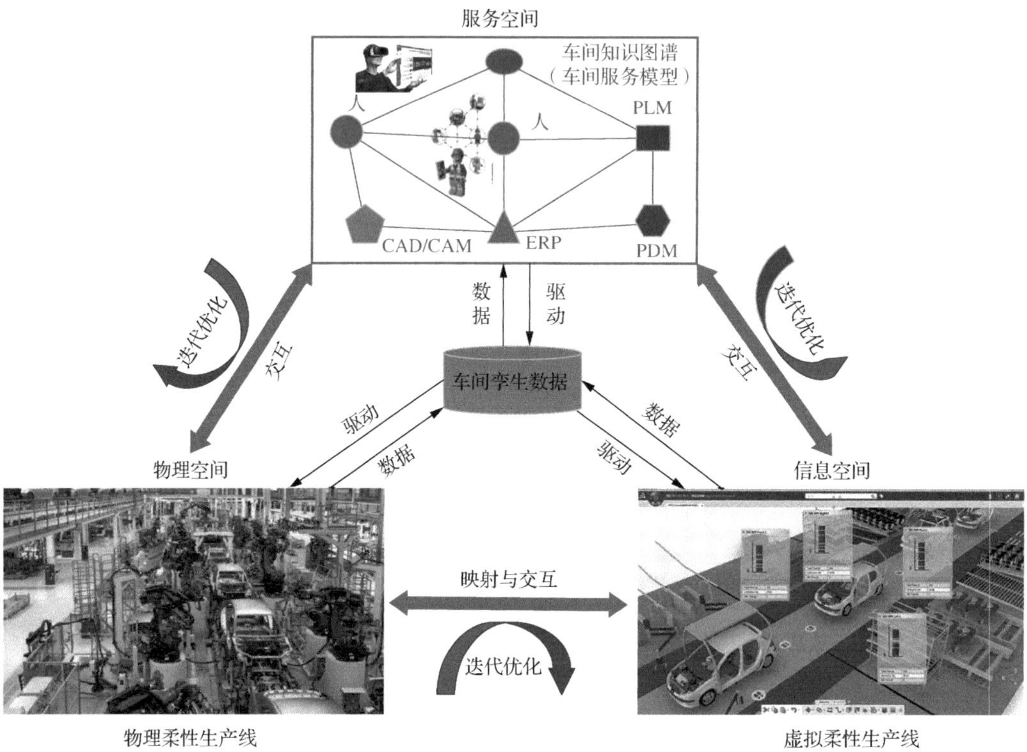

图 7-9　汽车生产车间及其运行迭代优化

7.5　数据驱动的智能制造

在“四网”融合的智能制造系统中，底层的设备感知与控制主要由物联网来完成；数据收集与管理、事件处理、数据挖掘与主动调度等由内容知识网和务联网来实现（内容知识网与务联网构成信息系统）；而机器还不能实现的重要的决策问题则由人际网（或称为社会系统）中的人来完成。实际上，制造系统问题离不开人的参与，如目标函数选择、调度方案取舍等，都需要人参与到其中来。而内容知识网对物理世界（物联网）、信息世界（务联网）、社会世界（人际网）产生大量的结构化数据、半结构化数据、非结构化数据进行整理和分析，挖掘出有价值的信息和知识，以便及时做出决策或对未来做出预测，为产品的全生命周期管理提供智能支持，如图 7-10 所示。

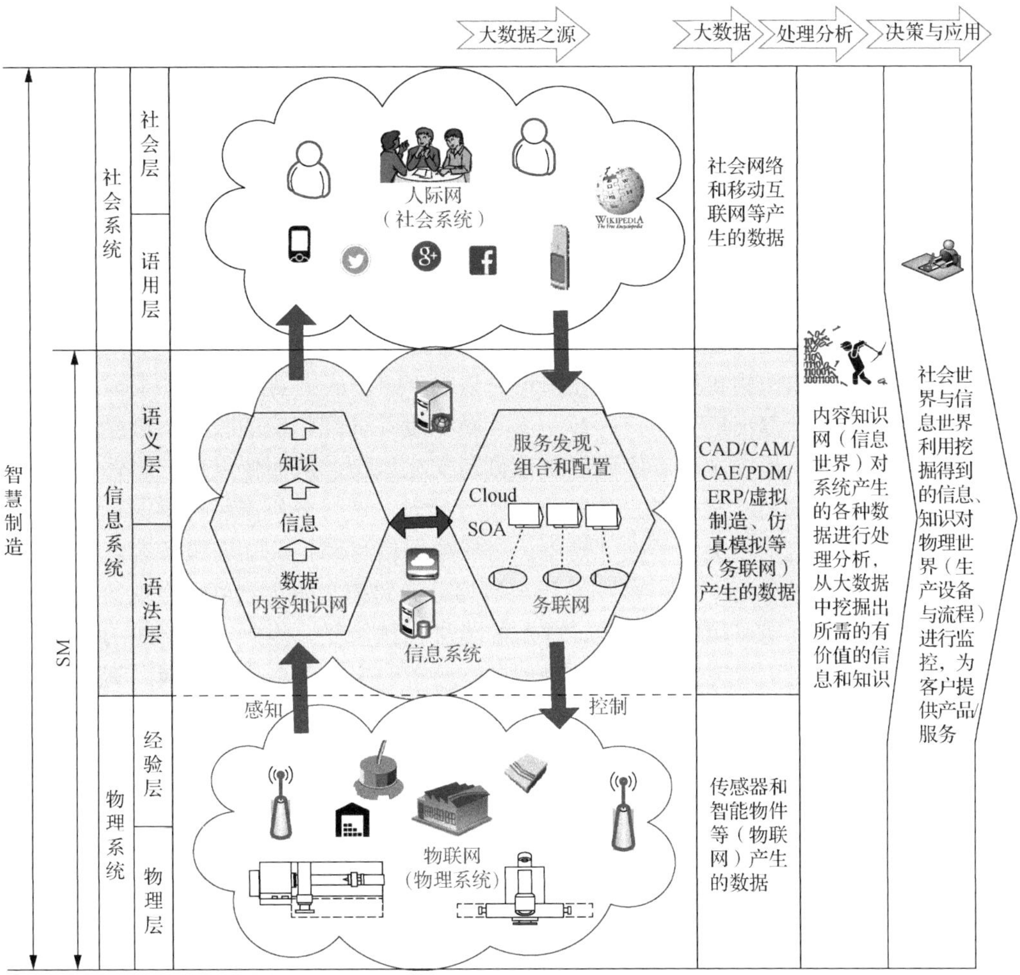

图 7-10　制造中的大数据挖掘

7.5.1 主动制造的概念

如前所述，大数据已成为一种新的科学研究范式，为人们提供了一种新的方法论，要求人们基于事实（数据）来决策行动。大数据应用已渗透到各行各业，例如，在零售业中通过大数据来分析用户需求，提供个性化的商业服务。在制造业中，大数据贯穿整个制造价值链，其所带来的巨大价值正渐渐被人们认可。数据又被比喻为新的石油和新的生产要素，海量数据的运用将成为企业未来竞争和增长的基础。

主动制造是一种基于数据全面感知、收集、分析、共享的人机物协同制造模式，它利用无所不在的感知收集各种的相关数据，通过对所收集的（大）数据进行深度分析，挖掘出有价值的信息、知识或事件，自主地反馈给业务决策者（包括企业人员、客户和合作企业等），并根据系统健康状态、当前和过去信息以及情境感知，预测用户需求，主动配置和优化制造资源，从而实现感知、分析、定向、决策、调整、控制于一体的人机物协同地主动生产，进而为用户提供客户化/个性化的产品和服务。

在图 7-11 所示的主动制造中，数据流通过网络在物理系统、信息系统和社会系统之间传递，由人机物协同进行分析、判断、决策、调整、控制而开展主动生产。在互联网及大数据技术的支持下，生产者和消费者紧密联系在一起，消费者的需求数据（信息）可以迅速地传递给生产者，从而为市场预测和生产管理等服务，使得生产方式由传统的大规模推式生产向客户化/个性化的拉式生产转变，同时也催生了开放式创新、协同创新和众包等理念。

主动制造通过大数据分析感知用户的情景信息，分析和获取用户的个性化需求，或者用户通过社会性网络将自身需求显性化地描述出来，通过与业务系统集成，借助语义搜索和智能 Web 等技术，针对客户个性化需求进行参数配置、优化和建模，从而精准地向用户提供制造服务的主动推荐、检查和建议，实现以数据驱动和用户需求为中心的主动制造。主动制造能够挖掘系统的显性知识和实现用户隐性知识的集成，如在征集创意产品/服务阶段，基于社会性网络大数据分析计算出广大用户的参与度和贡献度并分配相应的收益，鼓励用户参与产品研发设计的积极性，形成主动有序化的知识创新文化氛围，从而依靠用户集体智慧提高产品/服务能力；用户在进行个性化的三维模型结构设计时，通过分析产品三维图形和工艺文档等大数据，主动推送情景相关的零部件模型、材料数据信息和相关知识服务等。在进行零件加工时，基于传感器/机器运行实时数据及历史数据分析建模，能预测可能出现的故障，主动地将制造任务转移到其他可用的机器上，并对故障进行预修复。因此，从感知的角度来看，基于大数据分析，不仅可以方便地感知到物理层制造资源实时动态信息，辅助制造系统做出智能决策，而且能够感知到社会系统中的客户个性化需求，减少盲目制造与需求的不匹配造成的资源浪费；从智能化的角度来看，通过对社会性网络和物联网相关大数据进行信息和知识的挖掘，制造企业能够获得更智慧的洞察力，通过集思广益、大众协同和集体智慧提高系统的智能化程度，同时人机物协同程度更深、更广；此外，引入智能 Web 和语义推理，可以从用户不完整的需求上推理出完整的需求，从被动的制造任务承接模式转变为主动的制造任务发现模式，能够基于业务情景，精准地向需求用户推送产品服务和知识，从而提高制造服务的主动化程度。

在虚拟空间里，制造企业和客户可以利用 CAD/CAM/PDM/CAE 对产品进行模拟仿真验证，乃至虚拟制造或 3D 快速成形；利用 ERP/智能化/服务化等技术手段，按照合约和产品需求进行面向服务的业务流程的创建与协同，并通过物联网等调用和监控相应的物理设备资源，最终得以在物理系统中实现产品的生产，与此同时在产品生产乃至使用过程中的实时数据（信息），经内容知识网处理后，主动地返回给企业人员，以作优化业务和决策之用。

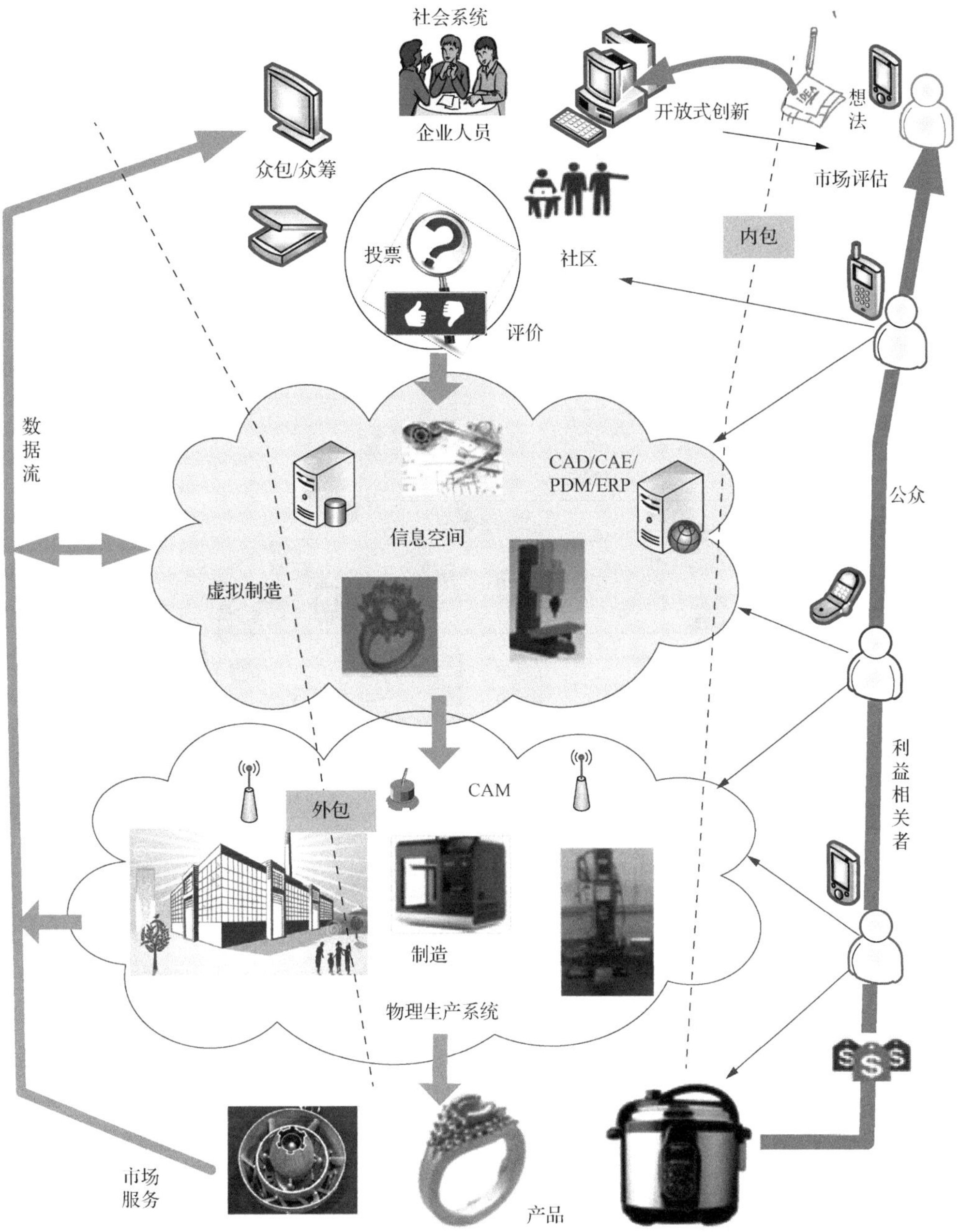

图 7-11　主动制造示意图

因此，在大数据的支持下，主动制造不仅能够预测市场的需求，而且能够根据制造系统的健康状况，自动配置和优化制造资源，从而实现主动生产，为用户提供客户化/个性化的产品/服务。

从大数据运用的深度和广度而言，与现有相关制造模式相比较，主动制造深度融合了大数据的理念和方法论，它充分利用情景感知和大数据分析价值，并进一步融入了包括社交网络数据（信息/知识）在内的更大范围的数据，如图 7-12 所示。

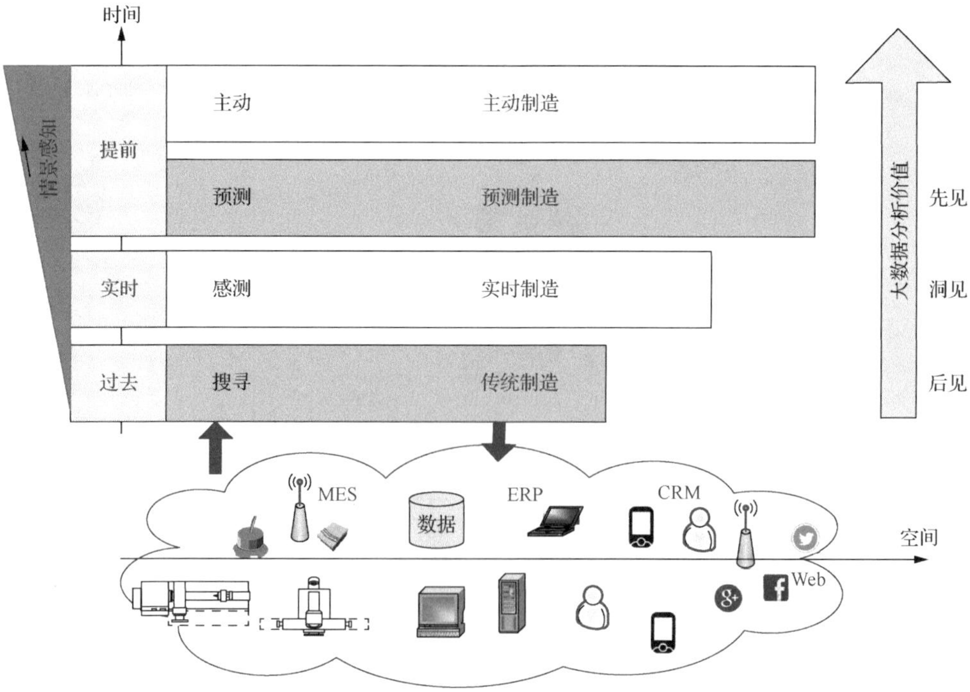

图 7-12　主动制造与相关制造的模式比较

传统制造（反应型制造）主要搜索过去的历史数据，只是利用了数据浅层价值，而且涉及的数据量和种类以及范围也相对较小。虽然随物联网、普适计算等发展而兴起的实时制造，可有效地利用生产实时数据（信息），但仍与传统制造模式类似，大多采用事后的被动策略。

与传统制造或实时制造相比，预测制造可较好地利用实时数据和历史数据，如实现对生产中的设备故障与健康状态进行预测，但按照 OODA（Observe-Orient-Decide-Act，观察-定向-决策-行动）循环模型，还缺少“决策”和“行动”环节，还没有充分利用大数据的深层价值。

OODA 循环模型被公认为是大数据供应链的主要模型之一。而 Gartner 将数据分析分为描述性（Descriptive）、诊断性（Diagnostic）、预测性（Predictive）和规范性（Prescriptive）4 个层次，企业需要从传统业务智能（Business Intelligence，BI）的描述性分析转移到高级分析，如图 7-13 所示。由此可见，预测型分析对决策和行动的支持还不充分，预测制造也是如此，没有充分利用大数据的深层价值（没有达到规范性最高层次）。

主动（型）制造在预测（型）制造的基础上，充分利用大数据的深层价值——达到数据分析的规范性最高层次，从而对制造决策问题提供全面的支持。

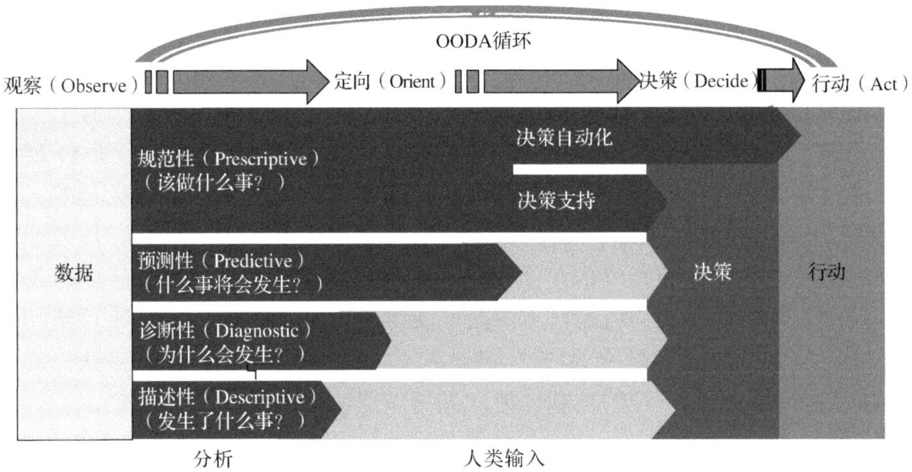

图 7-13　数据分析能力的类型

7.5.2　大数据驱动的主动制造体系结构

根据现代制造（特别是基于 SCPS 制造）理念，本书提出如图 7-14 所示的大数据驱动的制造系统体系架构。①制造资源层：包括制造设备等硬件资源以及软件资源和制造能力，与组织符号学的物理层相对应；②虚拟资源层：通过物联网/虚拟化技术将底层的制造资源虚拟化，支持制造资源实时感知与监控；③数据层：制造系统中的各种结构化、半结构化、非结构化的数据；④服务层：以“一切皆为服务”理念，将数据、信息、知识、软件、设备、设计、决策、制造等服务化，尤其是语义 Web 服务化研究；⑤主动事件驱动业务层（机器自主决策层）：通过主动计算，将服务组合成一个主动事件驱动的业务流程；⑥服务集成（服务总线）层：实现不同服务之间的通信和集成；⑦基础架构服务层：提供诸如安全、时间、价格、可靠性和可用性等服务质量以及服务监控等能力；⑧云服务运营层：按云服务理念为用户提供按需制造服务；⑨（主动）事件驱动业务层：对实时数据流进行处理，监控系统运行状态，通过复杂事件处理机制将简单事件组合成有意义的复杂事件，为主动事件驱动业务流程提供支持；⑩业务智能层：对（大）数据挖掘，形成有意义的信息和知识，为决策提供支持；⑪语义 Web 层：将数据提升到信息、知识或智慧；⑫决策层：根据从数据挖掘中所获得的信息/知识和关键绩效指标（Key Performance Indicator，KPI），由人进行高层次的决策；⑬应用层：通过人际网，将利益相关者纳入一个社会化网络（社区）之中，分享信息/知识，访问和使用其中的各类服务，协同创新，满足客户的个性化需求。

图 7-14 所示的大数据驱动的主动制造系统体系架构的水平层次融合了物联网、务联网、内容知识网和人际网理念，同时由于主动制造还有服务化和事件驱动架构等方面的特定需求，因此还包括服务层和事件驱动的业务层以及跨越多个水平层次的垂直层次。连接第 1 层的物理资源和第 2 层虚拟资源的物联网，实现制造中的物与物之间的互联互通和资源感知；连接第 4～第 8 层的务联网（SOA 与云计算），实现事件驱动的云制造功能；连接第 9～第 11 层的知识网（含复杂事件处理、业务智能、语义 Web 等），将第 3 层的数据提升为有意义的信息/知识或复杂事件，为第 5 层的主动事件驱动的业务流程以及第 12 层的人决策提供信息/知识/

智慧的支持；连接第 12 层和第 13 层的人际网，为人的决策与知识共享提供支持。

这种大数据驱动的主动制造延伸和发展了事件驱动的云制造模式，进而形成了主动事件驱动的社会信息物理生产系统，其运作机制如下：通过第 1 层的制造资源互联互通以及第 2 层的虚拟化资源感知，形成第 3 层的历史大数据和实时数据流，经由第 4～第 11 层的务联网和知识网，通过诸如文本挖掘、社会网络分析、深度学习、语义 Web 和云处理等大数据挖掘（知识发现）方法使历史大数据升华为有意义的信息、知识和形成预测模型，以及通过复杂事件处理使实时数据流上升为有意义的复杂事件，进而根据系统内外环境的变化以及模型的预测实现第 5 层的主动事件驱动的机器自主决策，或将所提取的信息/知识或事件或初步决策主动推送到第 12 层和第 13 层的社会系统（人际网）中的人做进一步决策或确认，最后再经由务联网和物联网实现对制造资源的控制，使产品得以在物理系统中实现制造。

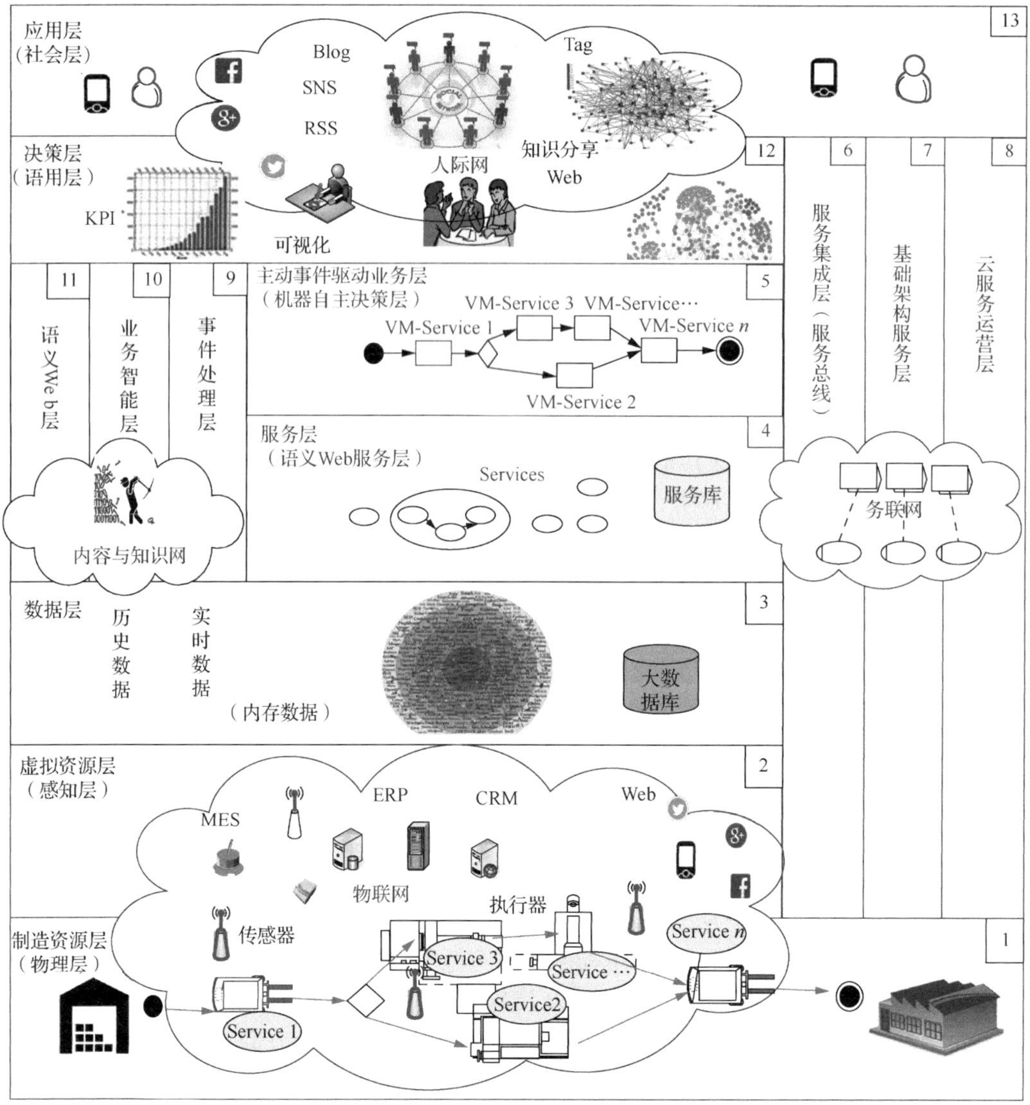

图 7-14　大数据驱动的主动制造系统体系架构

7.5.3　主动调度案例

生产调度就是在一定的时间内，进行可用共享资源的分配和加工任务的排序，以满足某个或某些特定的生产指标。有效的调度方法和优化技术的研究与应用，是实现先进制造和提高生产效率的基础与关键。但由于制造系统优化问题具有大规模、带复杂约束、多目标、不确定性等特征，生产调度优化问题至今尚有许多困难未得到解决。

生产（车间）调度可大大提高生产效益和资源利用率，所以一直是制造系统研究的热点之一。生产调度领域中的大多数问题都具有 NP（Nondeterministic Polynomial）难题，随着车间机器设备和任务数目的增加，调度问题求解的时间随着问题规模的增大呈指数增长。生产调度可分为静态（确定性条件下）调度和动态（非确定性条件下）调度。静态调度要求生产中所有作业信息和车间状态是明确的，一旦生产计划确定，车间就按计划生产。但生产过程的动态性和不确定性使得这种既定生产作业难以实施，因此动态调度应运而生。

针对不确定性条件下的动态调度问题，国内外已开展了相关研究，并已经取得不少成果，但目前对动态调度的研究多集中在一个理想模型下的调度理论研究，其干扰事件的加入也大多基于某种随机模型（概率分布），仍与实际生产脱节，只是对动态调度环境做理想化处理。随着个性化产品需求日益增加，制造过程愈加复杂，制造环节间的关联度不断提高，生产制造过程中的不确定因素发生的概率也随之逐渐增加，这些都给生产调度问题研究带来了极大的挑战。得益于信息技术的迅速发展，生产调度问题研究面临新的机遇，如物联网和 CPS 实现信息（数字）世界与物理世界的融合，不仅为调度问题提供了生产实时信息，而且有望解决生产调度理论研究与生产实践脱节的问题。

主动调度是动态调度的进一步发展，在异常事件出现之前，基于生产现场实时数据和历史数据提前预测干扰事件发生的可能性，并在干扰事件发生前，对制造系统资源重新分配。这种调度策略能充分利用情景感知和大数据技术来优化决策，明显不同于事后的被动性/反应性调度策略，也不同于前设性调度策略。

主动调度采用基于预测性事件驱动的重调度，该调度方式首先根据制造车间现场采集的加工过程实时数据以及历史数据，预测扰动事件（如机床刀具剩余寿命）的发生，在该扰动事件发生之前，预先安排处理方法或调度方案（如更换刀具或重调度）。这里采用基于周期与事件驱动和基于预测性事件驱动的混合重调度方式，工件加工采用批处理加工方式，每批次加工完 6 个工件，系统执行一次重调度（周期驱动），针对 RFID 监测到的车间扰动事件，采用基于事件驱动的重调度，对预测性事件采用基于预测事件的重调度，实现对柔性作业车间的静态调度、动态调度和主动调度。

主动调度的试验平台如图 7-15 所示，包括 4 台数控机床，分别完成 2 种不同的加工工序（同种工序由 2 台机床完成），1 台安装有机械臂的 AGV 用于从原料库配送工件原料到加工工位，或从暂存区配送工件半成品到加工工位，RFID 阅读器 ALR-9680 的 4 个天线安装于 4 个机床加工工位，用于实时监测工件（粘贴有抗金属标签）在整个加工过程中的异常事件，该扰动信息通过局域网传送至调度中心。无线三轴加速度计用于监测工件加工过程中机床刀具的振动，以铣床为例，无线三轴加速度计（型号：M69）监测铣刀的振动，该振动信号通过 ZigBee 无线协议发送至无线基站，然后传送到调度中心，以至于能够根据监测的振动数据预测刀具的剩余寿命。调度中心根据接收到的工件异常情况以及刀具的剩余寿命预测，制定不同的调度方案，实现柔性作业车间工件加工过程的主动调度。

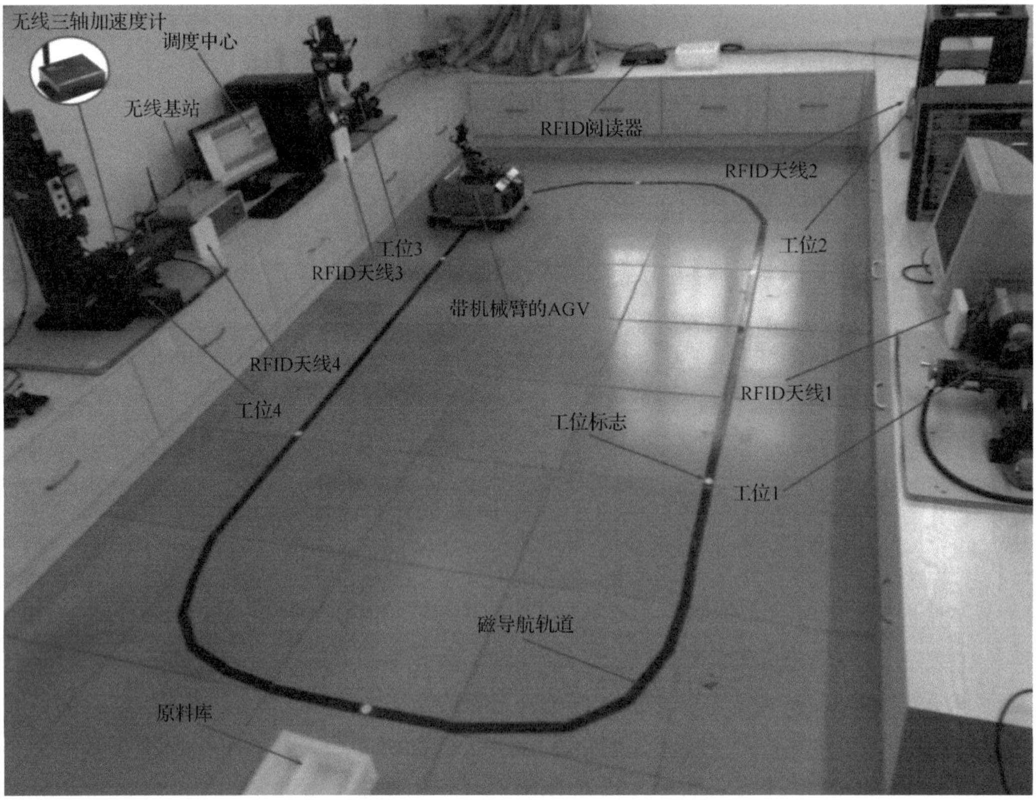

图 7-15　主动调度的试验平台

第 8 章　面向未来的人工智能与智能制造

人工智能和智能制造的未来发展，离不开人工智能基础理论研究——强人工智能以及数据与知识融合驱动的人工智能的突破。正当工业 4.0 如火如荼进行之际，工业 5.0 和社会 5.0 又拉开了序幕，在以人为中心的 AI 和元宇宙作用下，未来智能制造将走向以人为本的下一代智能制造与工业元宇宙。

8.1　面向未来的强人工智能

在算法、算力和数据的共同作用下，人工智能尽管获得了长足进展，并形成以深度学习为代表的新一代人工智能，但仍处于弱人工智能阶段，严重依赖大数据，同时存在不可解释性和不可理解性。在算法层面，深度学习算法模型缺乏可释性和可泛化性，在基础理论上遇到瓶颈，亟待基础理论上的突破；在算力层面，因集成电路工艺制程逼近微观物理极限导致摩尔定律失效和电子芯片算力增长趋缓，通用计算芯片架构受制于冯•诺依曼瓶颈，而以神经形态芯片为代表的人工智能芯片方兴未艾；在数据层面，细分领域的高质量数据集匮乏制约人工智能技术的应用发展，未来需要构建高质量数据集。

当前以机器学习技术为代表的人工智能，尤其是深度学习近年来的突破，可使 AI 系统在一些关键能力上媲美甚至赶超人类，已经在特定领域商业化落地，但这些研究与应用仍局限于“弱人工智能”范畴。特定领域的人工智能系统依赖强大的计算能力在挑战人类智力方面取得了巨大进步，但距离实现“通用人工智能”，即机器能够完全模拟人类认知活动，还有很多工作要做——现有人工智能系统无法通过自身思考得到更高层次的智能，与具有高度自主学习能力的通用 AI 依然存在差距。

目前的人工智能系统在不同层次上都依赖大量的样本训练完成有监督的学习，真正的通用智能会在经验和知识积累的基础上自主无监督地学习，并像人类智能那样能够不断适应复杂的新环境并不断涌现出新的功能。在人们生活与生产的诸多领域，人类所能获得的数据是极其有限的，需要基于小样本的人工智能系统，正如人类大脑所具有小样本学习能力那样——通过少量的样本，结合人类的知识与经验，大脑就可以加以学习并做出判断。

迄今为止的人工智能系统都还是实现特定功能的专用智能，而不是像人类智能那样能够不断适应复杂的新环境并不断涌现出新的功能，因此都还是弱人工智能。通用 AI 是未来人工智能的发展方向，要达到通用 AI 的程度，仅靠当前“大数据+深度学习”的方式难以全面涵盖。另外，源于（浅层）神经网络的深度学习是“黑箱子”，其可解释性不强，知其然而不知其所以然。因此，需要开启“后深度学习”研究。

强人工智能是指真正能思维的智能机器，并且认为这样的机器是有知觉的和有自我意识的，这类机器可分为类人（机器的思考和推理类似人的思维）与非类人（机器产生了和人完全不一样的知觉和意识，使用和人完全不一样的推理方式）两大类。从一般意义来说，达到人类水平的、能够自适应地应对外界环境挑战的、具有自我意识的人工智能称为“通用人工智能”“强人工智能”或“类人智能”。强人工智能不仅在哲学上存在巨大争论（涉及思维与意识等根本问题的讨论），在技术上的研究也具有极大的挑战性。

人工智能研究的重要途径借鉴脑神经科学研究成果。随着脑神经科学的发展，大脑神经系统的结构与工作机制得以逐步揭开，人类的脑神经系统为人工神经网络/深度神经网络研究提供了很好的参考范本，例如，通过模拟脑神经的结构和工作原理构造人工智能的神经网络和学习方法。研究表明，模拟脑神经的人工神经网络具备良好的知识驱动与数据驱动的融合能力。但是，人类对自身智能的认识还处在初级阶段，在人类真正破解大脑产生智能的机理之前，难以制造出强人工智能，一条折中途径是将不同人工智能实现方法融合起来，甚至将人工智能与人类智能融合起来，形成人机智能系统。

8.2　面向未来的“融合智能+混合制造”

“AI+”作为新一轮产业变革的核心驱动力量，正在推动制造业升级换代。未来 AI 融合研究，不仅包括多种学派的人工智能融合，还包括人类智能与机器智能的融合；而智能制造研究需要将增材制造与减材制造相结合，进而诞生了混合制造——结合了不同的增材制造方法或者加入了减材制造方法，以应对日益增长的客户个性化和社会多层次的需求。

在人工智能发展历史上，知识驱动的方法与数据驱动的方法基本上彼此独立发展起来。逻辑推理和知识工程（知识驱动的 AI 方法）是第一代人工智能的主流技术，而当前机器学习（数据驱动的 AI 方法）却变得炙手可热，而逻辑推理和知识工程的研究却相对变得冷清起来。新一代人工智能的兴起得益于数据、算法和算力三大要素，未来需要把知识这个要素也考虑进来。知识凝聚了人的智慧，因此需要把数据驱动的 AI 方法和知识驱动的 AI 方法融合起来。

第一代 AI 是知识驱动的符号模型，旨在模仿人类专家的推理和决策能力，其显著优点是输出结果具有可解释性，主要缺点是需要人工来获取知识，同时也难以处理非结构的大数据。第二代 AI 是以大数据深度学习为代表的数据驱动模型（又称为亚符号模型），它可从大量案例中自动提取规则，而无须人工来提取数据的特征，其优点是具有大数据处理能力，可对结果进行分类和预测，但对输出结果缺乏可解释性。为此，人们致力于将知识驱动的方法和数据驱动的方法融合，通过规则与学习结合的方式，研究知识表示与推理框架、大规模隐式表达的知识获取、多源异构知识融合、知识融入的预训练模型、知识数据双驱动的决策推理等，以建立高精度、可解释、可通用且不依赖大量标注数据的人工智能新方法，最终建立数据驱动的机器学习与知识驱动的符号计算相融合的新型人工智能理论，突破深度神经网络模型不可解释的瓶颈。

深度学习的成功来自于它对大数据的有效分析和利用，它的缺点也来自于它对大数据的过分依赖。机器学习的不可解释性和不可理解性影响着人与机器的合作能力。人与机器的合作是将来的现实需求。在数据驱动的人工智能系统中引入知识驱动特性，人的知识和经验可以协助人工智能系统克服数据类型和数据量的不充分问题，也可以让人工智能系统具备一定的推理和决策能力，并获得解决突发事件的处理能力。

基于深度学习融入本体描述的知识图谱表示学习可以看作实现数据与知识混合驱动的人工智能方法途径之一。知识表示学习是面向知识库中实体和关系的表示学习，它通过将实体或关系投影到低维向量空间，能够实现对实体和关系的语义信息的表示，进而通过机器学习（特别是深度学习）高效地计算实体、关系及其之间的复杂语义关联。

人工智能的发展不断革新着人机交互的方式，驱动人机交互由传统方式向更智能、更自然的方式进步。早期以图形用户界面和键盘、鼠标等直接操控设备为主流的人机交互方式很难使人与计算机实现如同人与人之间那样高效自然的交互，而语音识别、手势识别、语义理解、大数据分析等人工智能技术能帮助计算机更好地感知人类意图和用户状态，进而增强人机之间的交互带宽，使计算机更“懂”用户，实现以人为中心的计算和真正自然的交互。在机器能力增强的同时，如何增强人的能力，尤其是认知能力，实现人机共生或者人机和谐，成为人机交互中一个新的研究课题。

一种数据与知识混合驱动的智慧制造体系如图 8-1 所示，它将“人在回路里”（HiL）、“人在回路上”（HoL）、“人在回路外”（HofL），即人在物理空间、人在信息空间、人在社会空间的理念融合在一起。底部的物理系统通过物联网实现物理制造资源集成、感知以及物-物和人-物互联，形成包括人在内的物理回路；中间的信息系统，通过内容知识网和务联网实现虚拟的人机物集成，包括数据/信息/知识的处理及其之间的相互转化，以及虚拟服务化资源管理调度和物理系统监控等；顶层的社会系统（社群）除了社交操作员外，还包括企业经营决策者/用户/客户/公众等利益相关者。企业经营决策者根据市场动态、经营策略和企业文化等各种因素确定制造系统整体的经营目标和功能定位，增强企业文化建设以及与上下游企业和用户的联动等。

这种知识和数据融合驱动的人工智能方法，一方面可利用“自下而上”的数据驱动方法，使以大数据深度学习为代表的新一代人工智能在实际生产中得以落地；另一方面，利用“自上而下”的知识驱动方法，使企业在制造领域前期积累的先验知识、经验和模型（如智能体、数字孪生模型和知识图谱）发挥作用，弥补单一数据驱动方法对数据需求量大和难以利用先验知识（模型）的缺点。

未来需要融合“符号主义+连接主义+行为主义”等多研究派别，推动 AI 与其他各学科的交叉融合，集百家之长，尤其从脑认知、神经科学和生命科学等领域寻找新一代 AI 的灵感。知识驱动的符号主义长于推理（但是其难以拓展）、数据驱动的连接主义擅于预测识别（但是其过程难以理解）、强化学习的行为主义能对未知空间进行探索（但其依赖于搜索策略）。因此，需要有机协调知识引导下演绎、数据驱动中归纳、行为强化内规划等不同人工智能方法和手段，建立知识、数据和反馈于一体的人工智能理论和模型。

图 8-2 所示的图神经网络深度强化学习求解生产作业调度问题，实质上将符号主义（知识驱动方法）、连接主义（数据驱动方法）和行为主义（强化学习方法）3 种人工智能学派（方法）有机融合在一起，进而实现融入实体知识描述的复杂网络深度强化学习，使得复杂网络（类似于知识图谱）先验知识能够成为深度学习的输入并作为深度学习优化目标的约束，形成一种知识引导、数据驱动和行为探索相结合的人工智能求解方法。该方法将加工作业流程抽

象表示成结点集合和连边集合构成的复杂网络，结点对应实际中的加工单元，边为将结点连接在一起的工艺流程关系。作业流程加工结点，既包括物理结点（如生产线上的机器、工人、协作机器人、运输等），也包括虚拟空间的机器或人或软件/流程/知识/算法（统称为服务）和社会空间的人。经过如此抽象处理之后的加工作业流程，可用深度神经网络和强化学习结合而成的深度强化学习方法来实现加工作业的自适应优化。

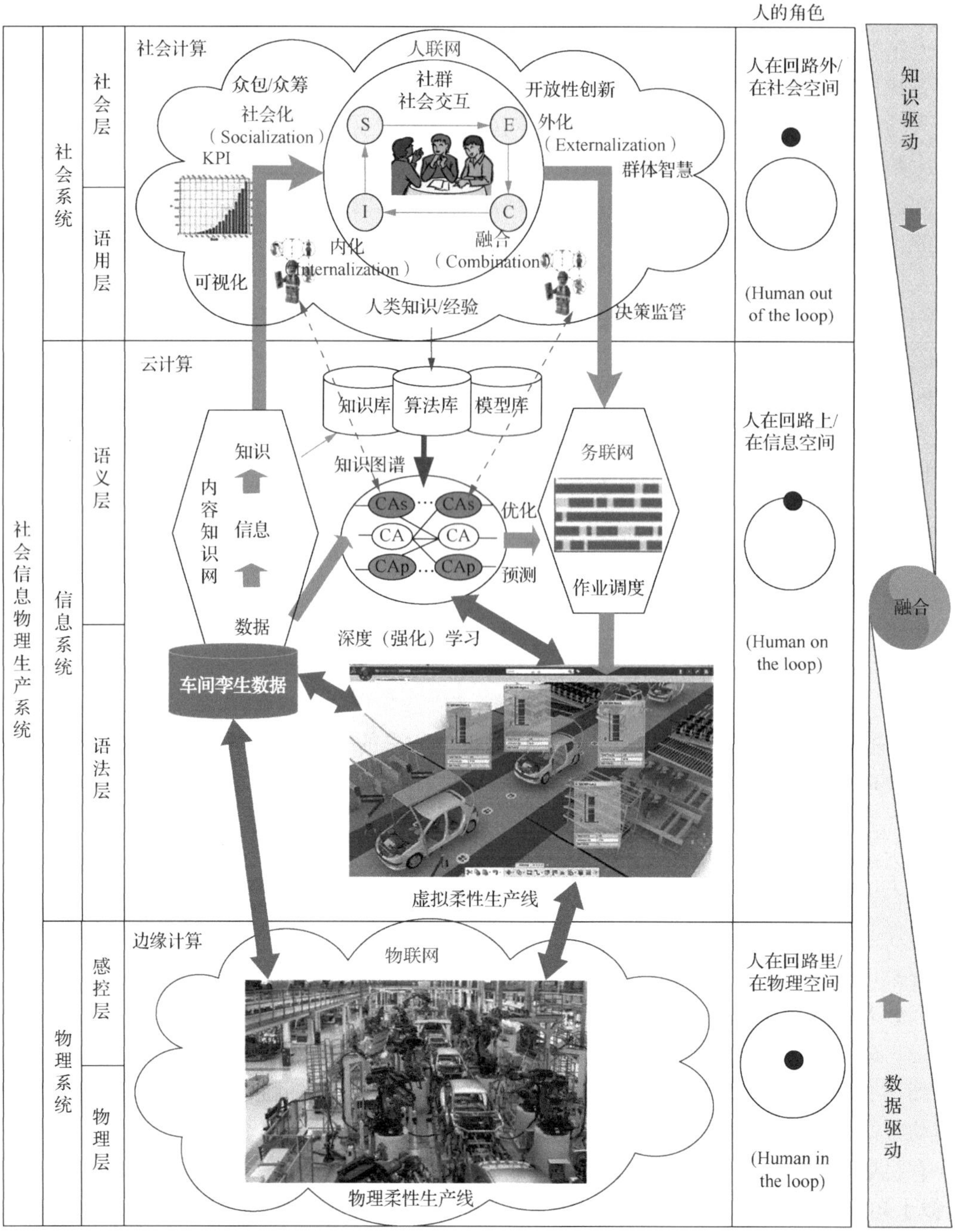

图 8-1　数据与知识混合驱动的智慧制造体系架构

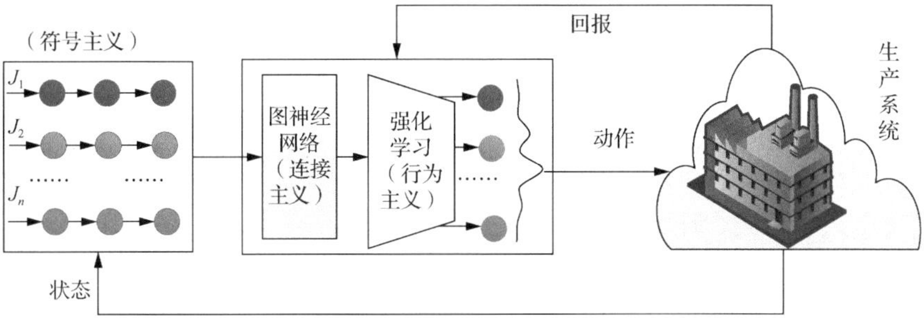

图 8-2　图神经网络深度强化学习求解生产作业调度问题

需要指出的是，性能强大的硬件设备驱动高效优质的算法是实现人工智能/智能制造的有效途径。由于基于大数据处理的智能算法时间复杂度、空间复杂度的提升对硬件设备性能的要求也越来越高，要想实现大数据背景下状态感知、实时分析、科学决策、精准执行，硬件性能及算力的好坏直接影响算法的效率，需要大力发展高速度、大存储容量、大带宽、功能强大的超级计算设备，将量子计算结合神经网络进行研究是未来较有可能的发展趋势。

由此，可进而展望智能（智慧）制造的未来，在解释性和通用性方向发展的人工智能支持下，借助强大的智能算法和自主计算，将多种数据或者信息汇集为知识，进而将知识运用于解决实际生产中的问题，实现通用的智能制造。

在发展未来 AI 及先进制造技术的同时，需要在更高的制造价值观上审视智能制造的未来走向，秉持以人为本的制造理念，“机器换人”只是走向智能制造的一个重要手段，而“机器帮人”（即机器成为人类安全可信的朋友并为人类更好地服务）才是智能制造发展的终极方向，在符合社会伦理道德法律的约束下发展拟人、帮人、可信、安全可靠、可持续、绿色智能制造技术，以满足社会可持续包容性发展的需求。

8.3　面向未来的工业 5.0 和社会 5.0

正当工业 4.0 如火如荼进行之际，人们逐渐发现工业 4.0 在发展过程中过于侧重生产制造流程的优化和设备的自动化水平的提升，而忽视了制造过程中最重要的参与者“人”这一主体。而未来的社会，工业（产业）端的创新和用户端的个性化需求将变得越来越急切和重要，而需要创新和个性化定制时，人是关键因素，目前可行的解决方案有人机智能协作和产消协同创新。此外，制造业带来的污染也引起了人们对生态环境恶化的担忧，如何实现可持续发展是一个重要议题。另外，全球供应链在新冠疫情面前暴露出的脆弱性引起了人们对全球供应链稳健性的担忧，再加之地缘政治变化和自然灾害等频发，人们越来越渴望具有弹性、稳健性高的工业系统（模式），弹性一般指抵御社会地缘政治变化和自然灾害等重大变故的能力，确保在危机时期仍能提供和支持关键的基础性设施或服务。因此，一种以人为中心、更有人情味和更具人性化的生态友好（可持续发展）型弹性生产模式——工业 5.0（Industry 5.0）应运而生。

欧盟委员会于 2021 年提出了如图 8-3 所示的以人为中心（Human-centric）、可持续（Sustainability）以及弹性/恢复力（Resilience）三大核心要素的工业 5.0，并指出工业 5.0 关注的重点从单纯的股东价值转移到利益相关者的价值，为所有相关者服务；工业 5.0 的成功与否取决于所有利益相关者尽可能广泛地参与和行动；认为工业要成为社会真正繁荣的提供者，其真正的定义必须包括人、环境和社会相关方面的考虑。

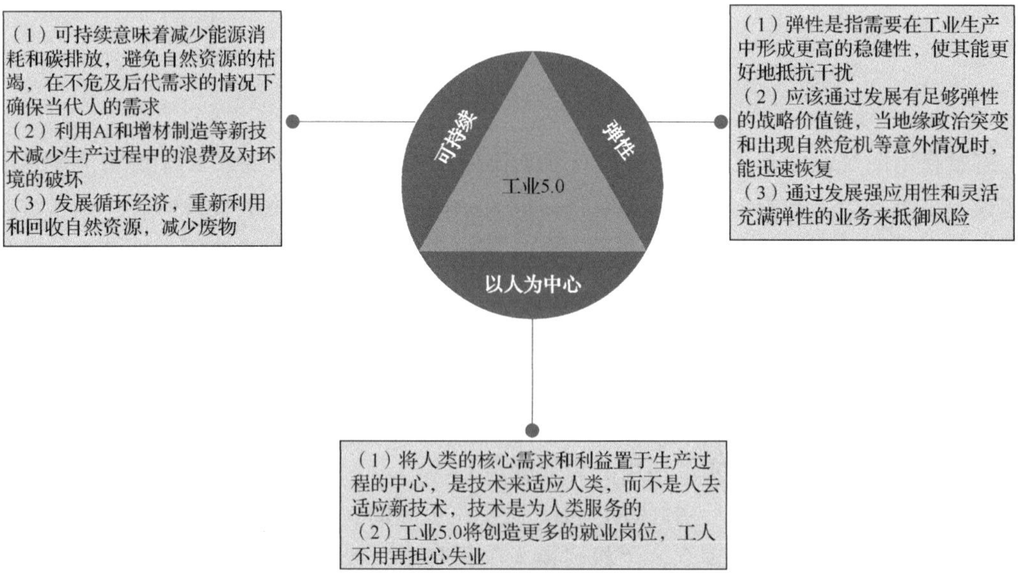

图 8-3　工业 5.0 核心要素及含义

实际上，在欧盟正式提出工业 5.0 之前，不少学者已给出了工业 5.0 概念或定义。工业 5.0 还处于初步探讨阶段，还没有一个普遍认同的定义，但大体上有一个初步共识：工业 5.0 是工业 4.0 的延续和补充，是建立在工业 4.0 概念和基础上一种进化的、渐进的但非常有必要的价值驱动型新工业模式，除了关注生产流程优化和自动化水平提升等技术层面外，还应重点关注包括人、环境、工业弹性等社会价值层面，人类与机器和谐共生。

社会 5.0（Society 5.0）是日本政府于 2016 年为应对第 4 次产业革命以及科技创新的迅猛发展所带来的国际竞争日趋激烈的态势以及老龄化、劳动人口减少、资源能源和环境、交通等经济社会发展难题而提出的经济社会发展战略，它将狩猎社会视为起点，认为经历农耕社会、工业社会、信息社会的进化之后，将进入如图 8-4 所示的第 5 阶段的超智能社会。

社会 5.0 着眼于社会构成和人类服务，涉及社会的各行各业，不仅将制造、能源、交通、服务等原先各自独立的系统组织起来，还将诸如人事、会计、法务的组织管理功能以及提供创意等人类工作价值组织起来，进而达到细分社会的各种需求，将必要的物品和服务在必要时以必要的程度提供给需要的人，使所有人都能享受优质服务，建立超越年龄、性别、地区、语言差异，快乐舒适生活的社会。

从本质上讲，社会 5.0 试图提供一个基于高级服务平台的共同社会基础设施，以促进社会繁荣。工业 4.0 侧重于制造业变革，而社会 5.0 涉及范围更广，旨在将人类置于创新的中心，利用技术的影响力和工业 4.0 的成果，在改善生活质量、社会责任和可持续性方面深化技术整合，试图平衡经济发展和解决社会及环境问题，不仅仅局限于制造业，其目的除了提高工业生产力之外，更重要的是提高人们生活的便利性。

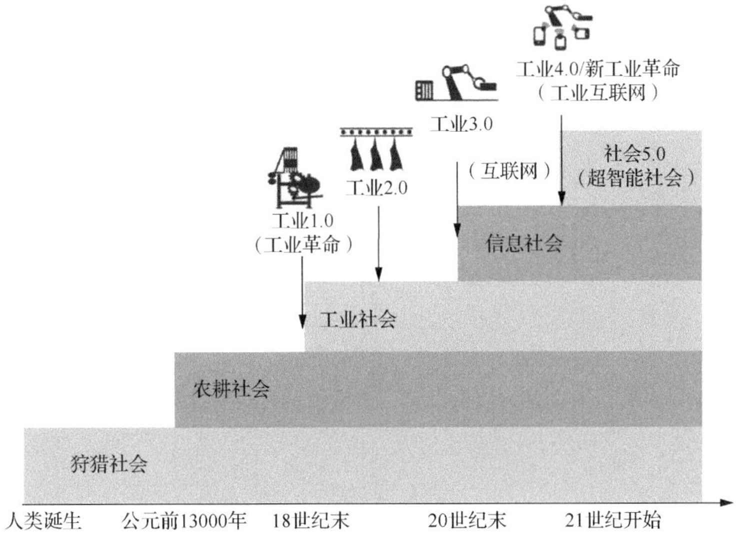

图 8-4　工业革命与现代社会发展

工业 5.0 概念的引入，主要围绕的是工业系统中的人、工业造成的相关问题（如环境污染和资源利用方面）和工业弹性（稳健性）等方面。因此工业 5.0 和社会 5.0 的侧重点、出发点不一样，但其本质基本一样，都是以“人”为中心、服务于“人”，促进人类生活生产的便利性，并实现社会的共同繁荣。两者的区别在于，工业 5.0 更关注的是工业系统中相关“人”的福祉，而社会 5.0 则通过技术促进社会中“人”的便利性。

工业 4.0 虽然通过新技术的使用降低了制造成本并提高了生产过程的自动化水平，但它忽略了通过流程优化导致的人力成本提升，工业 5.0 涉及 AI 在人类共同生活中的渗透，它们的合作旨在提高人类的能力，并使人类回到“宇宙的中心”。此外，一般认为工业 4.0 是技术驱动的，而工业 5.0 为价值驱动型。工业 4.0 从技术出发（技术驱动），通过“技术-自然-社会-人”的路径，先考虑的是技术的进步获得更高的自动化水平和流程优化带来的效率提升，起始点（出发点）为“技术”。而工业 5.0 从“人”出发，优先考虑人的各项需求（自我价值实现和个性化需求等），通过“人-社会-自然-技术”的路径，以人、自然、社会的需求（价值驱动）驱动技术的革新，并且技术需要主动去适应、观察和学习人类，起始点（出发点）为“人”。

文明的进步一般伴随着人类生活质量、生产水平的提高，此外还须具备良好的创新交流共享氛围和稳定的社会发展环境。图 8-5 从“人-社会-自然-技术”的维度探讨了工业 5.0 和工业 4.0 的区别及关联。工业 4.0 和工业 5.0 都是工业化进程中重要的工业模式，因此“工业化”是两者之间的连接“桥梁”，通过“桥梁”将两者联系起来。随着“四化”（市场化、城镇化、全球化、工业化）水平的不断提高，人类的文明将进入一个更高的维度——元宇宙时代。

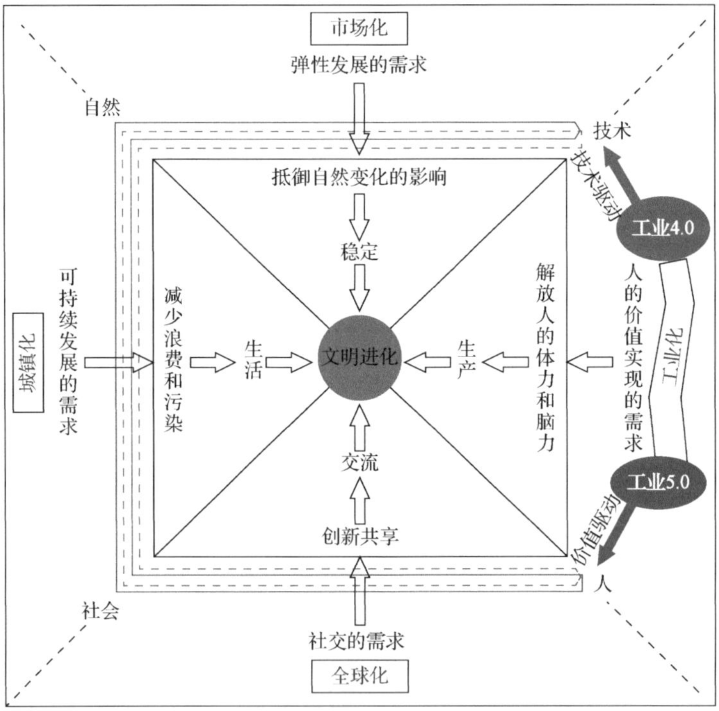

图 8-5 “人-社会-自然-技术”视角下的工业 4.0 和工业 5.0

8.4　以人为中心的人工智能与智能制造

8.4.1　以人为中心的人工智能

人机交互的发展历史，是从人适应机器到机器不断地适应人的发展史。近年来，围绕以人为中心的人工智能（Human Centered AI，HCAI）理念、如何避免人工智能伤害人类以及产生社会负面影响等方面的研究引起人们的关注。如图 8-6 所示，HCAI 包括技术、人、伦理 3 个方面。

（1）“技术”方面：强调 3 类智能的有机结合。①机器智能：利用算法、大数据、算力等技术来开发机器智能。②人类智能：利用智能增强技术，借助心理学、脑神经技术等方法推动人类智能的增强。③人机混合增强智能：AI 界已经认识到单独发展 AI 技术的路径遇到了瓶颈效应，在高级人类认知方面难以达到人类的智能水平。因此，HCAI 理念强调将人的作用融入人机系统，通过人机智能的互补，开发人机混合增强智能、AI 与人类智能增强技术的整合。其目的是开发出可持续发展、强大、人类可控的 AI；AI 开发的目的是提升人的能力，而不是取代人类。

（2）“人”方面：强调在 AI 系统研发中从人的需求出发，落实有效的应用场景，开发人类认知模型，在 AI 研发中实施基于“以人为中心”的人机交互设计和方法（建模、设计、测试等）。其目的是开发出有用的（满足人的需求、有使用价值）、可用的（易用、易学）、人类拥有最终决控权的 AI 系统。

（3）“伦理”方面：结合跨学科方法、有效开发实践、标准和治理等工作，通过工程设计手段（如“有意义的人类控制”），保证 AI 开发遵循公平、人的隐私、伦理道德、人的决策权等方面的权益。其目的是开发出伦理化、负责任的 AI。

HCAI 理念强调在 AI 开发中保持人的中心地位，贯彻技术、人、伦理三方面相互依存的系统化 AI 开发思维，主张 AI 开发是一个跨学科协作的系统工程，开发出可靠的、安全的、可信赖的 AI 系统。

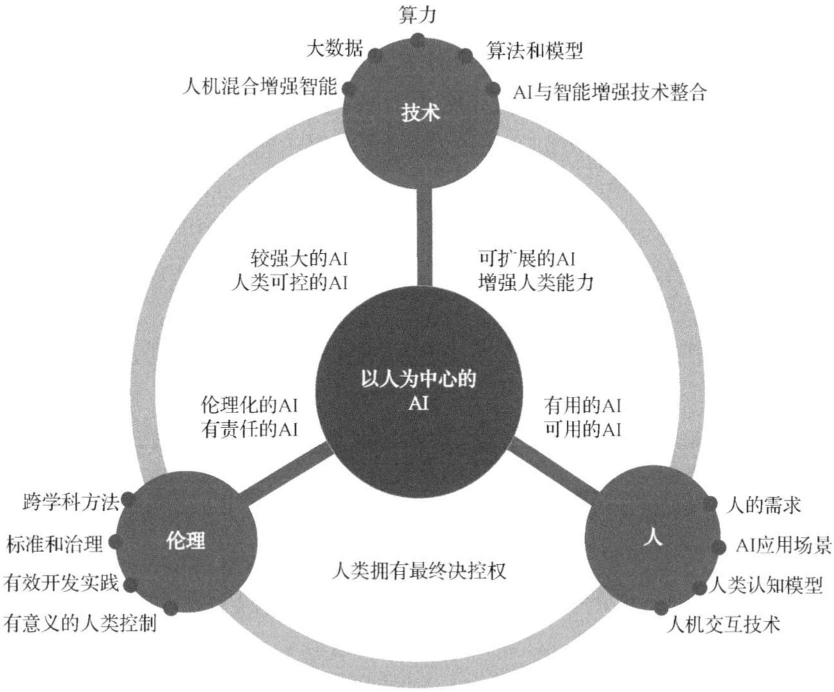

图 8-6　以人为中心的人工智能理念

8.4.2　以人为中心的智能制造

以人为中心的制造，又称以人为本的制造，简称人本制造，研究主要涉及两个主体——人与机器，以及两者关系——人机关系。随着工业 4.0 的到来，出现了新型操作工人——操作员 4.0 以及全息感知智联的自主智能机器。而人机关系（特别是人机交互），已从最初的单人-单机物理直接交互发展到人机物虚实融合的系统协同，人不再局限于物理回路里（HiL），出现了人在回路上（HoL）和人在回路外（HofL）等概念。实际上，HiL、HoL 和 HofL 分别与人在智慧制造的物理空间、信息空间和社会（社群）空间相对应，最终形成三位一体的自主社会信息物理生产系统，即形成以人为本的智能制造，简称人本智造。

1. 智能制造面临的人本问题

1）工业 4.0 下的人机交互与企业创新

工业革命的历次变革，持续将工业发展推向新的高度，制造装备（系统）具备越来越强大的感知与学习能力，人作为制造装备（系统）创造者和操作者的能力将极大提升，人机交互方式不断革新，伴随着多种操作员形态的出现，逐渐使人类从繁重的体力劳动和大量的脑力劳动中解放出来，从事更有价值的创新性工作。另外，社会需求逐渐趋于多元化和个性化，消费者的个性化需求不断提升，促使企业的产品创新模式转型升级，越来越多的消费者参与到产品设计、生产、销售、服务等全生命周期中。

工业 1.0 诞生了以蒸汽机为动力的机器，出现了操作员 1.0，使工人得以利用躯体（主要是双手）操作机器进行生产，人的体力劳动因此得到了极大的解放、延伸和放大，并且伴随后继的工业革命递进得以进一步加强。工业 2.0 诞生了以电动机为动力的机器，出现了模拟电子仪器仪表和经典自动控制理论，特别是在工业 2.0 后期和工业 3.0 初期的数字电子计算机的诞生和发展，使工人得以使用计算机辅助技术（Computer Aided X, CAX）进行机器作业，诞生了操作员 2.0。前两次工业革命是机器动力的革命，以机器大生产代替手工作坊，大规模生产出批量标准化产品，企业采用创新 1.0（封闭式创新）模式，完全依赖于企业内部员工的创新思想实施产品创新，消费者只能适应企业生产的标准化产品。

工业 3.0 开始出现大规模定制生产，企业为迎合消费者不同的产品需求，大量定制消费者需求大的产品，前期仍然是采用封闭式创新（创新 1.0），以产品设计为中心，消费者被动选择产品，后期伴随互联网等信息技术的发展，企业外部研究机构、消费者的创新思想渗透进企业内部，内部和外部资源结合形成了开放式创新（创新 2.0），通过创新 2.0 实施产品设计并生产出附属产品，进入新的市场，并且此时出现了操作员 3.0，使工人得以与机器/机器人/计算机协同工作，人的脑力劳动也因此得到了部分解放。特别是到智能化的工业 4.0，随着新一代 AI、语义网（Web3.0）等的不断发展，企业外部消费者、创新者、研究者等的群体知识嵌入企业内部，形成嵌入式创新（创新 3.0）模式，产品利益相关者均参与到产品整个全生命周期中，此时在 H-CPS 的帮助下工作，出现了操作员 4.0，人的脑力劳动得到极大的解放、延伸和放大。在无处不在的物联网支撑下，特别是伴随普适外联网（Outernet）的发展，将形成全球式创新（创新 4.0）模式，从而聚集全球相似企业、每一位消费者的创新思想，企业创新模式将发生革命性变化。人机交互、企业创新随着工业革命的演化如图 8-7 所示。

2）生产模式演化与人类需求多样化

工业 4.0 背景下的消费者已不再局限于产品本身及其相关服务的受用者，而是逐渐参与到产品的制造甚至设计等环节，以满足“自我实现的需求”，获得高层次的精神满足。总体而言，生产上满足人类的基本需求之后，更加关注社会的多层次、多样化需求。

工业 1.0 和工业 2.0 实现了机械化和电气化的大规模生产，而大规模生产以低廉价格的产品尽可能满足大众需求。随着工业化和城镇化的深入，人们生活水平也得到相应提高，先富裕起来的部分民众对产品有更高层次的需求，伴随计算机和信息技术驱动的工业 3.0 出现的大规模定制生产，特别是随工业 4.0 而兴起的新一代智能制造为大规模个性化生产提供了使能技术，形成了“产消者”——生产者与消费者的混合体。不管采用何种生产方式生产出来的产品或“产品+服务”，其终极价值还是“服务于人”。

不同的生产模式衍生出了不同的商业模式，从工业 1.0/2.0 时代的推式生产到目前正在兴起的拉式生产，商业模式的转变体现着以人为本的制造理念正在落地应用，市场更关注多样化的个性化需求。然而，即使是个性化产品（尤其是复杂产品），也由大规模生产、大规模定制生产、大规模个性化生产的模块构成，如图 8-8 所示。实际上由大规模生产、大规模定制生产、大规模个性化生产所组成的长尾制造，能更好地满足人类社会对多层次、多样化产品的需求。

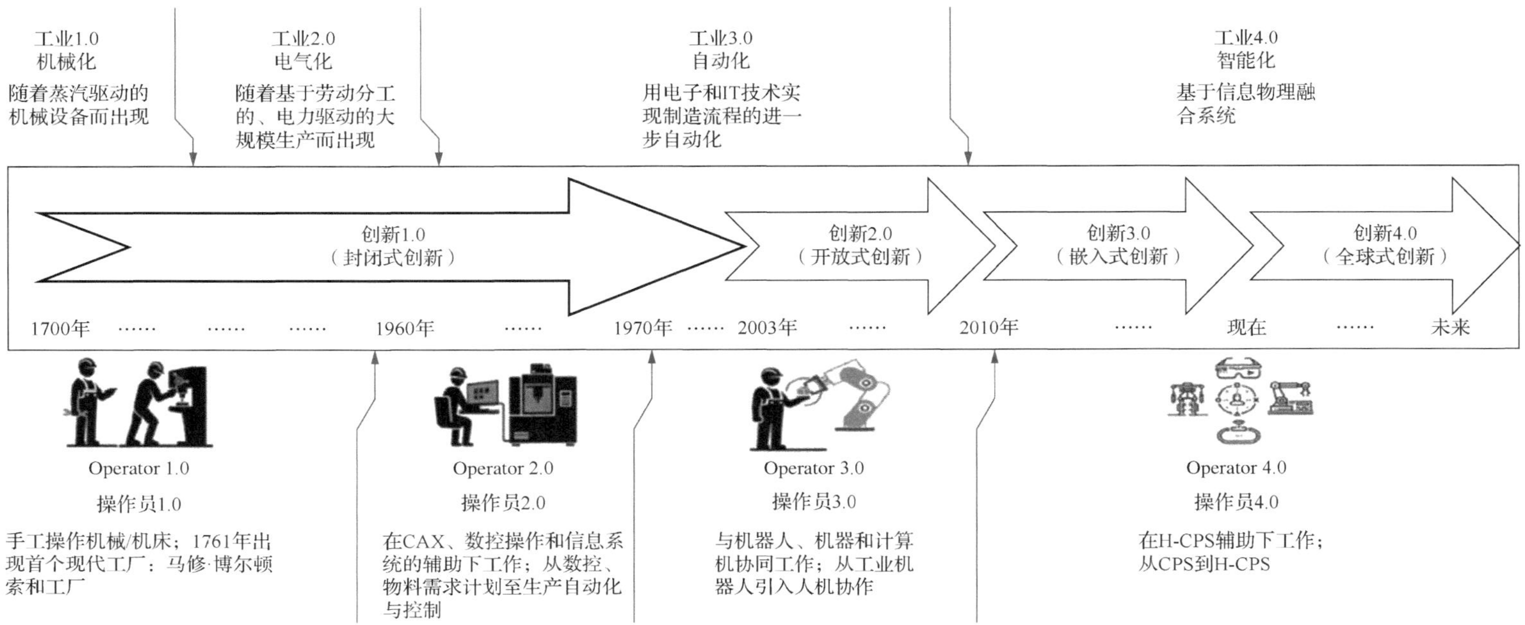

图 8-7　工业革命进程中的人机交互与企业创新发展

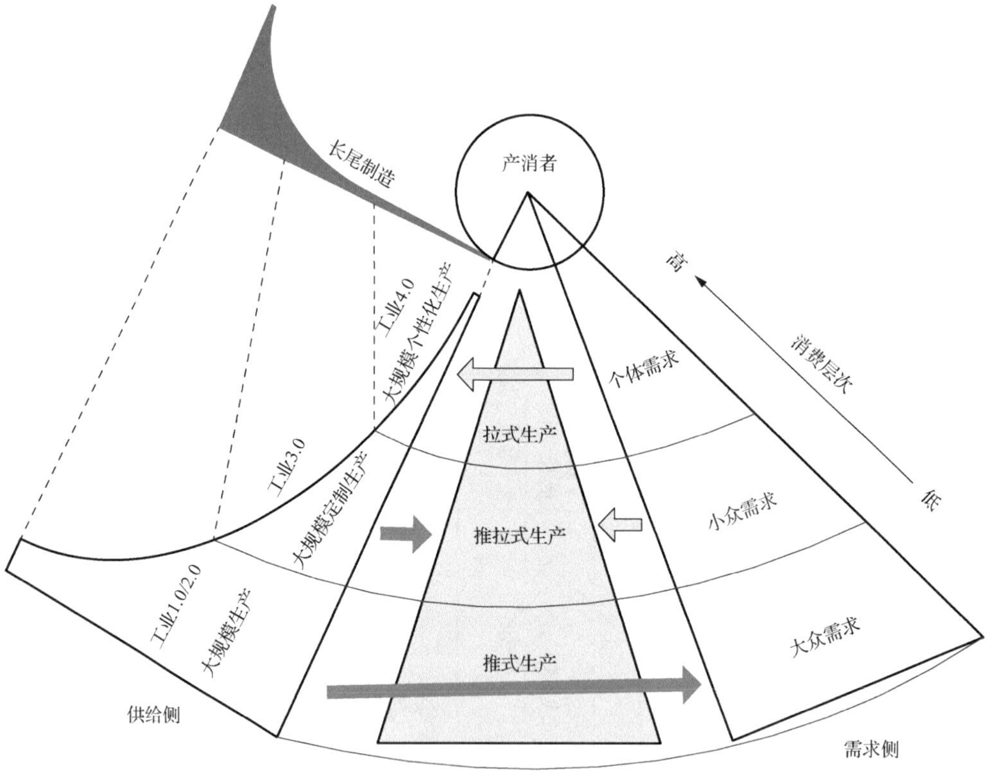

图 8-8　生产模式与人类需求递进关联分析

工业 4.0 主要从技术角度出发，将效率和生产力提升作为主要目标。后来，欧盟提出工业 5.0 以弥补工业 4.0 的不足，加强了工业对社会的作用和贡献，将工人的福祉置于生产过程的中心，并使用新技术提供超越就业和增长的繁荣，将关注的焦点从单纯的股东价值切换到了利益相关方价值，同时考虑地球的生产极限并强调创新是实现以人为本的工业转型的重要驱动力。工业 5.0 的引入是基于这样的观察或假设：工业 4.0 不太注重社会公平和可持续性，而是更注重数字化和 AI 驱动的技术，以提高产品的效率和灵活性。为此，工业 5.0 将劳动力回归工厂、分布式生产、智能供应链和高度定制作为其主要特征，形成以人为中心、弹性和可持续性三个核心要素。

2. 人本智造的发展

人类的生产发展进程，可以看作一个不断走向以人为本的生产递进过程，或者说是一个不断把人从繁重的体力和智力的生产劳动中解放出来并不断满足人类对美好生活追求的过程（图 8-9）。从机械化大批量制造到智能（智慧）制造的演化路线图来看，制造智能化由“人+裸机”走向以人为中心的“超级智能”，制造模式演化从机械化大批量生产到网络化大批量定制再到网络化大批量个性化生产，未来将走向产消融合的自我实现的个性化生产——更高阶的自主智能制造模式，即人本智造（图 8-10）。

在工业 1.0 阶段，动力不再局限于自然力（如人力、畜力、风力、水力等），人只需要较小的力量就可操控以人造蒸汽机为动力的机器，机械化使得大批量生产有了革命性的发展。虽然工业 1.0 把人从繁重的体力劳动中初步解放出来，但是人还得通过自身的感觉器官感知环境并通过手脚直接操作机器（如机床），对操作人员有很高的专业性要求，还没有能够将人从脑力生产劳动中解放出来，操作人员不仅精神高度紧张，而且会发生机器伤害人体事件，同时以燃煤为主的蒸汽动力驱动的机械化生产车间，工作环境恶劣。

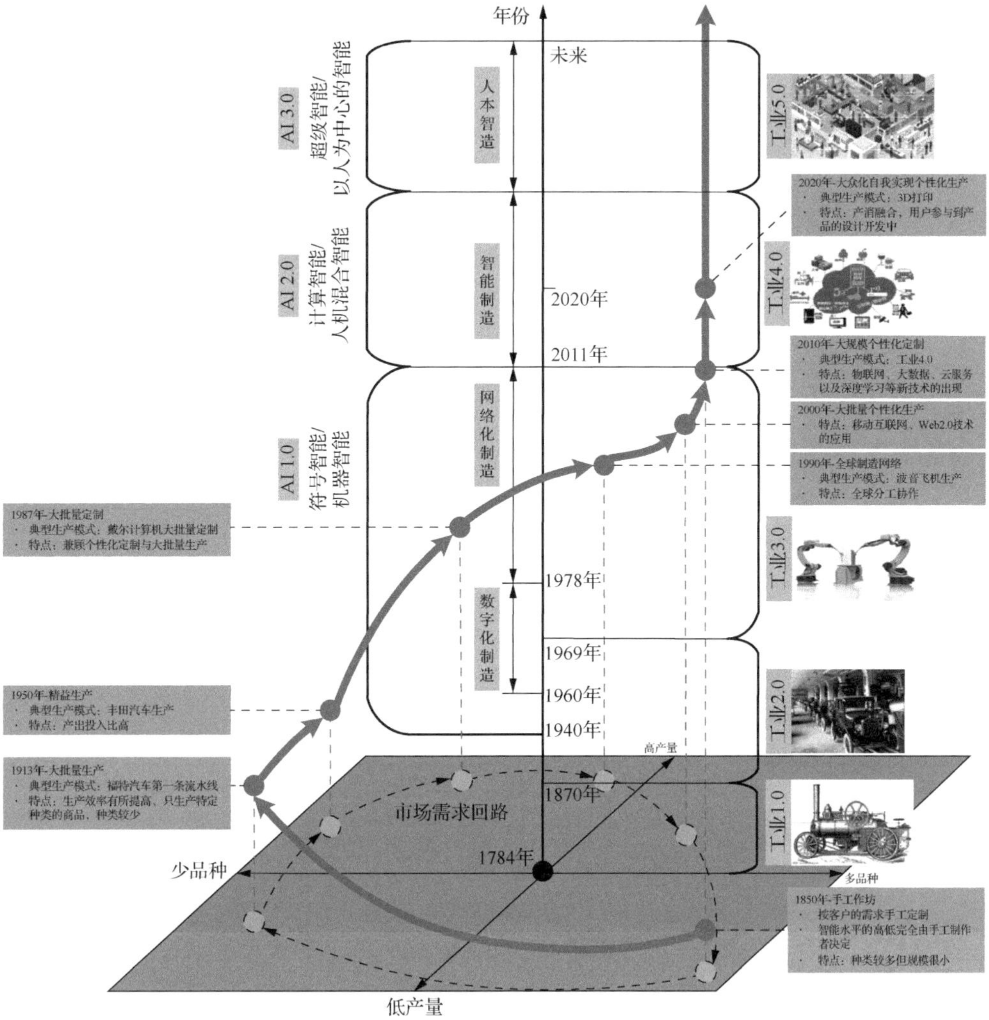

图 8-9　从手工制造走向人本智造的生产发展进程

进入电气化的工业 2.0 阶段，生产车间的工作环境得到改善，并且出现了刚性大规模流水生产线，生产效率得到更大提高，企业为保证对技术的独享和获取垄断利润，大多采用封闭式创新模式，依靠自己的创意和内部市场，强有力地控制着产品创新，当时居于行业领导地位的企业获得了巨大的经济效益。电气化生产设备的大量使用，使得在（生产）回路里（HiL）人数减少，特别是在工业 2.0 后期和工业 3.0 初期，操作人员可以通过计算机命令交互，特别是图形（用户）界面的出现，不仅降低操控机器的难度，也开始出现线上的监管人员——人在（生产）回路上（HoL）。在工业 3.0 阶段，随着信息技术、互联网的发展，知识和技术溢出速度加快，企业利用技术壁垒获利的能力减弱，此时企业采用开放式创新模式，吸纳外部技术人员或消费者的创意，以最低成本和最快速度实现创新成果转化，获得最大利润，同时满足了消费者需求。

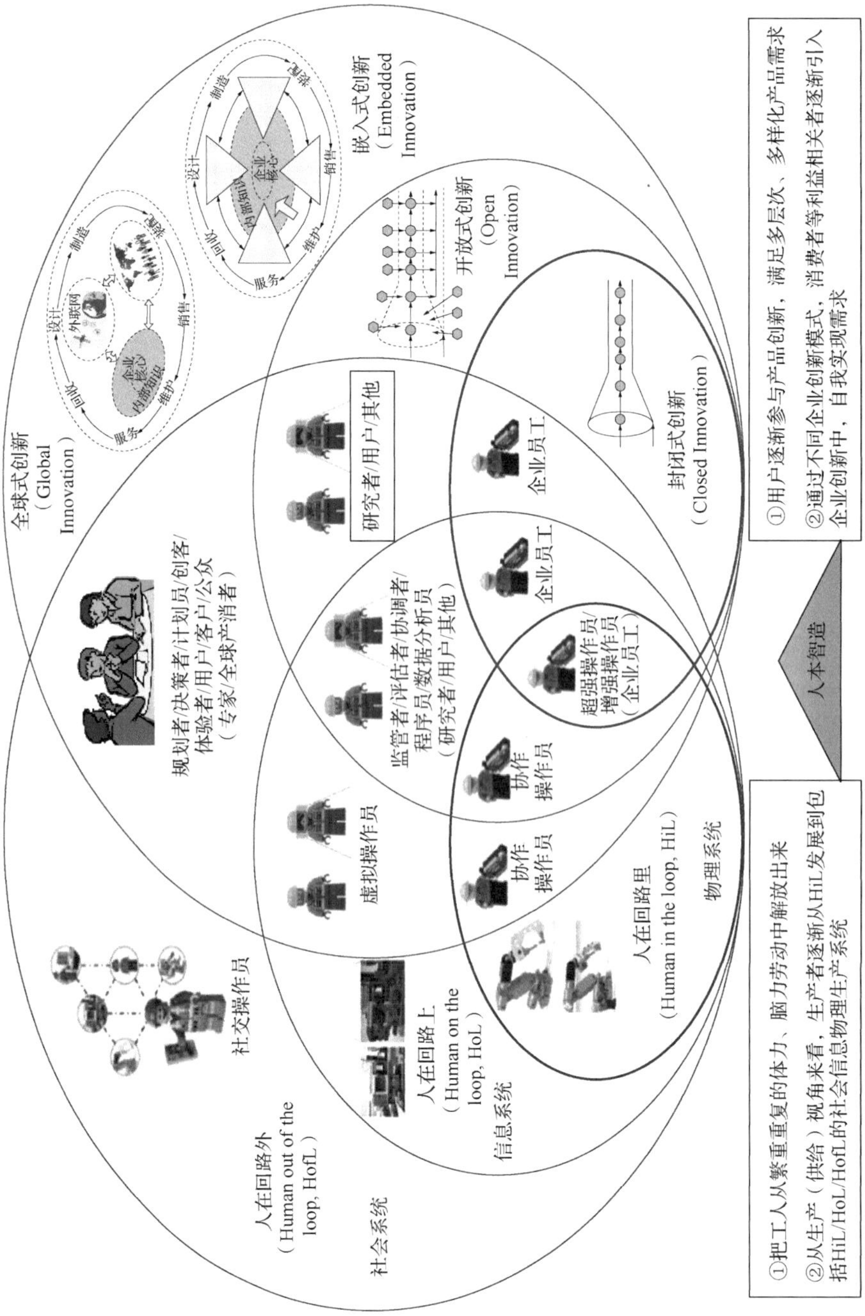

图 8-10　人本智造示意图

随着工业 4.0 智能制造的发展，操作人员不断从产线回路中解放出来，越来越多地进入虚拟空间和社会空间（社群空间），而需求者则相反，特别是企业嵌入式创新发展促使利益相关者从回路外（HofL）进入 HoL 乃至 HiL，企业外部消费者、研究者等的外部群体知识嵌入企业内部，加速了个性化产品的创新；甚至企业未来将采用全球式创新模式，确保让全球每位消费者都能参与产品创新，自我实现对产品的个性化需求。然而，人本智造是一个大系统，需要从产品、生产、模式、基础设施等维度全盘考量，其理念真正实现还有赖于以人为中心、可持续和弹性的工业 5.0 发展。

一种将长尾制造和可持续制造（再制造）理念与 SCPS、大数据和区块链等新兴 ICT/AI 技术深度融合所构建的人本智造如图 8-11 所示，它是一种包容性制造体系架构，它是一个综合考虑社会、经济、技术和环境问题的社会经济技术生产系统。

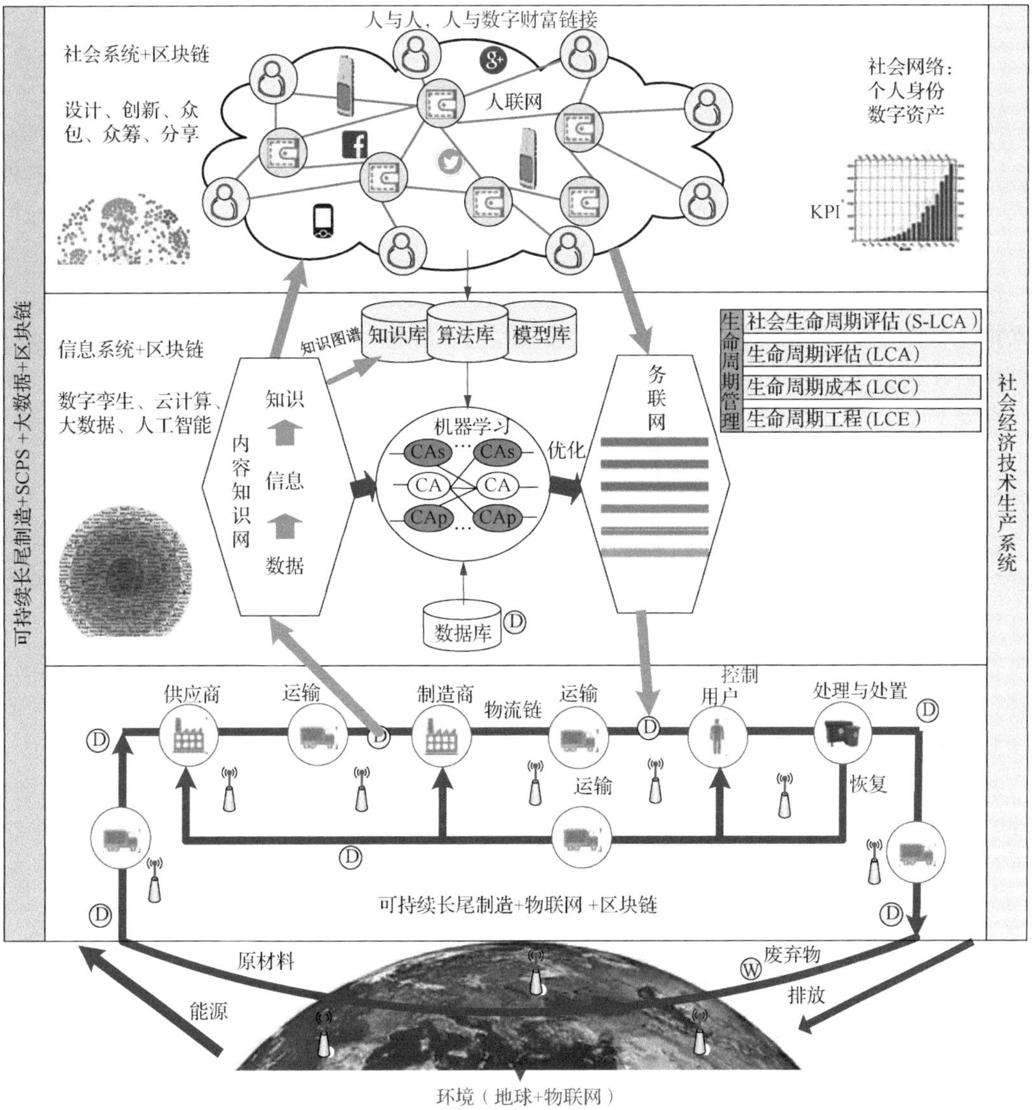

图 8-11　以人为本的包容性制造体系架构

工业 4.0 最终会引起全社会的变革，对利益相关者产生深远的影响，包容性增长成为其重要内涵，包容性制造也因此应运而生，而社会 5.0 和工业 5.0 正是针对工业 4.0 不足而提出的。这新一轮的经济社会变革，不仅需要企业层面的密切合作，还需要所有利益相关者的参与共同决策：始于企业的社会合作伙伴之间的对话，到跨公司、跨部门的合作，再到日常生活中使用数字技术和人工智能所涉及的整个社会问题。

虽然工业 4.0/5.0 强调大规模个性化生产，但未来生产实际上是由大规模生产、大规模定制和大规模个性化所组成的长尾智能制造，这对于工业 2.0～4.0 同时存在的我国而言，更应实施智能长尾生产——能提供从单件到任意数量的多层次、多样化产品与服务，从而更好地满足未来包容性社会的需求。

8.5 元　宇　宙

元宇宙（Metaverse）一词起源于美国作家 Neal Stephenson 于 1992 年出版的著名科幻小说 *Snow Crash*，由 meta（意为 beyond）和 verse（源自 universe）构成，即超越当前宇宙外的另一个宇宙（由数字化技术生成的虚拟宇宙），表征用户以虚拟化身（Avatar）在三维虚拟空间中与对方进行社交、娱乐、生产、生活等互动。

社交方式与网络范式的演变具有重大关联，1G、2G 技术下产生社交 1.0（文字时代），3G 技术推动社交 2.0（图文时代），到 4G、大数据和云计算推动下的社交 3.0（音视频时代）——拥有以粉丝数为衡量标准的社交资产，随之而来的 5G 以及区块链等技术的加速应用，开始步入社交 4.0 时代（沉浸式虚拟社交时代）。除了社交方式发生变化外，互联网也不断更新迭代，从消费互联网到工业互联网/工业物联网，再到目前正在兴起的元宇宙时代/Web4.0。具体来讲，互联网时代更迭历经 PC 互联网时代/Web1.0，信息交流主要以被动接收为主，主要为只读方式，基础性的 HTML 网页及 E-mail 作为主要交流方式，21 世纪后进入移动互联网时代/Web2.0/Web3.0。Web2.0 可以实现信息的交互，Web3.0 不仅可以实现信息的读、写、发布，而且信息的内容、层次变得愈加丰富，互动性更强，用户不仅仅是数据/信息/知识的接收者，同时本身也是数据/信息/知识的发布者/创造者，数据类型也从 Web1.0 的文字时代过渡到音视频时代。新兴的元宇宙则具有逼真的沉浸体验、完整的世界结构、巨大的经济价值、新的运行规则等。

2021 年被称为“元宇宙元年”，其间 3 月被誉为“元宇宙第一股”的 Roblox 上市之后，10 月 Facebook 公司将名字改为 Meta，并宣布全面进军元宇宙，随后许多互联网巨头纷纷入局。目前很多国际知名咨询企业纷纷看好元宇宙的未来。元宇宙的社交及网络范式演化如图 8-12 所示。

目前，对元宇宙这一概念还未有统一的界定，其目的为建立一个与现实世界完全平行且与现实世界相互影响的虚拟“宇宙”。实际上，元宇宙是互联网、虚拟现实、沉浸式体验、区块链、产业互联网、云计算及数字孪生等互联网全要素的未来融合形态，又称为“共享虚拟现实互联网”。元宇宙不是某一项技术，而是集区块链技术、交互技术、电子游戏技术、人工智能技术、网络及运算技术等各种信息技术之大成，致力实现现实世界和虚拟世界的连接革命，进而成为超越现实世界的、更高维度的新型世界。

图 8-12 元宇宙的社交及网络范式演化

元宇宙是现实物理世界在数字虚拟世界的延伸与拓展，是镜像的物理世界与再造的虚拟世界统于一体的在线数字场域，具有技术叠加性、虚实相融性、全身沉浸性与实时交互性等特点。依托数字孪生、人工智能与可穿戴智能设备等软件与硬件技术，元宇宙为时间与空间的结构写下新注解，赋予人以切身沉浸的方式体验和参与历史事件、在有限的生命时长内体验多种生命类型与提前预演未来生活的可能性，帮助人在虚拟世界中抽除物理空间的距离界限、在物理空间紧缺的情况下取得虚拟空间的充分供给与开辟尽情施放想象力的创作空间。

支撑元宇宙的六大技术支柱包括区块链技术、交互技术、电子游戏技术、人工智能技术、智能网络技术和物联网技术。

当前人们对于元宇宙的定义和理解并没有形成统一标准。Roblox 公司的首席执行官 Baszucki 认为元宇宙具有 8 大要素：身份、社交、沉浸感、低延迟、多元化、随地、经济系统和文明。著名分析师 Matthewball 认为元宇宙具有 6 大特征：永续性、实时性、无准入限制、经济功能、可连接性、可创造性。Bearable 公司创始人乔 • 拉多夫（Jon Radoff）认为元宇宙构造包括 7 个层面：体验、发现、创作者经济、空间计算、去中心化、人机交互、基础设施。

元宇宙作为虚实融合的超级世界，它不仅可以模拟现实世界，还可创造出现实中未有的虚拟世界，更重要的是实现虚拟世界和现实世界的融合并超越单一的虚拟世界或者现实世界。元宇宙包括一个模拟现实世界的虚拟世界，具有现实世界的全部要素，包含身份、商业、娱乐、社交、文明、治理等，以及现实世界最重要的特征之感受，元宇宙的未来远不止这些内容。

元宇宙创造出一个由人、物品、环境、规则等所构成的新的虚拟世界，并具备现实世界的所有要素。与模拟现实世界的虚拟世界不同的是，这些创新出来的虚拟人、物品、环境在现实世界没有与之对应的实际人物、物品、环境，人们可以天马行空地去创造这些虚拟的人物、物品、环境。长远来看，虚拟世界和现实世界会形成紧密融合和互动——由虚到实、由实到虚，虚中有实，实中有虚。

未来人们将以特定的数字身份自由参与到元宇宙，同时可以以虚拟身份参与到现实世界的互动。通过连接相互分割的若干个封闭的个人虚拟空间，可形成更大的虚拟社区空间，连接多个虚拟社区空间，可形成更大、更多元的虚拟社会空间；货币、属性、环境、事件等信息均可在异度空间和同度异构空间之间相互映射，从而实现信息跳转和虚拟时空的穿梭。

技术是支撑元宇宙实现的核心要素。在元宇宙的虚拟世界中，无论是体验感、游戏规则还是商业建筑，都需要靠技术的支撑来实现。用户使用元宇宙的场景顺序和相应的特征大致可以分为 5 类（图 8-13）。①沉浸体验和高仿真：强调高仿真式的沉浸体验，包括 XR（扩展现实）、3D 引擎、实时渲染、数字孪生等技术。②实时运营和多维互动：对网络及运算技术等有较高的要求。③高效内容生产：需要虚拟物品/空间的创作。④身份和规则：支持虚拟世界不同用户、实体间相互识别和交互的基础，以区块链技术为基础。⑤大规模用户持续在线使用：确保虚拟世界像现实世界一样持续运转和实时反馈，需要大量高速的计算和信息传输能力，以云计算超算、无线通信（5G/6G 等）为主。

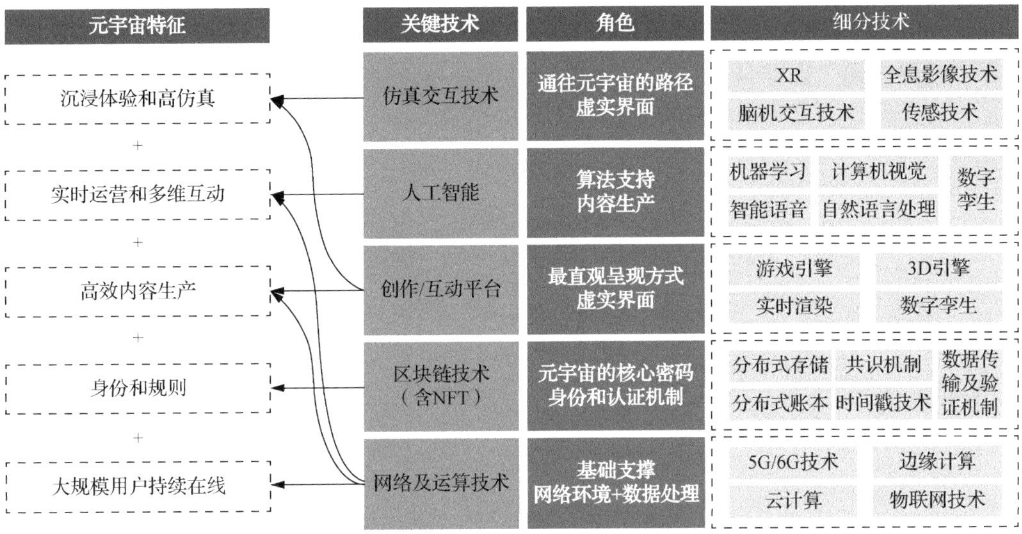

图 8-13　元宇宙场景/特征对应的技术群

8.6　工业元宇宙

如图 8-14 所示，从工业 1.0 到工业 4.0 的变革演进来看，机器从工业 1.0 时代分立的被动“裸机”发展到工业 4.0 下具有主动感知互联的自主智能机器，操作工从手动操作员 1.0 发展到虚实融合的多种模态人机交互的操作员 4.0；与此同时，企业创新经历了封闭式创新（创新 1.0）、开放式创新（创新 2.0）、嵌入式创新（创新 3.0），正迈向全球式创新（创新 4.0），从而导致越来越多的利益相关者（尤其是用户/消费者）向“生产回路里”走，例如，消费者可以“创客”身份参与到产品系统的设计全生命周期各个环节；而设计工程经历了从线性设计、竞争性设计、网络化设计到共同设计发展过程；在工业 5.0/社会 5.0 时代，人们终将在 XR、数字孪生、社会信息物理系统以及人工智能等技术支持下，在工业元宇宙里进行沉浸式的产品设计和制造。工业元宇宙作为工业技术与元宇宙（沉浸式互联网）深度融合的结果，也是工业互联网的延伸和拓展，将来对制造业的影响，不亚于当今工业互联网对制造业的变革。

如果数字孪生是一个复杂技术系统，那么元宇宙从一诞生就是一个庞大复杂的社会技术系统。数字孪生是研制产品过程中的工业化结果，逐渐向城市化、全球化扩展；而元宇宙则刚好相反，其起初用于游戏娱乐产业，逐渐往城市化、工业化延伸。未来的工业元宇宙将实现全制造过程三维沉浸式体验，使生产者和消费者的产消关系得以数字化，精神世界（社会世界）、物理世界和信息世界得以交汇融合，实现真正意义上的在人机共生的广义 SCPS 下生活、生产和学习，共同演绎未来的元宇宙世界。

工业（产业）元宇宙的发展将推动制造各方的资源配置效率提升，彻底填平生产者和消费者之间的鸿沟。作为工业互联网/智能制造的延伸和拓展，工业元宇宙可以赋予制造业更多可能性，将彻底解放所有制造参与人员的双手，在人机交互时实现三维立体式“沉浸感”、

“参与感”和“满足感”，能够真正打破虚拟世界和现实世界的界限，通过虚拟的信息呈现真实世界，最终实现“虚即是实”。

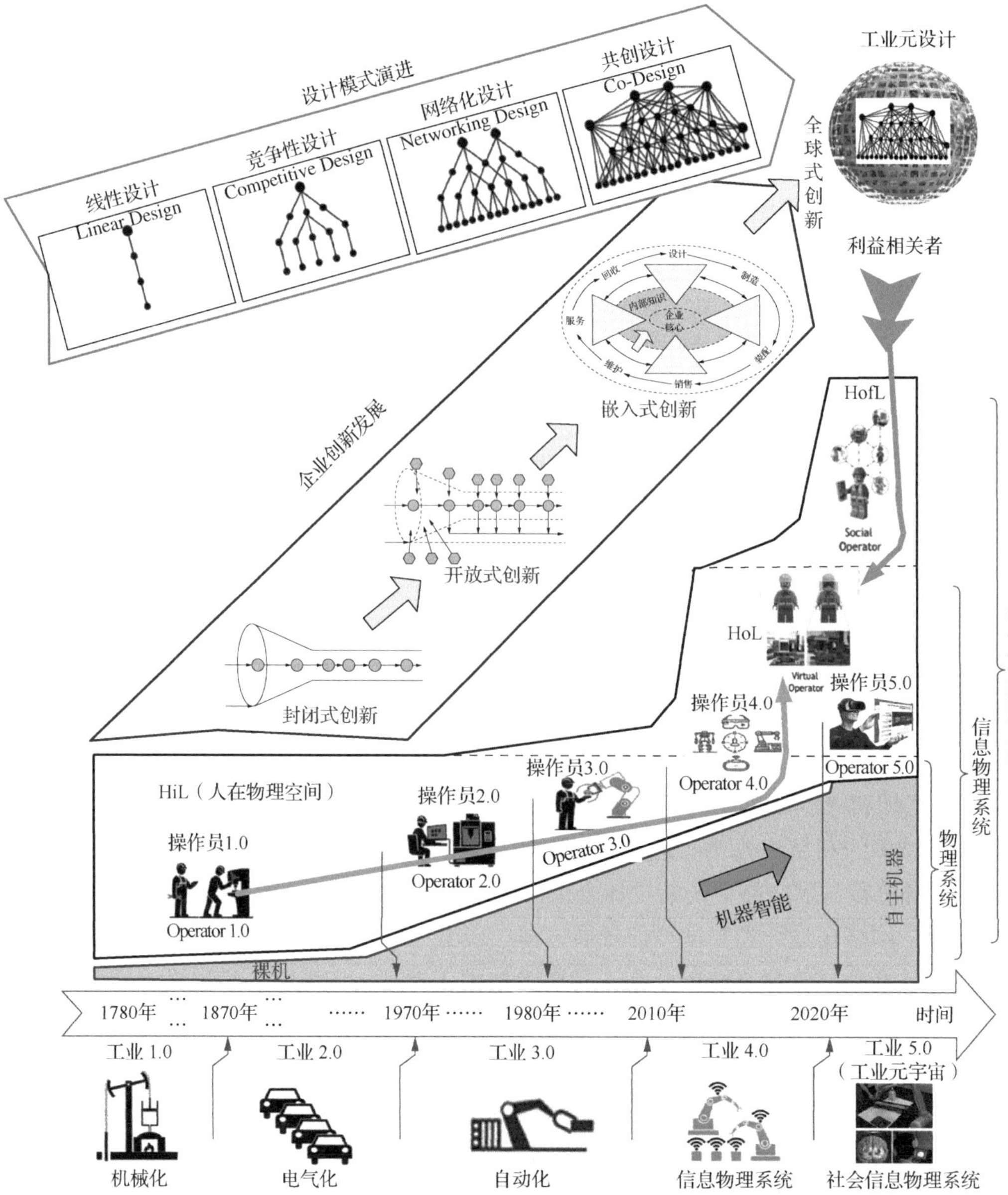

图 8-14　走向工业元宇宙

元宇宙时代对制造业将产生深远的影响，未来的制造系统必将成为融合社会、经济、技术生产的复杂大系统，并将进一步发展为工业元宇宙，这类似于从消费互联网走向工业互联网。智能制造/工业互联网主要依靠虚实融合——CPS 来实现，而数字孪生则是实现这种融合的理想手段。虽然元宇宙概念的出现比数字孪生早 10 年左右，但是元宇宙的技术体系远没有数字孪生成熟完善，因此需要积极开展制造业相关的虚实融合技术，未来虚实融合绝不止于

AR、VR、MR、数字孪生等技术，还需要开展面向元宇宙的制造基础关键技术研究，特别是区块链、交互、AI、网络（5G、6G）及运算（云计算、边缘计算）、物联网、超高精度显示等底层驱动技术研究，为走向未来面向元宇宙的制造系统积累关键共性技术以及人才储备，使超越现实的制造场景得以实现。一种面向生产流程的工业元宇宙框架如图 8-15 所示。

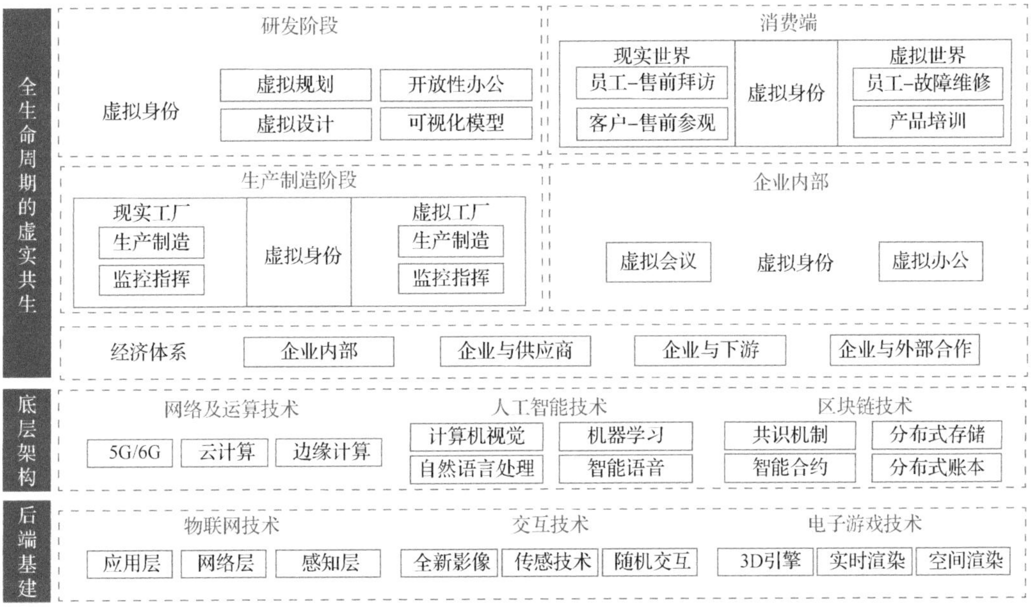

图 8-15　面向生产流程的工业元宇宙框架

参考文献

阿斯顿·张, 扎卡里·C. 立顿, 李沐, 2019. 动手学深度学习[M]. 北京: 人民邮电出版社.

柴天佑, 2020.工业人工智能发展方向[J]. 自动化学报, 46(10): 2005-2012.

陈劲, 吕文晶, 2017.人工智能与新工科人才培养:重大转向[J]. 高等工程教育研究, (6): 18-23.

范向民, 范俊君, 田丰, 等, 2019. 人机交互与人工智能: 从交替浮沉到协同共进[J]. 中国科学: 信息科学, 49(3): 361-368.

高敏, 2019. 新工科背景下国内高校人工智能发展现状的启示[J]. 高教论坛, (5): 120-124.

工业互联网产业联盟, 2017. 工业互联网平台白皮书(2017)[R]. 北京: 工业互联网产业联盟.

工业互联网产业联盟, 2021. 工业互联网标准体系(版本 3.0)[R]. 北京: 工业互联网产业联盟.

杭婷婷, 冯钧, 陆佳民, 2021. 知识图谱构建技术:分类、调查和未来方向[J]. 计算机科学, 48(2): 175-189.

何宝宏, 2011. 向未来互联网演进[J]. 中兴通讯技术, 17(1): 42-44.

黄培, 许之颖, 张荷芳, 2021. 智能制造实践[M]. 北京: 清华大学出版社.

江镇洪, 2022. 基于计算机视觉深度学习的工件识别[D]. 广州: 华南理工大学.

姜春茂, 2021. 人工智能导论(Python 版)微课视频版[M]. 北京: 清华大学出版社.

姜俊杰, 2021. 多区域 AGV 物料运输系统路径规划及协同调度研究[D]. 广州: 华南理工大学.

井杰, 2021. 知识和数据双驱动的检验人工智能疾病诊断系统的构建[D]. 上海: 中国人民解放军海军军医大学.

景轩, 姚锡凡, 2019. 走向社会信息物理生产系统[J]. 自动化学报, 45(4): 637-656.

黎作鹏, 张天驰, 张菁, 2011. 信息物理融合系统 (CPS)研究综述 [J]. 计算机科学, 38(9): 25-31.

李杰, 李响, 许元铭, 等, 2020.工业人工智能及应用研究现状及展望[J]. 自动化学报, 46(10): 2031-2044.

李美桃, 2020.从基础研究浅析人工智能技术发展趋势[J]. 电子技术应用, 46(10): 29-33, 38.

李培根, 高亮, 2021. 智能制造概论[M]. 北京: 清华大学出版社.

李清, 唐骞璘, 陈耀棠, 等, 2018. 智能制造体系架构、参考模型与标准化框架研究[J]. 计算机集成制造系统, 24(3): 539-549.

刘二辉, 2017. 面向制造物联的 AGV 路径规划及其集成的作业车间调度研究[D]. 广州: 华南理工大学.

刘二辉, 姚锡凡, 2017.基于改进遗传算法的自动导引小车路径规划及其实现平台[J]. 计算机集成制造系统, 23(3): 465-472.

刘建炜, 燕路峰, 2010. 知识表示比较研究[J]. 计算机系统应用, 20(3): 242-246.

刘劭纯, 2020.自动导引运输车发展现状及关键技术分析[J]. 无人系统技术, 3(3): 19-24.

刘巍, 陈霄, 陈静, 等, 2021.知识图谱技术研究[J]. 指挥控制与仿真, 43(6): 6-13.

卢秉恒, 2020.增材制造技术——现状与未来[J]. 中国机械工程, 31(1): 19-23.

卢秉恒, 李涤尘, 2013. 增材制造(3D 打印)技术发展[J]. 机械制造与自动化, 42(4): 1-4.

马南峰, 姚锡凡, 陈飞翔, 等, 2022. 面向工业 5.0 的人本智造[J]. 机械工程学报, 58(18): 88-102.

马南峰, 姚锡凡, 王柯赛, 2022.面向未来互联网的智慧制造研究现状与展望[J]. 中国科学:技术科学, 52(1): 55-75.

年志刚, 梁式, 麻芳兰, 等, 2007.知识表示方法研究与应用[J]. 计算机应用研究, 24(5): 234-236, 286.

蒲清平, 向往, 2023.元宇宙及其对人类社会的影响与变革[J]. 重庆大学学报(社会科学版), 29(2): 111-123.

清华大学, 2018.中国人工智能发展报告 2018[R]. 北京:清华大学中国科技政策研究中心.

松尾丰, 2016. 人工智能狂潮: 机器人会超越人类吗? [M]. 赵函宏, 高华彬, 译. 北京: 机械工业出版社.

陶飞, 戚庆林, 张萌, 等, 2021. 数字孪生及车间实践[M]. 北京: 清华大学出版社.

陶飞, 张萌, 程江峰, 等, 2017.数字孪生车间——一种未来车间运行新模式[J]. 计算机集成制造系统, 23(1): 1-9.

田玲, 张谨川, 张晋豪, 等, 2021.知识图谱综述——表示、构建、推理与知识超图理论[J]. 计算机应用, 41(8): 2161-2186.

通用电气公司, 2015. 工业互联网: 打破智慧与机器的边界[M]. 北京: 机械工业出版社.

王飞跃, 2012.从社会计算到社会制造:一场即将来临的产业革命[J]. 中国科学院院刊, 27(6): 658-669.

王立平, 张根保, 张开富, 等, 2020. 智能制造装备及系统[M]. 北京: 清华大学出版社.

王萌, 王昊奋, 李博涵, 等, 2022.新一代知识图谱关键技术综述[J]. 计算机研究与发展, 59(9): 1947-1965.

王田苗, 陶永, 2014.我国工业机器人技术现状与产业化发展战略[J]. 机械工程学报, 50(9): 1-13.

王文喜, 周芳, 万月亮, 等, 2022.元宇宙技术综述[J]. 工程科学学报, 44(4): 744-756.

王中杰, 谢璐璐, 2011. 信息物理融合系统研究综述[J]. 自动化学报, 37(10): 1157-1166.

吴飞, 阳春华, 兰旭光, 等, 2018. 人工智能的回顾与展望[J]. 中国科学基金, 32(3): 243-250.

徐贵宝, 2016. 人工智能技术体系架构探讨[J]. 电信网技术, (12): 1-6.

徐晓飞, 王忠杰, 2011. 未来互联网环境下的务联网[J]. 中国计算机学会通讯, 7(6): 8-12.

徐晓苏, 袁杰, 2019. 基于改进强化学习的移动机器人路径规划方法[J]. 中国惯性技术学报, 27(3): 314-320.

徐增林, 盛泳潘, 贺丽荣, 等, 2016.知识图谱技术综述[J]. 电子科技大学学报, 45(4): 589-606.

许为, 葛列众, 高在峰, 2021. 人-AI 交互: 实现"以人为中心 AI"理念的跨学科新领域[J]. 智能系统学报, 16(4): 605-621.

许湘敏, 2015. 云制造理念下基于本体及其环境感知的作业车间调度问题研究[D]. 广州: 华南理工大学.

延建林, 孔德婧, 2015.解析"工业互联网"与"工业 4.0"及其对中国制造业发展的启示[J]. 中国工程科学, 17(7): 141-144.

姚锡凡, 李旻, 2008. 人工智能技术与应用[M]. 北京: 中国电力出版社.

姚锡凡, 练肇通, 杨屹, 等, 2014. 智慧制造——面向未来互联网的人机物协同制造新模式[J]. 计算机集成制造系统, 20(6): 1490-1498.

姚锡凡, 马南峰, 张存吉, 等, 2022. 以人为本的智能制造: 演进与展望[J]. 机械工程学报, 58(18): 2-15.

姚锡凡, 张存吉, 张剑铭, 2019. 制造物联网技术[M]. 武汉: 华中科技大学出版社.

姚锡凡, 张剑铭, LIN Y Z, 2016. 智慧制造系统的基础理论与技术体系[J]. 系统工程理论与实践, 36 (10): 2699-2711.

姚锡凡, 张剑铭, 陶韬, 等, 2018. 从精敏制造到工业 4.0 长尾生产的制造业转型升级[J]. 计算机集成制造系统, 24(10): 2377-2387.

姚锡凡, 周佳军, 2020. 智慧制造理论与技术[M]. 北京: 科学出版社.

姚锡凡, 周佳军, 张存吉, 等, 2017. 主动制造——大数据驱动的新兴制造范式[J]. 计算机集成制造系统, 23(1): 172-185.

姚锡凡, 黄宇, 黄岩松, 等, 2022.自主智能制造: 社会—信息—物理交互、参考体系架构与运作机制[J]. 计算机集成制造系统, 28(2): 325-338.

姚锡凡, 景轩, 张剑铭, 等, 2020.走向新工业革命的智能制造[J]. 计算机集成制造系统, 26(9): 2299-2320.

姚锡凡, 雷毅, 葛动元, 等, 2019.驱动制造业从"互联网+"走向"人工智能+"的大数据之道[J]. 中国机械工程, 30(2): 134-142.

姚锡凡, 练肇通, 李永湘, 等, 2012.面向云制造服务架构及集成开发环境[J]. 计算机集成制造系统, 18(10): 2312-2322.

姚锡凡, 刘敏, 张剑铭, 等, 2019.人工智能视角下的智能制造前世今生与未来[J]. 计算机集成制造系统, 25(1): 19-34.

姚锡凡, 于淼, 陈勇, 等, 2014.制造物联的内涵、体系结构和关键技术[J]. 计算机集成制造系统, 20(1): 1-10.

喻国明, 耿晓梦, 2022.元宇宙: 媒介化社会的未来生态图景[J]. 新疆师范大学学报(哲学社会科学版), 43(3): 110-118, 2.

袁烨, 张永, 丁汉, 2020.工业人工智能的关键技术及其在预测性维护中的应用现状[J]. 自动化学报, 46(10): 2013-2030.

张存吉, 2016. 智慧制造环境下感知数据驱动的加工作业主动调度方法研究[D]. 广州: 华南理工大学.

张存吉, 姚锡凡, 张翼翔, 等, 2015. 从"数控一代"到"智慧一代"[J]. 计算机集成制造系统, 21(7): 1734-1743.

张栋豪, 刘振宇, 郏维强, 等, 2021. 知识图谱在智能制造领域的研究现状及其应用前景综述[J]. 机械工程学报, 57(5): 90-113.

张剑铭, 2020.面向个性化生产的 3D 打印车间调度智能优化算法研究[D]. 广州: 华南理工大学.

张俊铭, 2022. 基于 YOLOv5 与双目线激光的轴承圈识别定位与抓取[D]. 广州: 华南理工大学.

赵敏, 宁振波, 2020. 铸魂: 软件定义制造[M]. 北京: 机械工业出版社.

赵晓, 王铮, 黄程侃, 等, 2018. 基于改进 A* 算法的移动机器人路径规划[J]. 机器人, 40(6): 903-910.

郑南宁, 2019. 人工智能新时代[J]. 智能科学与技术学报, 1(1): 1-3.

中国工业技术软件化产业联盟, 2020. 工业技术软件化白皮书(2020)[R]. 北京: 中国工业技术软件化产业联盟.

中国工业技术软件化产业联盟, 2021. 中国工业软件产业白皮书(2020)[R]. 北京: 中国工业技术软件化产业联盟.

周济, 李培根, 2021. 智能制造导论[M]. 北京: 高等教育出版社.

周佳军, 姚锡凡, 刘敏, 等, 2017. 几种新兴智能制造模式研究评述[J]. 计算机集成制造系统, 23(3): 624-639.

周志华, 2016. 机器学习[M]. 北京: 清华大学出版社.

朱海平, 2021. 数字化与智能化车间[M]. 北京: 清华大学出版社.

朱小燕, 2019.知识与数据的融合推动人工智能发展[J]. 信息通信技术, 13(1): 4-6.

BENGIO Y, LAMBLIN P, POPOVICI D, et al, 2007. Greedy layer-wise training of deep networks [J]. Advances in neural information processing systems, 19: 153-160.

CARDON D, COINTET J P, MAZIÈRES A, 2018. Neurons spike back: the invention of inductive machines and the artificial intelligence controversy [J]. Réseaux, 5(211): 173-220.

GRAVES A, SCHMIDHUBER J, 2005. Framewise phoneme classification with bidirectional LSTM and other neural network architectures [J]. Neural Networks, 18(5): 602-610.

HEY T, TANSLEY S, TOLLE K, 2009. The fourth paradigm[M]. Washington DC: Microsoft Press.

HEY T, TANSLEY S, TOLLE K, 2012. 第四范式：数据密集型科学发现[M]. 潘教峰，张晓林，译. 北京：科学出版社.

HINTON G E, 2002. Training products of experts by minimizing contrastive divergence [J]. Neural computation, 14(8): 1771-1800.

HINTON G E, 2010. A practical guide to training restricted Boltzmann machines [J]. Momentum, 9(1): 599-619.

HINTON G E, OSINDERO S, TEH YW, 2006. A fast learning algorithm for deep belief nets [J]. Neural computation, 18(7): 1527-1554.

HOCHREITER S, SCHMIDHUBER J, 1997. Long short-term memory [J]. Neural computation, 9(8): 1735-1780.

HUBEL D H, WIESEL T N, 1962. Receptive fields, binocular interaction and functional architecture in the cat's visual cortex [J]. The journal of physiology, 160(1): 106-154.

LANGKVIST M, KARLSSON L, LOUTFI A, 2014. A review of unsupervised feature learning and deep learning for time-series modeling [J]. Pattern recognition letters, 42: 11-24.

LEE J, 2020. Industrial ai Applications with sustainable performance[M]. Shanghai: Shanghai Jiao Tong University Press.

MALHOTRA M, 2015. Evolution of knowledge representation and retrieval techniques[J]. International journal of intelligent systems technologies and applications, 7(7): 18-28.

PAPADIMITRIOU D, 2009. Future internet: the cross-ETP vision document [R]. [2009-8-01]. Boulogne-Billancourt: Alcatel-Lucent.

PATEL A, 2014. Introduction to the A* algorithm[EB/OL]. [2014-05-26]. https://www.redblobgames.com/pathfinding/a-star/introduction.html

ROMERO D, BERNUS P, NORAN O, et al, 2016. The operator 4.0: human cyber-physical systems & adaptive automation towards human-automation symbiosis work systems[C]// Proceedings of IFIP international conference on advances in production management systems, Springer: 677-686.

ROMERO D, STAHRE J, WUEST T, et al, 2016. Towards an operator 4.0 typology: a human-centric perspective on the fourth industrial revolution technologies[C/CD]// Proceedings of international conference on computers & industrial engineering (CIE46), Tianjin: 1-11.

SCHUSTER M, PALIWAL K K, 1997. Bidirectional recurrent neural networks [J]. IEEE transactions on signal processing, 45(11): 2673-2681.

TAMILSELVAN P, WANG P F, 2013. Failure diagnosis using deep belief learning based health state classification [J]. Reliability engineering & system safety, 115: 124-135.

YAO X F, LIN Y Z, 2016. Emerging manufacturing paradigm shifts for the incoming industrial revolution [J]. The international journal of advanced manufacturing technology, 85(5): 1665-1676.

YAO X F, Ma N F, Zhang J M, et al, 2022. Enhancing wisdom manufacturing as industrial metaverse for industry and society 5.0 [J]. Journal of intelligent manufacturing, 1: 1-21.

YAO X F, ZHOU J J, LIN Y Z, et al, 2019. Smart manufacturing based on cyber-physical systems and beyond [J]. Journal of intelligent manufacturing, 30(8): 2805-2817.

Yao X F, Zhou J J, Zhang J M, et al, 2017. From intelligent manufacturing to smart manufacturing for industry 4.0 driven by next generation artificial intelligence and further on[C]//The 5th international conference on enterprise systems, IEEE,Beijing:107-112.